高等学校教学用书

无机与分析化学习题详解

俞　斌　主编

化学工业出版社
·北京·

图书在版编目（CIP）数据

无机与分析化学习题详解/俞斌主编. —北京：化学工业出版社，2007.7（2024.9 重印）

高等学校教学用书

ISBN 978-7-122-00344-7

Ⅰ. 无…　Ⅱ. 俞…　Ⅲ. ①无机化学-高等学校-教学参考资料②分析化学-高等学校-教学参考资料　Ⅳ. O6

中国版本图书馆 CIP 数据核字（2007）第 062194 号

责任编辑：宋林青　　　　文字编辑：李姿娇

责任校对：战河红　　　　装帧设计：史利平

出版发行：化学工业出版社（北京市东城区青年湖南街 13 号　邮政编码 100011）

印　　刷：北京云浩印刷有限责任公司

装　　订：三河市振勇印装有限公司

787mm×1092mm　1/16　印张 11¾　字数 291 千字　2024 年 9 月北京第 1 版第 17 次印刷

购书咨询：010-64518888　　　　售后服务：010-64518899

网　　址：http：//www. cip. com. cn

凡购买本书，如有缺损质量问题，本社销售中心负责调换。

定　　价：20.00 元

前　言

本书是《无机与分析化学教程》（第二版）的配套用书。编写本书的目的是为了从解题的角度帮助学生更好地掌握无机与分析化学的基本概念、基础理论、基本知识和基本技能。

全书分为两部分。第一部分是《无机与分析化学教程》（第二版）各章的习题和详细解题过程。无机与分析化学这门课的学时比较少，讲课的速度比较快，很少有专门的学时详细地讲解习题。有相当数量的学生听课时感觉不错，但一拿到习题却感觉茫然。究其原因，无非有二：一是基本概念没有掌握到位或不能举一反三；二是习题训练较少，不能很好地巩固、熟悉、应用基本概念、基础理论和基本知识。对于第一部分的习题，本书的处理方法不是像有些教材和习题集那样，只简单地给出答案；而是对每道题都进行详细的分析，找出解题思路，逐步列出解题过程。可以说，本书相当于一本习题课的教材和教师的参考书，它集教材与学习指导书的功能于一体。

第二部分是综合练习及其解答部分。为编写这部分内容，编者参阅了许多同类或相关的书籍、文献资料，从中选取了一些有意义的、适合非化学专业（如化工、材料、生化、制药、食品、轻工、环境、安全等专业）要求的、水平和难度适中或稍有难度的题；同时也开动脑筋，编写了一些有点难度和有专业实际背景的题。对这些题的解题过程也力求详尽。例如，对一个四选一的选择题或简单的填空题，一般都会列出不可选答案的理由和所选正确答案的理论或实验依据。许多题的讲解涉及最基本的知识，相信这对掌握和巩固基本概念、基础理论和基本知识将大有裨益。

针对大部分学生写作水平、表达能力较差的实际情况，书中对论述题也给出了详细的论述过程。另外，针对大部分学生不太重视计算结果、只重视列出公式的问题，书中选编了相当数量的计算题，并详细介绍了运算过程和简化计算的技巧，使计算简单、准确。

为尽力提高学生的素质，本书在编写中还应用了其他方面的知识。例如，逻辑学上有“正定理正确，逆否定理也一定正确”、“逆定理正确，否定理也一定正确”等逻辑原理，根据这些原理，一次可否定两个供选答案，从而达到提高学生解题速度的目的。

本书由俞斌主编，负责全书习题的选择和统稿工作，并与高旭升合作详解第一部分。参加第二部分编写工作的有：杨雪云（第 1 章、第 8 章）、刘宝春（第 2 章、第 10 章）、高旭升（第 6 章）、吕志芳（第 4 章、第 7 章）、陈晓君（第 11 章、第 13 章、第 14 章）、庄玲华（第 3 章、第 12 章）、边敏（第 9 章、第 15 章）、俞斌（第 5 章）。

由于编者水平有限，书中疏漏之处在所难免，恳请读者和同行不吝赐教。

编　者

2007 年 1 月于南京

目　录

第一部分　《无机与分析化学教程》(第二版) 习题

第1章　绪论与数据处理

1-1　甲、乙两人同时分析矿物中的硫含量，每次取样4.7g，分析结果报告如下：

甲　0.047%，0.048%　　乙　0.04698%，0.04701%

哪一份是合理的？为什么？

1-2　有一试样，经测定，结果为2.487%、2.492%、2.489%、2.491%、2.491%、2.490%，求分析结果的标准偏差、变异系数。最终报告的结果是多少？(无需舍去数据)

1-3　在水处理工作中，常要分析水垢中的CaO，其百分含量测试数据如下：

$w(CaO)/\%$	52.01	51.98	52.12	51.96	52.00	51.97

根据Q检验法，是否有可疑数据要舍去？再求平均值、标准偏差、变异系数和对应的置信区间。置信度取90%。

1-4　下列数据包括几位有效数字？

(1) 0.0280　(2) 1.8502　(3) 2.4×10^{-5}　(4) pH=12.85

(5) 1.80×10^5　(6) 0.00001000

1-5　根据有效数字的运算规则，给出下列各式的结果：

(1) $3.450\times3.562+9.6\times10^{-2}-0.0371\times0.00845$

(2) $24.32\times85.67\times53.15/28.70$

(3) $(0.2865\times6.000\times10^3/167.0-32.15\times0.1078)\times94.01\times3.210$

(4) $\sqrt{\dfrac{1.61\times10^{-3}\times5.2\times10^{-9}}{3.80\times10^{-5}}}$

1-6　已知浓硫酸的密度为$1.84g\cdot mL^{-1}$，其中H_2SO_4的质量分数为98.1%，求硫酸的物质的量浓度。

第2章　原子结构

2-1　氢光谱中四条可见光谱线的波长分别为656.3nm、486.1nm、434.1nm和410.2nm ($1nm=10^{-9}m$)。根据$\nu=c/\lambda$，计算四条谱线的频率各是多少？

2-2　区别下列概念：

(1) 线状光谱和连续光谱

(2) 基态和激发态

(3) 电子的微粒性和波动性

(4) 几率和几率密度

(5) 波函数和原子轨道

(6) 轨道能级的简并、分裂和交错

（7）波函数的角度分布曲线和径向分布曲线

（8）原子共价半径、金属半径和范德华半径

（9）电负性和电子亲和能

2-3 下列描述电子运动状态的各组量子数哪些是合理的？哪些是不合理的？为什么？

	n	l	m
（1）	3	2	-3
（2）	2	0	$+1$
（3）	4	1	0
（4）	1	0	0
（5）	3	3	3
（6）	3	2	-2

2-4 用合理的量子数表示：

（1）$4s^1$ 电子　　（2）$3p_x$ 轨道　　（3）4d 能级

2-5 分别写出下列元素的电子排布式，并指出它们在元素周期表中的位置（周期、族、区）。

$_{10}Ne$　$_{17}Cl$　$_{24}Cr$　$_{71}Lu$　$_{80}Hg$

2-6 写出符合下列电子结构的元素，并指出它们在元素周期表中的位置。

（1）3d 轨道全充满，4s 上有 2 个电子的元素

（2）外层具有 2 个 s 电子和 1 个 p 电子的元素

2-7 写出第 24 号元素铬的价层电子（$3d^5 4s^1$）的四种量子数。

2-8 当主量子数 $n=3$ 时，可能允许的 l 值有多少？指出可能的轨道类型并绘出其图形。

2-9 已知某原子的电子结构式是 $1s^2 2s^2 2p^6 3s^2 3p^6 3d^{10} 4s^2 4p^2$。则

（1）该元素的原子序数是多少？

（2）该元素属第几周期、第几族？是主族元素还是过渡元素？

2-10 已知某元素在氪之前，当该元素的原子失去一个电子后，在其角量子数为 2 的轨道内恰好达到全充满，试判断该元素的名称，并说明它属于哪一周期、族、区。

2-11 根据原子核外电子的排布规律，试判断 115 号元素的电子结构，并指出它可能与哪种元素的性质相似。

2-12 试画出 s、p、d 原子轨道角度分布的二维平面图。

2-13 长式周期表中是如何分区的？各区元素的电子层结构特征是什么？

2-14 填表：

原子序数	价层电子构型	周期	族	区	金属性
15					
20					
27					
48					
58					

2-15 填表：

价层电子结构式	原子序数	周期	族	区	金属性
$3s^2 3p^2$					
$4s^2 4p^3$					
$3d^7 4s^2$					
$4f^1 5d^1 6s^2$					
$4f^{10} 6s^2$					

2-16 什么叫屏蔽效应？什么叫钻穿效应？如何解释多电子原子中的能级交错（如 $E_{5s}<E_{4d}$）现象？

2-17 试解释为什么 $I_1(N)>I_1(O)$。

2-18 试比较 F、Al、B 三元素的下列诸方面：

（1）金属性 （2）电离能（I_1） （3）电负性 （4）原子半径

第 3 章 化学键与分子结构

3-1 分子晶体、原子晶体、离子晶体和金属晶体各自是由单质组成的还是由化合物组成的？请各举例说明。

3-2 试区分以下概念：

（1）孤对电子、未成对电子、全满轨道、半满轨道

（2）分子式、化学式、分子轨道式、分子结构式

3-3 下列物质中各自存在哪些种类的化学键？哪些物质中还存在分子间作用力？

BN、KCl、CO_2、NaOH、Fe、C_6H_6（苯）

3-4 写出下列各分子中的共价键哪些是 σ 键，哪些是 π 键：

HClO（实际原子连接顺序是 HOCl）、CO_2、C_2H_2（乙炔）、CH_3COOH（乙酸）

3-5 应用价层电子对互斥理论的知识，填写下列表格：

分 子 式	VP 数目	BP 数目	LP 数目	属于何种 AX_nE_m 型分子	空间构型
BBr_3					
$SiCl_4$					
I_3^-					
IF_5					
XeF_2					

3-6 已知 NH_4^+、CS_2、C_2H_4（乙烯）分子中，键角分别为 109°28′、180°和 120°，试判断各中心原子的杂化方式。

3-7 用杂化轨道理论判断下列分子的空间构型（要求写出具体杂化过程，即杂化前后电子在轨道上的排布情况）。

PCl_3、$HgCl_2$、BCl_3、H_2S

3-8 运用分子轨道理论的知识填写下表（假定 CN 分子中 C 和 N 各原子轨道能级近似相等）：

分子式	分子轨道式	键级	分子能否存在	分子有无磁性
H_2^+				
B_2				
Be_2				
O_2^-				
CN				

3-9 判断下列化学物质中，化学键的极性强弱顺序：

O_2、H_2S、H_2O、H_2Se、Na_2S

3-10 判断下列分子哪些是极性分子，哪些是非极性分子：

Ne、Br_2、HF、NO、CS_2、$CHCl_3$、NF_3、C_2H_4（乙烯）、C_2H_5OH（乙醇）、$C_2H_5OC_2H_5$（乙醚）、C_6H_6（苯）

3-11 判断下列各组不同分子间存在哪些作用力（色散力、取向力、诱导力、氢键）：

（1）C_6H_6（苯）和 CCl_4　（2）CH_3OH（甲醇）和 H_2O

（3）He 和 H_2O　（4）H_2S 和 NH_3

3-12 判断下列各组不同分子间哪些能够形成典型的氢键：

（1）H_2O 和 H_2S　（2）CH_4 和 NH_3

（3）$C_2H_5OC_2H_5$（乙醚）和 H_2O　（4）C_2H_5OH（乙醇）和 HF

3-13 判断下列各组物质熔沸点的高低顺序：

（1）He、Ne、Ar、Kr、Xe

（2）CH_3CH_2OH 和 CH_3OCH_3

（3）CCl_4、CH_4、CF_4、CI_4

（4）NaCl、MgO、NaBr、BaO

（5）CO_2 和 SiO_2

第 4 章　晶体结构

4-1 什么是晶体与非晶体？它们有何区别？

4-2 试说明金属具有良好的导电性、导热性和延展性的原因。

4-3 什么叫离子的极化？离子的极化（或变形性）与离子的电荷、离子半径和离子的电子构型有何关系？

4-4 金刚石、石墨和富勒烯都是由碳元素组成的，它们的物理性质有什么不同？为什么？

4-5 晶体的类型主要有哪些？晶格结点上粒子间的相互作用力有什么不同？各类型晶体所表现出的物理性质如何？

4-6 实际晶体内部结构上的点缺陷有哪几种？晶体缺陷对晶体性质有何影响？

4-7 用离子极化学说解释：

（1）在卤化银中，只有氟化银易溶于水，其余都难溶于水，而且溶解度从氟化银到碘化银依次减小。

（2）氯化钠的熔点高于氯化银。

4-8 下列说法是否正确？为什么？

（1）溶于水能导电的晶体一定是离子晶体。

（2）共价化合物呈固态时，均为分子晶体，且熔沸点都较低。

（3）稀有气体是由原子组成的，属于原子晶体。

（4）碳有三种同素异形体：金刚石、石墨和富勒烯。

4-9 解释下列现象：

（1）SiO_2 的熔点远高于 SO_2；石墨软而能导电，而金刚石坚硬且不导电。

（2）NaF 的熔点高于 NaCl。

（3）萘（$C_{10}H_8$）的晶体容易挥发。

（4）晶体锗中掺入少量镓或砷会使导电性明显增强。

4-10 氯化钠、金刚石、干冰以及金属等都是固体，它们的溶解性、熔点、沸点、硬度、导电性等物理性质是否相同？为什么？

4-11 试推测下列物质分别属于哪一类晶体：

$$TiC、MgO、BCl_3、Al、B、N_2(s)$$

4-12 试比较（按从高到低的顺序排列）：

（1）熔点　MgO、KCl、KBr

（2）导电性　Cl_2、K、BN

（3）硬度　$AlCl_3$、TiC、NaF

4-13 C、H、O、Si 四种元素中，哪些元素可形成哪些二元化合物？分别写出化学式（各举一例），并判断其晶体类型及其熔点高低。

4-14 根据所学知识，填写下列表格：

物质	晶体内结点上的微粒	粒子间的作用力	晶体的类型	预测熔点(高或低)
O_2				
Mg				
干冰				
SiC				

第5章　化学平衡

5-1 化学平衡是对一种状态的描述，它与从何途径达到平衡没有关系，而只是外界各影响因素的函数。你如何理解上述问题？

5-2 写出下列反应的平衡常数表达式：

（1）$N_2(g)+3H_2(g) \rightleftharpoons 2NH_3(g)$

（2）$2MnO_4^- + 5C_2O_4^{2-} + 16H^+ \rightleftharpoons 2Mn^{2+} + 8H_2O + 10CO_2(g)$

（3）$2Cu^{2+} + 4I^- \rightleftharpoons 2CuI\downarrow + I_2(aq)$

（4）$C(s)+H_2O(g) \rightleftharpoons CO(g)+H_2(g)$

（5）$2ZnO(s)+CS_2(g) \rightleftharpoons 2ZnS(s)+CO_2(g)$

（6）$N_2(g)+O_2(g) \rightleftharpoons 2NO(g)$

(7) $Fe_3O_4(s)+4H_2(g) \rightleftharpoons 3Fe(s)+4H_2O(g)$

5-3 已知下列反应在1300K时的平衡常数：

$$H_2(g)+\frac{1}{2}S_2(g) \rightleftharpoons H_2S(g) \qquad K_1=0.80$$

$$3H_2(g)+SO_2(g) \rightleftharpoons H_2S(g)+2H_2O(g) \qquad K_2=1.8\times10^4$$

求反应 $4H_2(g)+2SO_2(g) \rightleftharpoons S_2(g)+4H_2O(g)$ 在1300K时的平衡常数 K。

5-4 已知在高温下存在反应 $2HgO(s) \rightleftharpoons 2Hg(g)+O_2(g)$，在450℃时，所生成的汞蒸气与氧气的总压力为109.99kPa；420℃时，总压力为51.60kPa。

(1) 计算450℃和420℃时的平衡常数 K。

(2) 在450℃时，氧气的分压 $p(O_2)$ 和汞蒸气的分压 $p(Hg)$ 各为多少千帕（kPa）？

(3) 上述分解反应是吸热反应还是放热反应？

(4) 若有15.0g氧化汞放在1.0L的容器中，温度升至420℃，还有多少氧化汞没有分解？

5-5 下列吸热反应已达平衡：

$$2Cl_2(g)+2H_2O(g) \rightleftharpoons 4HCl(g)+O_2(g)$$

试问在温度不变的情况下：

(1) 增加容器体积，H_2O 的含量如何变化？

(2) 减小容器体积，Cl_2 的含量如何变化？

(3) 加入氮气后，容器体积不变，HCl的含量如何变化？

(4) 降低温度，平衡常数 K 如何变化？

5-6 下列反应已达平衡，要使其向右移动，并保持 K 不变，可采取哪些措施？

(1) $CaCO_3(s) \rightleftharpoons CaO(s)+CO_2(g)-Q$

(2) $CaC_2O_4(s) \rightleftharpoons CaCO_3(s)+CO(g)-Q$

(3) $CO_2(g)+C(s) \rightleftharpoons 2CO(g)-Q$

(4) $2SO_2(g)+O_2(g) \rightleftharpoons 2SO_3(g)+Q$

(5) $N_2(g)+3H_2(g) \rightleftharpoons 2NH_3(g)-Q$

(6) $NH_4^+ +OH^- \rightleftharpoons NH_3(g)+H_2O$

(7) $MnO_4^- +5Fe^{2+} +8H^+ \rightleftharpoons Mn^{2+} +5Fe^{3+} +4H_2O$

(8) $3C_2O_4^{2-} +Cr_2O_7^{2-} +14H^+ \rightleftharpoons 2Cr^{3+} +6CO_2(g)+7H_2O$

(9) $C_6H_5OH+3Br_2 \rightleftharpoons C_6H_2Br_3OH(s)+3H^+ +3Br^-$

5-7 密闭容器中的CO和 H_2O 在某温度下存在下列反应：

$$CO(g)+H_2O(g) \rightleftharpoons CO_2(g)+H_2(g)$$

平衡时，$c(CO)=0.1mol \cdot L^{-1}$，$c(H_2O)=0.2mol \cdot L^{-1}$，$c(CO_2)=0.2mol \cdot L^{-1}$，$c(H_2)=0.2mol \cdot L^{-1}$，问此温度下反应的平衡常数 K 为多少？反应开始前CO和 H_2O 的浓度各为多少？

5-8 已知在947℃时，下列化学平衡的 K 值。

(1) $Fe(s)+CO_2(g) \rightleftharpoons FeO(s)+CO(g) \qquad K_1=1.47$

(2) $FeO(s)+H_2(g) \rightleftharpoons Fe(s)+H_2O(g) \qquad K_2=0.420$

求反应 $CO_2(g)+H_2(g) \rightleftharpoons CO(g)+H_2O(g)$ 的平衡常数 K_3 为多少？

5-9 550℃时在1L密闭容器中进行反应 $SO_2+\frac{1}{2}O_2 \rightleftharpoons SO_3$，其平衡常数 $K_c=7.89$。若反应前 SO_2 为1.20mol，O_2 为0.700mol，达平衡时，SO_2、O_2、SO_3 的物质的量各为多少摩尔？SO_2 的转化率又为多少？

5-10 在某温度下，设3mol乙醇与3mol醋酸反应，反应式为 $C_2H_5OH+CH_3COOH \rightleftharpoons CH_3COOC_2H_5+H_2O$，平衡时，它们的转化率为0.667，求平衡常数 K。

5-11 用 Na_2CO_3 将溶液中的 Ca^{2+} 沉淀为 $CaCO_3$ 后，溶液中 $[CO_3^{2-}]=0.010mol\cdot L^{-1}$，问此时 Ca^{2+} 的浓度为多少 $mol\cdot L^{-1}$？

5-12 将 $0.2mol\cdot L^{-1}$ 的NaOH溶液和 $0.2mol\cdot L^{-1}$ 的 $MgCl_2$ 溶液等体积混合，有无 $Mg(OH)_2$ 沉淀生成？

5-13 将 $0.100mol\cdot L^{-1}$ 的氨水和 $0.0200mol\cdot L^{-1}$ 的 $MgCl_2$ 溶液等体积混合，有无 $Mg(OH)_2$ 沉淀生成？

5-14 求AgCl饱和溶液中 Ag^+ 的浓度。

5-15 推导下列反应的平衡常数表达式，并计算平衡常数 K：

$$CaSO_4(s)+CO_3^{2-}(aq) \rightleftharpoons CaCO_3(s)+SO_4^{2-}(aq)$$

5-16 用什么方法可使 Na_2S 溶液中的 S^{2-} 浓度提高？

5-17 已知下列反应为基元反应，写出质量作用定律表达式，并指出反应级数。

(1) $SO_2Cl_2 \longrightarrow SO_2+Cl_2$

(2) $CH_3CH_2Cl \longrightarrow C_2H_4+HCl$

(3) $2NO_2 \longrightarrow 2NO+O_2$

(4) $NO_2+CO \longrightarrow NO+CO_2$

(5) $2NH_3+CO_2 \longrightarrow NH_2COONH_4$

(6) $4FeS+7O_2 \longrightarrow 2Fe_2O_3+4SO_2$

5-18 已知 H_2 和 Cl_2 生成HCl的反应速率与 $c(H_2)$ 和 $[c(Cl_2)]^{1/2}$ 均成正比，写出反应速率方程。

5-19 设某反应在室温（25℃）下升高10℃，反应速率增加一倍。问该反应的活化能为何值？若反应速率增加两倍，活化能又为何值？

5-20 化学反应 $NO_2+CO \longrightarrow NO+CO_2$（慢）由下列两个基元反应组成：

$$2NO_2 \longrightarrow NO_3+NO \quad (慢)$$

$$NO_3+CO \longrightarrow NO_2+CO_2 \quad (快)$$

总反应速率与 NO_2 浓度有什么关系？

5-21 对于反应 $A(g)+B(g) \longrightarrow C(g)$，若A的浓度为原来的2倍，反应速率也为原来的2倍；若B的浓度为原来的2倍，反应速率为原来的4倍。写出反应速率方程。

5-22 反应 $HI(g)+CH_3I(g) \longrightarrow CH_4(g)+I_2(g)$ 在650K时的速率常数为 2.0×10^{-5}，在670K时的速率常数为 7.0×10^{-5}，在690K时的速率常数为 2.3×10^{-4}，在710K时的速率常数为 6.9×10^{-4}，求反应活化能 E_a，并估算680K时的速率常数。

5-23 对于可逆反应 $C(s)+H_2O(g) \rightleftharpoons CO(g)+H_2(g)-Q$，判断下列说法正确与否？

(1) 达到平衡时，各反应物与生成物浓度相等。

(2) 反应物与生成物的总物质的量没有发生变化。

(3) 升高温度，$v_{正}$ 增大，$v_{反}$ 减小，所以平衡向右移动。

（4）反应物与生成物的物质的量没有变化，因此增加压力对平衡没有影响。

（5）加入催化剂使 $v_{正}$ 增大，所以平衡向右移动。

第 6 章　酸碱平衡及酸碱滴定法

6-1　写出下列各物质的共轭酸或共轭碱的形式，并给出对应的 K_a 或 K_b 值。

（1）HCN（$K_a=6.2\times10^{-10}$）　　（2）NH_3（$K_b=2.0\times10^{-5}$）

（3）HCOOH（$K_a=1.8\times10^{-4}$）　　（4）苯酚（$K_a=1.1\times10^{-10}$）

（5）H_2S（$K_{a_1}=1.3\times10^{-7}$，$K_{a_2}=7.1\times10^{-15}$）

（6）NO_2^-（$K_b=2.2\times10^{-11}$）

6-2　虽然 HCO_3^- 能给出质子 H^+，但它的水溶液却是碱性的，为什么？

6-3　计算下列各溶液的 pH：

（1）$0.10mol\cdot L^{-1}$的 HAc 溶液

（2）$0.01mol\cdot L^{-1}$的 NH_4Cl 溶液

（3）$0.10mol\cdot L^{-1}$的 KH_2PO_4 溶液

6-4　写出下列各物质的共轭酸、碱，并指出哪些物质是两性物质。

HAc、NH_3、HCOOH、H_2O、HCO_3^-、NH_4^+、$[Fe(H_2O)_6]^{3+}$、$H_2PO_4^-$、HS^-

6-5　将 pH 为 1.00 和 4.00 的两种 HCl 溶液等体积混合，求混合液的 pH。

6-6　将 pH 为 9.00 和 13.00 的两种 NaOH 溶液按体积比为 2∶1 混合，求混合液的 pH。

6-7　HAc 的 $K_a=1.8\times10^{-5}$，$0.1mol\cdot L^{-1}$的 HAc 溶液和 pH=2.0 的溶液等体积混合，求混合液中 Ac^- 的浓度。

6-8　已知 ZnS 的溶度积 $K_{sp}(ZnS)=1.2\times10^{-23}$，设锌的总浓度为 $0.10mol\cdot L^{-1}$，$[H_2S]+[HS^-]+[S^{2-}]$ 之和也为 $0.10mol\cdot L^{-1}$，问在下列 pH 下，ZnS 能否沉淀？

（1）pH=1.0　　（2）pH=3

6-9　计算浓度均为 $0.15mol\cdot L^{-1}$的下列各溶液的 pH。

（1）苯酚（$K_a=1.3\times10^{-10}$）

（2）$CH_2=CHCOOH$（$K_a=5.6\times10^{-5}$）

（3）氯丁铵（$C_4H_9NH_3Cl$，$K_a=4.1\times10^{-10}$）

（4）吡啶硝酸盐（$C_5H_5NHNO_3$，$K_a=5.6\times10^{-6}$）

6-10　计算下列各溶液的离解度 α 和 pH。

（1）$0.10mol\cdot L^{-1}$的 HAc 溶液　　（2）$0.1mol\cdot L^{-1}$的 HCOOH 溶液

（3）$0.20mol\cdot L^{-1}$的 HAc 溶液　　（4）$0.2mol\cdot L^{-1}$的 HCOOH 溶液

6-11　计算下列各缓冲溶液的 pH。

（1）用 $6mol\cdot L^{-1}$的 HAc 34mL、50g $NaAc\cdot3H_2O$ 配制成的 500mL 水溶液。

（2）$0.1mol\cdot L^{-1}$的乳酸和 $0.1mol\cdot L^{-1}$的乳酸钠（$K_b=2.6\times10^{-4}$）等体积混合。

（3）$0.1mol\cdot L^{-1}$的邻硝基酚（$K_a=1.6\times10^{-7}$）和 $0.1mol\cdot L^{-1}$的邻硝基酚钠等体积混合。

（4）用 $15mol\cdot L^{-1}$的氨水 65mL、30g NH_4Cl 配制成的 500mL 水溶液。

(5) 0.05mol·L^{-1} 的 KH$_2$PO$_4$ 和 0.05mol·L^{-1} 的 Na$_2$HPO$_4$ 等体积混合。

(6) 0.05mol·L^{-1} 的 NaHCO$_3$ 溶液 50mL，加入 0.10mol·L^{-1} 的 NaOH 溶液 16.5mL 后，稀释至 100mL。

(7) 0.05mol·L^{-1} 的 NaH$_2$PO$_4$ 溶液 50mL，加入 0.10mol·L^{-1} 的 NaOH 溶液 9.1mL 后，稀释至 100mL。

6-12 计算 $c(H_2S)=0.10$mol·L^{-1} 的 H$_2$S 溶液的 pH、H$^+$、HS$^-$ 和 S^{2-} 的浓度。

6-13 写出下列物质在水溶液中的质子条件。
(1) NH$_3$·H$_2$O (2) NH$_4$Ac (3) (NH$_4$)$_2$HPO$_4$
(4) CH$_3$COOH (5) Na$_2$C$_2$O$_4$ (6) NaHCO$_3$

6-14 选择适合于下列滴定体系的指示剂。
(1) 用 0.01mol·L^{-1} 的 HCl 溶液滴定 20mL 0.01mol·L^{-1} 的 NaOH 溶液。
(2) 用 0.1mol·L^{-1} 的 NaOH 溶液滴定 20mL 0.1mol·L^{-1} 的 HCOOH。
(3) 用 0.1mol·L^{-1} 的 NaOH 溶液滴定 20mL $c(H_2C_2O_4)=0.1$mol·L^{-1} 的草酸溶液。
(4) 用 0.1mol·L^{-1} 的 HCl 溶液滴定 20mL 0.1mol·L^{-1} 的 NH$_3$·H$_2$O 溶液。

6-15 用邻苯二甲酸氢钾标定 0.1mol·L^{-1} 左右的 NaOH 溶液，若需要用掉 NaOH 溶液 30mL 左右，问需称取的邻苯二甲酸氢钾约为多少克？

6-16 含有 SO$_3$ 的发烟硫酸 0.3562g，溶于水后，用 0.2503mol·L^{-1} 的 NaOH 滴定，耗去 37.32mL，求此发烟硫酸中 SO$_3$ 的百分含量。

6-17 称取混合碱试样 0.4826g，用 0.1762mol·L^{-1} 的 HCl 溶液滴至酚酞变为无色，用去 HCl 标准溶液 30.18mL。再加入甲基橙，滴至终点，又用去 HCl 标准溶液 18.27mL。求试样的组成及各组分的百分含量。

6-18 粗铵盐 2.035g，加过量 KOH 溶液后加热，蒸出的氨吸收在 0.5000mol·L^{-1} 的标准酸 50.00mL 中，过量的酸用 0.1535mol·L^{-1} 的 NaOH 滴定，耗去 2.032mL，试计算原铵盐中 NH$_4^+$ 的含量。

6-19 称取混合碱试样 0.4927g，用 0.2136mol·L^{-1} 的 HCl 溶液滴至酚酞变为无色，用去 HCl 标准溶液 15.62mL。再加入甲基橙，继续滴定，滴至甲基橙变为橙色，共用去 HCl 标准溶液 36.54mL。求试样的组成及各组分的百分含量。

6-20 称取纯的四草酸氢钾（KHC$_2$O$_4$·H$_2$C$_2$O$_4$·2H$_2$O）2.587g 来标定 NaOH 溶液，滴至终点，用去 NaOH 28.49mL，求 NaOH 溶液的浓度。

6-21 乙酰水杨酸（APC）和 NaOH 在加热时，发生下列反应：

$$\text{C}_6\text{H}_4(\text{COOH})(\text{O-CO-CH}_3) + 2\text{NaOH} \longrightarrow \text{C}_6\text{H}_4(\text{COONa})(\text{OH}) + \text{CH}_3\text{COONa} + \text{H}_2\text{O}$$

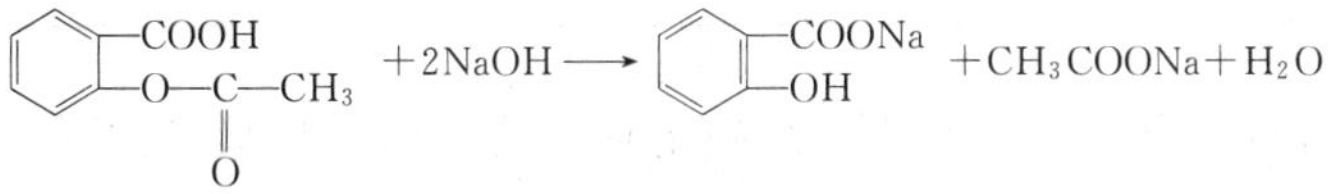

多余的 NaOH 可用硫酸标准溶液回滴，实验数据如下：
(1) 0.8365g 邻苯二甲酸氢钾，用 NaOH 溶液滴定，用去 NaOH 溶液 23.27mL。
(2) 上述 NaOH 溶液 25.00mL，用 H$_2$SO$_4$ 溶液滴定，用去 H$_2$SO$_4$ 溶液 32.16mL。
(3) 称取 APC 样品 0.9814g，加入 NaOH 溶液 50.00mL，煮沸后，用 H$_2$SO$_4$ 溶液滴定，用去 3.24mL。

求 APC 样品中乙酰水杨酸的百分含量。

6-22 工业硼砂 0.9672g，用 0.1847mol·L^{-1} 的盐酸标准溶液测定，终点时，用去

26.31mL，试计算试样中 $Na_2B_4O_7$ 和 B 的含量。

6-23 聚合偏磷酸盐 $(NaPO_3)_n$ 需要测平均聚合度 n。聚合偏磷酸盐的结构如下：

$$NaO-\overset{\overset{O}{\|}}{\underset{ONa}{P}}-O-\overset{\overset{O}{\|}}{\underset{ONa}{P}}\sim\sim O-\overset{\overset{O}{\|}}{\underset{ONa}{P}}-O-\overset{\overset{O}{\|}}{\underset{ONa}{P}}-ONa$$

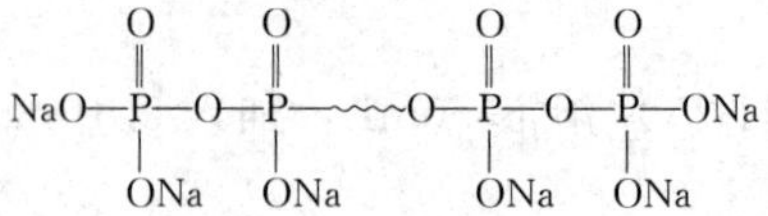

测试方法如下：称取 $(NaPO_3)_n$ 0.4872g，溶于水后用 $1mol \cdot L^{-1}$ 的 HCl 酸化溶液，使 $(NaPO_3)_n$ 变为 $(HPO_3)_n$，pH≈3。然后用 $0.2742mol \cdot L^{-1}$ 的 NaOH 标准溶液滴定，出现两个化学计量点。第一个化学计量点是 NaOH 和每一个 P 上的 H^+ 中和，第二个化学计量点是和聚合链两个端基 P 的 H^+ 中和。

若第一终点时用去 NaOH 16.92mL，第二终点时共用去 NaOH 19.74mL，已知 P 的百分含量为 29.15%，求平均聚合度 n。

第 7 章 配位化学与配位滴定法

7-1 写出下列各配合物或配离子的化学式。
(1) 硫酸四氨合铜（Ⅱ）　　　　　(2) 一氯化二氯·三氨·一水合钴（Ⅲ）
(3) 六氯合铂（Ⅳ）酸钾　　　　　(4) 四硫氰·二氨合铬（Ⅲ）酸铵
(5) 二氰合银（Ⅰ）离子　　　　　(6) 二羟基·四水合铝（Ⅲ）离子

7-2 命名下列配合物或配离子（en 为乙二胺的简写符号）。
(1) $(NH_4)_3[SbCl_6]$　　　　　　(2) $[CrBr_2(H_2O)_4]Br \cdot 2H_2O$
(3) $[Co(en)_3]Cl_3$　　　　　　　(4) $[CoCl_2(H_2O)_4]Cl$
(5) $Li[AlH_4]$　　　　　　　　　(6) $[Cr(OH)(H_2O)(C_2O_4)(en)]$
(7) $[Co(NO_2)_6]^{3-}$　　　　　　(8) $[CoCl(NO_2)(NH_3)_4]^+$

7-3 指出下列配离子的形成体、配体、配位原子、配位数。

配离子	形成体	配体	配位原子	配位数
$[Cr(NH_3)_6]^{3+}$				
$[Co(H_2O)_6]^{2+}$				
$[Al(OH)_4]^-$				
$[Fe(OH)_2(H_2O)_4]^+$				
$[PtCl_5(NH_3)]^-$				

7-4 有三种铂的配合物，用实验方法确定它们的结构，其结果如下，请填空。

物质	Ⅰ	Ⅱ	Ⅲ
化学组成	$PtCl_4 \cdot 6NH_3$	$PtCl_4 \cdot 4NH_3$	$PtCl_4 \cdot 2NH_3$
溶液导电性	导电	导电	不导电
被 $AgNO_3$ 沉淀的 Cl 数	4	2	0
配合物的分子式			

7-5 试推断下列各配离子的中心离子的轨道杂化类型及其磁矩。

(1) $[Fe(CN)_6]^{4-}$　(2) $[Mn(C_2O_4)_3]^{4-}$　(3) $[Co(SCN)_4]^{2-}$

(4) $[Ag(NH_3)_2]^+$　(5) $[SnCl_4]^{2-}$

7-6 若 Co^{3+} 的电子成对能 $P=21000cm^{-1}$，F^- 的配位场分裂能 $\Delta_o=13000cm^{-1}$，NH_3 分子的分裂能 $\Delta_o=23000cm^{-1}$。判断 $[CoF_6]^{3-}$、$[Co(NH_3)_6]^{3+}$ 配离子的自旋状态。

7-7 计算 Mn(Ⅲ) 离子在正八面体弱场和正八面体强场中的晶体场稳定化能。

7-8 预测下列各组形成的配离子的稳定性大小，并指出原因。

(1) Al^{3+} 与 F^- 或 Cl^- 配合　(2) Pd^{2+} 与 RSH 或 ROH 配合

(3) Cu^{2+} 与 NH_3 或 CN^- 配合　(4) Hg^{2+} 与 Cl^- 或 CN^- 配合

(5) Cu^{2+} 与 NH_2CH_2COOH 或 CH_3COOH 配合

7-9 室温下，0.010mol 的 $Cu(NO_3)_2$ 溶于 1L 乙二胺溶液中，生成 $[Cu(en)_2]^{2+}$，由实验测得平衡时乙二胺的浓度为 $0.054mol\cdot L^{-1}$，求溶液中 Cu^{2+} 和 $[Cu(en)_2]^{2+}$ 的浓度。

7-10 0.1g 固体 AgBr 能否完全溶解于 100mL $1mol\cdot L^{-1}$的氨水中？

7-11 从稳定化能大小预测下列电子构型的离子中，哪种离子容易形成四面体构型的配离子？

d^2、d^4、d^5、d^7、d^8

7-12 市售的用作干燥剂的蓝色硅胶，常掺有带蓝色的 Co^{2+} 与 Cl^- 的配合物，用久后变为粉红色则无效。写出：(1) 蓝色配合物离子的化学式；(2) 粉红色配合物离子的化学式；(3) Co^{2+} 的 d 电子数为多少？如何排布？(4) 粉红色和蓝色配离子与水的有关反应式，并配平。

7-13 为何无水 $CuSO_4$ 粉末是白色的，$CuSO_4\cdot 5H_2O$ 晶体是蓝色的，$[Cu(NH_3)_4]SO_4\cdot H_2O$ 是深蓝色的？

7-14 化合物 $K_2[SiF_6]$、$K_2[SnF_6]$ 和 $K_2[SnCl_6]$ 都为已知的，但 $K_2[SiCl_6]$ 却不存在，请解释。

7-15 试解释以下几种实验现象：

(1) HgS 为何能溶于 Na_2S 和 NaOH 的混合溶液，而不溶于 $(NH_4)_2S$ 和 $NH_3\cdot H_2O$ 的混合溶液？

(2) 为何将 Cu_2O 溶于浓氨水中，得到的溶液为无色？

(3) 为何 AgI 不能溶于浓氨水，却能溶于 KCN 溶液？

(4) 为何 AgBr 沉淀可溶于 KCN 溶液，但 Ag_2S 则不溶？

(5) 为何 CdS 能溶于 KI 溶液？

7-16 已知 $[Co(NH_3)_6]^{2+}$ 的磁矩为 $4.2\mu_B$，试用价键理论阐述其配离子的轨道杂化类型、空间构型；画出该配离子的价层电子排布。

7-17 计算：(1) pH=5.0 时 EDTA 的酸效应系数 $\alpha_{Y(H)}$；(2) 此时 $[Y^{4-}]$ 在 EDTA 总浓度中所占的百分数是多少？

7-18 在 pH=10.0 的氨缓冲溶液中，NH_3 的浓度为 $0.200mol\cdot L^{-1}$。用 $0.0100mol\cdot L^{-1}$的 EDTA 滴定 25.00mL $0.0100mol\cdot L^{-1}$的 Zn^{2+} 溶液，计算滴定前溶液中游离的 $[Zn^{2+}]$。

7-19 计算溶液的 pH=11.0，氨的平衡浓度为 $0.10mol\cdot L^{-1}$时的 α_{Zn} 值。

7-20 当溶液的 pH=11.0 并含有 $0.0010mol\cdot L^{-1}$的 CN^- 时，计算 $\lg K'_{HgY}$的值。

7-21 pH=5 时，锌和 EDTA 配合物的条件稳定常数是多少？假设 Zn^{2+} 和 EDTA 的浓度均为 $0.01mol\cdot L^{-1}$ (不考虑羟基配合物等副反应)，能否用 EDTA 标准溶液滴定 Zn^{2+}？

7-22 计算用 $0.0100mol\cdot L^{-1}$的 EDTA 标准溶液滴定同浓度的 Cu^{2+} 溶液的适宜 pH。

7-23 用蒸馏水和 NH_3-NH_4Cl 缓冲溶液稀释 1.00mL 的 Ni^{2+} 溶液，然后用 0.01000mol・L^{-1}的 EDTA 标准溶液 15.0mL 处理，过量的 EDTA 用 0.01500mol・L^{-1}的 $MgCl_2$ 标准溶液回滴，用去 4.37mL。计算原 Ni^{2+} 溶液的浓度。

7-24 分析铜锌镁合金，称取 0.5070g 试样，溶解后，定容成 100mL 试液。用移液管吸取 25mL，调至 pH=6.0，用 PAN 作指示剂，用 0.05000mol・L^{-1}的 EDTA 标准溶液滴定 Cu^{2+} 和 Zn^{2+}，用去 37.30mL。另外又用移液管吸取 25mL 试液，调至 pH=10.0，加 KCN 掩蔽 Cu^{2+} 和 Zn^{2+}。用同浓度的 EDTA 标准溶液滴定，用去 4.10mL。然后加入甲醛解蔽 Zn^{2+}，再用同浓度的 EDTA 标准溶液滴定，用去 13.40mL。计算试样中的铜、锌、镁的百分含量。

7-25 称取含 Fe_2O_3 和 Al_2O_3 的试样 0.2086g。溶解后，在 pH=2.0 时，以磺基水杨酸为指示剂，加热至 50℃左右，以 0.02036mol・L^{-1}的 EDTA 标准溶液滴定至红色消失，消耗 EDTA 标准溶液 15.20mL。然后再加入上述 EDTA 标准溶液 25.00mL，加热煮沸，调节 pH=4.5，以 PAN 为指示剂，趁热用 0.02012mol・L^{-1}的 Cu^{2+} 标准溶液返滴定，用去 Cu^{2+} 标准溶液 8.16mL。计算试样中 Fe_2O_3 和 Al_2O_3 的百分含量。

7-26 试计算 Ni-EDTA 配合物在含有 0.1mol・L^{-1} NH_3-0.1mol・L^{-1} NH_4Cl 的缓冲溶液中的条件稳定常数。

7-27 在 pH=5 的溶液中，以 0.01mol・L^{-1}的 EDTA 滴定同浓度的 Ni^{2+}，分别计算滴定至 50%、100%、200%时的 pNi 值。

7-28 在 pH=5 的溶液中，以 0.01mol・L^{-1}的 EDTA 滴定同浓度的 Cd^{2+}，计算在化学计量点前后 0.1%时的 pCd 值。

7-29 若配制 EDTA 溶液的水中含有 Ca^{2+}，下列情况对测定结果有何影响？

（1）用 $CaCO_3$ 作基准物质标定 EDTA，以二甲酚橙为指示剂，滴定溶液中的 Zn^{2+}。

（2）用金属锌作基准物质，用铬黑 T 作指示剂标定 EDTA，滴定溶液中的 Ca^{2+}。

（3）用金属锌作基准物质，用二甲酚橙作指示剂标定 EDTA，滴定溶液中的 Ca^{2+}。

7-30 称取含磷的试样 0.1000g，处理成试液并把磷沉淀为 $MgNH_4PO_4$，将沉淀过滤洗涤后，再溶解，并调节溶液的 pH=10.0，以铬黑 T 为指示剂，用 0.01000mol・L^{-1}的 EDTA 标准溶液滴定溶液中的 Mg^{2+}，用去 20.00mL，求试样中 P 和 P_2O_5 的含量。

第 8 章　氧化还原平衡与氧化还原滴定法

8-1 指出下列各物质中划线元素的氧化数。

$\underline{O}_2$　$K\underline{O}_2$　$H_2\underline{O}_2$　$H_2\underline{O}$　$\underline{O}F_2$　$\underline{N}_2$　$H_2\underline{N}OH$　$\underline{N}_2H_4$　$\underline{N}H_3$
$H_2\underline{P}O_4^-$　$H_3\underline{P}O_3$　$H_3\underline{P}O_2$　$\underline{P}_4$

8-2 配平下列各氧化还原反应方程式。

（1）$Zn+H_2SO_4$(浓)$\longrightarrow ZnSO_4+H_2S\uparrow$

（2）$MnO_2+H_2O_2+HCl\longrightarrow MnCl_2+O_2\uparrow$

（3）$KMnO_4+K_2SO_3+KOH\longrightarrow K_2MnO_4+K_2SO_4$

（4）$(NH_4)_2Cr_2O_7\longrightarrow Cr_2O_3+N_2\uparrow$

（5）$K_2Cr_2O_7+KI+H_2SO_4\longrightarrow Cr_2(SO_4)_3+I_2+K_2SO_4$

（6）$Cl_2+H_2O_2\longrightarrow HCl+O_2\uparrow$

(7) $Ca(OH)_2+Cl_2 \longrightarrow Ca(ClO)_2+CaCl_2$

(8) $HNO_3+As_2O_3 \longrightarrow H_3AsO_4+NO\uparrow$

(9) $HNO_3+FeS \longrightarrow Fe(NO_3)_3+NO\uparrow+H_2SO_4$

(10) $CuS+HNO_3 \longrightarrow Cu(NO_3)_2+H_2SO_4+NO\uparrow$

(11) $Mn(NO_3)_2+PbO_2+HNO_3 \longrightarrow HMnO_4+Pb(NO_3)_2$

8-3 配平下列各氧化还原反应方程式。

(1) $I_2+S_2O_3^{2-} \longrightarrow I^-+S_4O_6^{2-}$

(2) $MnO_4^-+H_2O_2+H^+ \longrightarrow Mn^{2+}+O_2\uparrow$

(3) $Zn+NO_3^-+H^+ \longrightarrow NH_4^++Zn^{2+}$

(4) $PbO_2+Cr^{3+} \longrightarrow Pb^{2+}+Cr_2O_7^{2-}$ (酸性介质)

(5) $Zn+ClO^-+H^+ \longrightarrow Zn^{2+}+Cl^-+H_2O$

(6) $MnO_4^-+H_2S \longrightarrow Mn^{2+}+S\downarrow$

(7) $N_2H_4+Cu(OH)_2 \longrightarrow Cu+N_2\uparrow$

(8) $PH_4^++Cr_2O_7^{2-} \longrightarrow Cr^{3+}+P_4$

(9) $Br_2+IO_3^- \longrightarrow Br^-+IO_4^-$

(10) $Al+NO_3^-+OH^-+H_2O \longrightarrow [Al(OH)_4]^-+NH_3\uparrow$

8-4 对于氧化还原反应

$$Zn+Fe^{2+} = Zn^{2+}+Fe$$

和

$$MnO_4^-+8H^++5Fe^{2+} = Mn^{2+}+5Fe^{3+}+4H_2O$$

(1) 分别指出哪种物质是氧化剂？哪种物质是还原剂？写出对应的半反应式。

(2) 将上面的反应设计成原电池，并写出其符号。

8-5 改变下列条件，则标准状态下铜锌原电池的电动势如何变化？

(1) 增加 $ZnSO_4$ 的浓度；

(2) 在 $ZnSO_4$ 溶液中加入 $NH_3 \cdot H_2O$；

(3) 在 $CuSO_4$ 溶液中加入 $NH_3 \cdot H_2O$。

8-6 根据标准电极电位，计算下列反应在25℃时的平衡常数。

(1) $Ni+Sn^{4+} = Ni^{2+}+Sn^{2+}$

(2) $Cl_2+2Br^- = 2Cl^-+Br_2$

(3) $Fe^{2+}+Ag^+ = Fe^{3+}+Ag$

8-7 根据标准电极电位，判断下列反应进行的方向。

(1) $2Fe^{3+}+Sn = 2Fe^{2+}+Sn^{2+}$

(2) $Zn^{2+}+Cu = Zn+Cu^{2+}$

(3) $PbO_2+4HCl = PbCl_2+Cl_2\uparrow+2H_2O$

8-8 今有一种含有 Cl^-、Br^-、I^- 三种离子的混合溶液，欲使 I^- 氧化为 I_2 而又不使 Br^-、Cl^- 氧化，在常用的氧化剂 $Fe_2(SO_4)_3$ 和 $KMnO_4$ 中，选择哪一种比较合适？为什么？

8-9 试分别计算由下列反应设计成的原电池的电动势。括号内的数字为各离子的浓度，单位为 $mol \cdot L^{-1}$。

(1) $Zn+Ni^{2+}(1.0) = Zn^{2+}(1.0)+Ni$

(2) $Zn+Ni^{2+}(0.050) = Zn^{2+}(0.10)+Ni$

(3) $Ag^+(1.0)+Fe^{2+}(1.0) \rightleftharpoons Ag+Fe^{3+}(1.0)$

(4) $Ag^+(0.1)+Fe^{2+}(0.010) \rightleftharpoons Ag+Fe^{3+}(0.10)$

8-10 用镍电极和标准氢电极组成原电池。当$c(Ni^{2+})=0.10mol \cdot L^{-1}$时，原电池的电动势为0.287V。其中镍为负极，计算镍电极的标准电极电位。

8-11 从磷元素的电位图

$$\varphi^{\ominus}/V \qquad H_2PO_2^- \xrightarrow{-2.25} P_4 \xrightarrow{-0.89} PH_3$$

计算电对 $H_2PO_2^-/PH_3$ 的标准电极电位。

8-12 由下列电极反应的标准电极电位，计算 AgBr 的溶度积。

$$Ag^+ + e \rightleftharpoons Ag \qquad \varphi^{\ominus}(Ag^+/Ag)=0.7990V$$

$$AgBr+e \rightleftharpoons Ag+Br^- \qquad \varphi^{\ominus}(AgBr/Ag)=0.0730V$$

8-13 已知 $\varphi^{\ominus}(MnO_4^-/Mn^{2+})=1.51V$，$\varphi^{\ominus}(Cl_2/Cl^-)=1.36V$。

(1) 判断下列反应进行的方向：

$$2MnO_4^- + 10Cl^- + 16H^+ \rightleftharpoons 2Mn^{2+} + 5Cl_2\uparrow + 8H_2O$$

(2) 将以上两个电对组成原电池。用电池符号表示原电池的组成，标明正、负极，并计算其标准电动势。

(3) 当 $c(H^+)=0.10mol \cdot L^{-1}$，其他各离子浓度均为 $1.0mol \cdot L^{-1}$，$p(Cl_2)=1.01\times10^5Pa$ 时，求电池的电动势。

8-14 已知 $\varphi^{\ominus}(Ag^+/Ag)=0.7990V$，计算电极反应 $Ag_2S+2e \rightleftharpoons 2Ag+S^{2-}$ 在 pH=3.00 缓冲溶液中的电极电位。

8-15 根据下列反应

$$Cu+Cu^{2+}+2Cl^- \rightleftharpoons 2CuCl\downarrow$$

制备 CuCl 时，若以 $0.10mol \cdot L^{-1}$的 $CuSO_4$ 和 $0.2mol \cdot L^{-1}$的 NaCl 溶液等体积混合并加入过量的 Cu，求反应达到平衡时 Cu^{2+} 的转化率。已知：$\varphi^{\ominus}(Cu^{2+}/Cu^+)=0.16V$，$\varphi^{\ominus}(Cu^{2+}/Cu)=0.34V$，$K_{sp}(CuCl)=1.72\times10^{-7}$。

8-16 在 $1mol \cdot L^{-1}$ 的 H_2SO_4 介质中，用 $KMnO_4$ 溶液滴定 $FeSO_4$ 溶液。已知：$\varphi^{\ominus}(MnO_4^-/Mn^{2+})=1.45V$，$\varphi^{\ominus}(Fe^{3+}/Fe^{2+})=0.68V$。试计算在化学计量点时溶液的电位值及条件平衡常数。

8-17 用 20.00mL 的 $KMnO_4$ 溶液滴定，恰能完全氧化 0.07500g 的 $Na_2C_2O_4$，试计算 $KMnO_4$ 溶液的浓度。

8-18 称取含有 PbO、PbO_2 的试样 1.2420g，加入 20.00mL 浓度为 $0.4000mol \cdot L^{-1}$ 的草酸（$H_2C_2O_4$）溶液，将 PbO_2 还原为 Pb^{2+}；然后用氨水中和，此时 Pb^{2+} 以 PbC_2O_4 形式沉淀。

(1) 过滤、洗涤，将滤液酸化后用浓度为 $0.04000mol \cdot L^{-1}$的 $KMnO_4$ 标准溶液滴定，用掉 10.80mL。

(2) 再将滤渣 PbC_2O_4 沉淀溶于酸中，也用同浓度的 $KMnO_4$ 标准溶液滴定，用掉 39.00mL。

计算原试样中 PbO 和 PbO_2 的百分含量。已知：$M(PbO)=223.2g \cdot mol^{-1}$，$M(PbO_2)=239.2g \cdot mol^{-1}$。

8-19 将含有杂质的 $CuSO_4 \cdot 5H_2O$ 试样 0.6500g 置于锥形瓶中，加水和 H_2SO_4 溶解。

加入 10%的 KI 溶液 10mL，析出 I_2，立即用 0.1000mol·L^{-1}的 $Na_2S_2O_3$ 标准溶液滴定至淀粉指示剂由蓝色变成无色为终点，消耗 $Na_2S_2O_3$ 标准溶液 25.00mL。求试样中铜的百分含量。

8-20 在 0.2500g 基准纯的 $K_2Cr_2O_7$ 溶液中加入过量的 KI，析出的 I_2 用 $Na_2S_2O_3$ 溶液滴定，用去 11.43mL。计算 $Na_2S_2O_3$ 溶液的准确浓度。

8-21 将 1.000g 钢样中的铬氧化成 $Cr_2O_7^{2-}$ 试液，在此试液中加入 0.1000mol·L^{-1}的 $FeSO_4$ 标准溶液 25.00mL，然后用 0.02000mol·L^{-1} 的 $KMnO_4$ 标准溶液滴定过量的 $FeSO_4$，用去 $KMnO_4$ 标准溶液 6.50mL。计算钢样中铬的百分含量。

8-22 将等体积的 0.2000mol·L^{-1}的 Fe^{2+}溶液与 0.05000mol·L^{-1}的 Ce^{4+}溶液混合，计算反应达平衡时 Ce^{4+}的浓度。

8-23 KI 试液 25.00mL 中加入浓度为 $c(KIO_3)$=0.05000mol·L^{-1}的 KIO_3 标准溶液 10.00mL 和适量 HCl，生成 I_2。加热煮沸使生成的 I_2 全部挥发。冷却后，加入过量的 KI 溶液，使其与剩余的 KIO_3 反应，再析出 I_2。用 0.1008mol·L^{-1}的 $Na_2S_2O_3$ 标准溶液滴至终点，用去 21.14mL，求原 KI 试液的浓度。

8-24 称取 $FeCl_3·6H_2O$ 试样 0.5000g，溶于水，加浓 HCl 酸化，再加 KI 固体 5g，最后用 0.1000mol·L^{-1}的 $Na_2S_2O_3$ 标准溶液滴至终点，用去 18.17mL，求试样中 $FeCl_3·6H_2O$ 的百分含量。

8-25 测定某样品中丙酮的含量时，称取试样 0.1000g 于碘量瓶中，加 NaOH 溶液，振荡。再加入浓度为 $c\left(\frac{1}{2}I_2\right)$=0.1000mol·$L^{-1}$的 I_2 标准溶液 50.00mL，盖好，放置一段时间，丙酮被氧化为 CH_3COOH 和 CHI_3。最后加硫酸调至微酸性，过量的 I_2 用 0.1000mol·L^{-1}的 $Na_2S_2O_3$ 标准溶液滴至终点，用去 10.00mL。求被测样品中丙酮的百分含量。

8-26 现有含 As_2O_3 与 As_2O_5 的试样 0.2834g。溶解后，用 $c\left(\frac{1}{2}I_2\right)$=0.1000mol·$L^{-1}$的 I_2 标准溶液滴定，用去 20.00mL。完毕后，再在溶液中加入过量的 KI 和硫酸，析出 I_2。最后用 0.1500mol·L^{-1} 的 $Na_2S_2O_3$ 标准溶液滴至终点，耗去 30.00mL。求试样中 As_2O_3、As_2O_5 和 As 的百分含量。

8-27 在 0.1023g 铝样品中，加入 NH_3-NH_4Ac 缓冲溶液使其 pH=9.0，然后加入过量的 8-羟基喹啉，生成 8-羟基喹啉铝 $Al(C_9H_6NOH)_3$ 沉淀。沉淀过滤洗涤后溶解在 2.0mol·L^{-1}的 HCl 中，在溶液中加入 25.00mL 浓度为 0.05000mol·L^{-1}的 $KBrO_3$-KBr 标准溶液，产生的 Br_2 与 8-羟基喹啉发生取代反应，生成 $C_9H_4Br_2NOH$。然后，再加入 KI，使其与剩余的 Br_2 反应生成 I_2。最后用 0.1050mol·L^{-1}的 $Na_2S_2O_3$ 标准溶液滴至终点，耗去 2.85mL。求试样中 Al_2O_3 的百分含量。

第 9 章　沉淀平衡及其在分析中的应用

9-1 影响沉淀溶解度的因素有哪些？它们是怎样产生影响的？

9-2 形成沉淀的性状主要与哪些因素有关？哪些是本质因素？

9-3 已知在常温下下列各盐的溶解度（括号中），求其溶度积（不考虑水解的影响）。

(1) AgBr（7.1×10^{-7}mol·L^{-1}）　　(2) BaF_2（6.3×10^{-3}mol·L^{-1}）

9-4 计算下列溶液中 CaC_2O_4 的溶解度。(1) pH＝5；(2) pH＝3；(3) pH＝3 的 0.01mol·L^{-1}的草酸钠溶液中。

9-5 水处理剂 HEDP ($C_2H_8P_2O_7$)，可用喹钼柠酮溶液形成沉淀 ($(C_9H_7N)H_3(PO_4 \cdot 12MoO_3)$)。取 HEDP 样品 0.1274g，沉淀洗涤后，于 4# 玻璃砂芯漏斗中干燥后称重，若玻璃砂芯漏斗质量为 18.3421g，测定后的质量为 18.8964g，求：(1) 样品中 HEDP 的百分含量；(2) 样品中 P 的百分含量。

9-6 0.8641g 合金钢溶解后，将 Ni^{2+} 转变为丁二酮肟镍沉淀 ($NiC_8H_{14}O_4N_4$)，烘干后，称得沉淀的质量为 0.3463g，计算合金钢中 Ni 的百分含量。

9-7 由 CaO 和 BaO 组成的混合物 2.431g，将其转化为 CaC_2O_4 和 BaC_2O_4 测定，烘干后称重为 4.823g，求 CaO 和 BaO 的百分含量。

9-8 NaCl、NaBr 和其他惰性物质组成的混合物 0.4327g 经 $AgNO_3$ 沉淀为 AgCl 和 AgBr，烘干后，质量为 0.7286g。此沉淀烘干后再在 Cl_2 中加热，使 AgBr 转化成 AgCl，再称重，其质量为 0.6723g。求原样品中 NaCl 和 NaBr 的百分含量。

9-9 在 10mL 浓度为 1.5×10^{-3} mol·L^{-1} 的 $MnSO_4$ 溶液中，加入 0.495g 固体 $(NH_4)_2SO_4$（溶液体积不变）。再加入 0.15mol·L^{-1}的 $NH_3 \cdot H_2O$ 溶液 5.00mL，能否有 $Mn(OH)_2$ 沉淀生成？若不加固体 $(NH_4)_2SO_4$，又能否有沉淀生成？列式计算说明理由。

9-10 在 1.0mol·L^{-1}的 Mn^{2+} 溶液中含有少量的 Pb^{2+}，欲使 Pb^{2+} 形成 PbS 沉淀，而 Mn^{2+} 不沉淀，溶液中 S^{2-} 应控制在什么范围内？若通入 H_2S 气体来实现上述目的，问溶液的 pH 应控制在什么范围内？已知 H_2S 在水中的饱和浓度为 $[H_2S]=0.1$mol·L^{-1}。

9-11 设计分离下列各组物质的方案（规定用沉淀法）。

(1) AgCl 和 AgI　　(2) $BaCO_3$ 和 $BaSO_4$

(3) $Mg(OH)_2$ 和 $Fe(OH)_3$　　(4) ZnS 和 CuS

9-12 计算下列沉淀转化的平衡常数：

(1) $\alpha\text{-ZnS(s)}+Cu^{2+} \rightleftharpoons CuS(s)+Zn^{2+}$

(2) $AgCl(s)+SCN^- \rightleftharpoons AgSCN(s)+Cl^-$

(3) $PbCl_2(s)+CrO_4^{2-} \rightleftharpoons PbCrO_4(s)+2Cl^-$

9-13 用银量法测试样品中的氯含量时，选用哪种指示剂指示终点较合适？用何种银量法？为什么？

(1) NH_4Cl　　(2) $BaCl_2$　　(3) $FeCl_2$　　(4) $NaCl+Na_3PO_4$

(5) $NaCl+Na_2SO_4$　　(6) $KCl+Na_2CrO_4$

9-14 为什么说用福尔哈德法测定 Cl^- 比测定 Br^- 或 I^- 时引入的误差概率要大一些？

9-15 在含有相等物质的量浓度的 Cl^- 和 I^- 的混合溶液中，逐滴加入 Ag^+ 溶液，哪种离子先被 Ag^+ 沉淀？第二种离子开始沉淀时，Cl^- 和 I^- 的浓度比为多少？

9-16 测定铵或有机铵盐可用四苯硼钠沉淀滴定法，以二氯荧光黄为指示剂。可用邻苯二甲酸氢钾标定四苯硼钠，结果如下所述。标定四苯硼钠：0.4984g 邻苯二甲酸氢钾溶解后，用四苯硼钠标准溶液滴定，终点时，消耗标准溶液 24.14mL。$(NH_4)_2SO_4$ 样品的测定：称取 0.2541g $(NH_4)_2SO_4$ 样品，溶解后，用上述四苯硼钠标准溶液滴定，终点时，消耗标准溶液 35.61mL。

(1) 求样品中 $(NH_4)_2SO_4$ 的百分含量。

(2) 假设被测有机铵盐的摩尔质量为 M_s，其他各数值用字母表示，且已知有机铵盐中

NH_4^+ 的个数为 n（$n \geqslant 1$），求有机铵盐含量的通式。请注明各字母的含义。

9-17 某金属氯化物纯品 0.2266g，溶解后，加入 $0.1121 mol \cdot L^{-1}$ 的 $AgNO_3$ 溶液 30.00mL，生成 AgCl 沉定，然后用硝基苯包裹，再用 $0.1158 mol \cdot L^{-1}$ 的 NH_4SCN 溶液滴定过量的 $AgNO_3$，终点时，消耗 NH_4SCN 溶液 2.79mL。计算试样中氯的百分含量，并推测此氯化物可能是什么物质。

9-18 某混合物由 NaCl、NaBr 和惰性物质组成，取混合样 0.6127g 用 $AgNO_3$ 沉淀后，称得烘干的沉淀质量为 0.8785g，再取一份混合样 0.5872g，用 $AgNO_3$ 进行沉淀滴定，用去浓度为 $0.1552 mol \cdot L^{-1}$ 的 $AgNO_3$ 标准溶液 29.98mL，求混合物中 NaCl 和 NaBr 的百分含量。

9-19 称取三聚磷酸钠（$Na_5P_3O_{10}$）样品 0.3627g，溶于水，加酸分解为 PO_4^{3-}，在 NH_3-NH_4Cl 缓冲溶液中，加入 $0.2145 mol \cdot L^{-1}$ 的 Mg^{2+} 溶液 25.00mL，形成 $MgNH_4PO_4$ 沉淀，过滤，洗涤。沉淀燃烧成 $Mg_2P_2O_7$，称重为 0.3192g，滤液和洗涤液混合后用EDTA 滴定多余的 Mg^{2+}，终点时，消耗 EDTA（$c = 0.1241 mol \cdot L^{-1}$）多少毫升？三聚磷酸钠的百分含量为多少？

9-20 将 0.1173g NaCl 溶解后，再加入 30.00mL $AgNO_3$ 标准溶液，过量的 Ag^+ 用 NH_4SCN 标准溶液滴定，耗去 3.20mL。已知用该 $AgNO_3$ 溶液滴定上述 NH_4SCN 时，每 20.00mL $AgNO_3$ 消耗 NH_4SCN 标准溶液 21.06mL，问 $AgNO_3$ 溶液和 NH_4SCN 溶液浓度各为多少 $mol \cdot L^{-1}$？

第 10 章　s 区 元 素

10-1 完成并配平下列反应式。

(1) $Li + O_2 \longrightarrow$　　(2) $KO_2 + H_2O \longrightarrow$　　(3) $Be(OH)_2 + NaOH \longrightarrow$

(4) $Sr(NO_3)_2$(加热)$\longrightarrow$　　(5) $CaH_2 + H_2O \longrightarrow$　　(6) $Na_2O_2 + CO_2 \longrightarrow$

(7) $NaCl + H_2O$(电解)$\longrightarrow$　　(8) $Mg^{2+} + NH_3 + H_2O \longrightarrow$

10-2 有一份白色固体混合物，其中含有 $MgCl_2$、KCl、$BaCl_2$、$CaCO_3$ 中的若干种，根据下列实验现象，判断混合物中有哪几种物质。(1) 混合物溶于水，得到透明澄清溶液；(2) 经过焰色反应，火焰呈紫色；(3) 向溶液中加碱，产生白色胶状沉淀。

10-3 在一含有浓度均为 $0.1 mol \cdot L^{-1}$ 的 Ba^{2+} 和 Sr^{2+} 的溶液中，加入 CrO_4^{2-}，问：(1) 首先从溶液中析出的是 $BaCrO_4$ 还是 $SrCrO_4$？为什么？(2) 逐滴加入 CrO_4^{2-}，能否将这两种离子分离？为什么？已知：$K_{sp}(BaCrO_4) = 1.2 \times 10^{-10}$，$K_{sp}(SrCrO_4) = 12.2 \times 10^{-5}$。

10-4 分析某一水样，其中含 Mg^{2+} $20 mg \cdot L^{-1}$，含 Ca^{2+} $80 mg \cdot L^{-1}$，试计算此水样的硬度。

10-5 试述对角线规则。

10-6 工业碳酸钠的主要杂质为 Ca^{2+}、Mg^{2+}、Fe^{3+} 等，去除杂质的方法是将碳酸钠配成溶液后放置，并加热保温，必要时还可加少量 NaOH 溶液。试问这种除杂质方法的原理是什么？加少量 NaOH 溶液的目的是什么？

10-7 用离子交换法制备去离子水的原理是什么？写出相关化学方程式。

10-8 金属钠着火时，能否用水、二氧化碳或石棉毯灭火？为什么？

10-9 为什么常用 Na_2O_2 作为供氧剂？如果现有 0.5kg 过氧化钠固体，问在标准状态下，能产生多少升氧气？

10-10 试鉴别下列两组物质。

（1）CaO、$CaCO_3$、$CaSO_4$ （2）$Mg(OH)_2$、$Al(OH)_3$、$Mg(HCO_3)_2$

10-11 氢气的制备方法有哪些？举例说明。

10-12 碱金属与氧可生成哪些类型的氧化物？它们各有什么性质和特点？

10-13 试用 ROH 规则分析碱金属、碱土金属的氢氧化物的碱性递变规律。

10-14 写出下列物质主要成分的俗称或化学式：

$Na_2SO_4 \cdot 10H_2O$、NaOH、$KCl \cdot MgCl_2 \cdot 6H_2O$、石膏、方解石、重晶石、纯碱

10-15 实验室有三瓶失去标签的固体试剂，分别为 NaOH、Na_2CO_3、$NaHCO_3$，用简单的方法鉴别之。写出有关化学方程式。

第11章 p区元素

11-1 为什么说 p 区元素最大的特点是其多样性？试从 p 区元素及其单质所属的类型等方面来进行阐述。

11-2 写出氧气、氮气和氟气分子的分子轨道式，并判断其键级和有无磁性。

11-3 B、C、N、O、F、Ne、S、P、Al 的单质中，哪些是单原子分子？哪些是双原子分子？哪些是多原子分子？哪些形成了原子晶体？哪些形成了金属晶体？

11-4 用价层电子对互斥理论判断下列分子的空间构型：PCl_3、PCl_5、XeF_2、XeF_4。

11-5 判断下列分子中心原子的杂化类型：BF_3、CO_2、CCl_4、SO_4^{2-}、NO_3^-。

11-6 将下列各组物质按其性质排序。

（1）熔沸点：（a）CH_4、CF_4、CCl_4、CI_4、CBr_4；（b）F_2、Cl_2、Br_2、I_2；（c）AlF_3、$AlCl_3$、$AlBr_3$、AlI_3。

（2）在水中的溶解度：He、Ne、Ar、Kr、Xe。

（3）酸性：（a）$HBrO_4$、$HBrO_3$、$HBrO_2$、HBrO；（b）$HClO_3$、$HBrO_3$、HIO_3；（c）HI、HF、HBr、HCl。

（4）氧化性：HBrO、$HBrO_3$、$HBrO_4$。

（5）还原性：I^-、Cl^-、Br^-、F^-。

（6）第一电离能：C、N、O、F。

（7）电负性：C、N、O、F。

（8）原子半径：F、Cl、I、Br。

（9）极性：NH_3、PH_3、AsH_3、SbH_3。

（10）热稳定性：（a）H_2CO_3、$NaHCO_3$、Na_2CO_3、$BaCO_3$；（b）HF、PH_3、BiH_3。

（11）水解程度：CCl_4、$SnCl_2$、PCl_5。

11-7 填空：

（1）地壳中丰度最大的元素是______，其次是____；丰度最大的金属元素是______，同时总的排名为______。

（2）元素周期表中电负性最大的元素是______，熔沸点最低的物质是______，熔点最高的单质是_______，除氢以外密度最小的物质是_______。

11-8 写出下列物质的分子式或化学式：硼砂、纯碱、洗涤碱、砒霜、富勒烯、大苏打、水晶、刚玉、水玻璃。

11-9 分别写出臭氧、双氧水、XeF_2 作为氧化剂的一个反应，并解释其优点。

11-10 用反应式表示下列过程：

(1) 氯水滴入 KBr 溶液　　(2) 氯气通入石灰溶液

(3) 用 $HClO_3$ 处理 I_2　　(4) 碘单质溶于 KI 溶液

11-11 完成且配平下列反应方程式。

(1) $H_2O_2+KI+H_2SO_4 \longrightarrow$　　(2) $H_2S+FeCl_3 \longrightarrow$　　(3) $S_2O_3^{2-}+I_2 \longrightarrow$

(4) $H_2S+H_2SO_3 \longrightarrow$　　(5) $S+HNO_3$(浓)$\longrightarrow$　　(6) $CuS+HNO_3$(浓)$\longrightarrow$

(7) $NaBiO_3+Mn^{2+}+H^+ \longrightarrow$　　(8) $PCl_5+H_2O \longrightarrow$　　(9) $SiO_2+HF \longrightarrow$

(10) $B_2H_6+H_2O \longrightarrow$　　(11) $BF_3+NH_3 \longrightarrow$　　(12) $SiCl_4+H_2O \longrightarrow$

(13) $NH_3+CuO \xrightarrow{\triangle}$　　(14) $XeF_2+H_2O \longrightarrow$

11-12 如何配制 $SnCl_2$、$SbCl_3$ 和 $Bi(NO_3)_3$ 溶液？

11-13 一氧化碳和亚硝酸盐为何对人体有毒？为何中毒症状相似？

11-14 大气污染物的种类有哪几种？各造成什么样的污染？温室气体指的是什么？其对气候的影响是怎么样的？臭氧层对生物起什么样的保护作用？

11-15 下列物质能否在溶液中共存？如果发生反应，请写出有关反应方程式。

(1) SiO_3^{2-} 和 H^+　　(2) Fe^{3+} 和 CO_3^{2-}　　(3) Sn^{2+} 和 Fe^{3+}

(4) Pb^{2+} 和 Fe^{3+}　　(5) KI 和 KIO_3　　(6) $FeCl_3$ 和 KI

11-16 用简便的方法鉴别下列物质。

(1) NH_4Cl 和 $(NH_4)_2SO_4$　　(2) KNO_2 和 KNO_3

(3) $SnCl_2$ 和 $AlCl_3$　　(4) $Pb(NO_3)_2$ 和 $Bi(NO_3)_3$

11-17 选择合适的稀有气体以满足下列目的：

(1) 温度最低的液体冷冻剂

(2) 电离能最低的安全发光光源

(3) 廉价的惰性气氛

11-18 试根据图 11-29，判断 HIO、I_2 和 IO_3^- 在酸性介质中是否容易歧化，如能发生歧化，写出有关反应方程式。

11-19 将 0.3814g 硼砂（$Na_2B_4O_7$）溶解于 50mL 水中，以甲基红为指示剂，用 HCl 溶液滴定，耗去 19.55mL，求 HCl 溶液的浓度。

11-20 溶液中 Ca^{2+}、Pb^{2+} 和 Al^{3+} 浓度均为 $0.2mol \cdot L^{-1}$，此时加入等浓度等体积的碳酸钠溶液，得到的沉淀产物是什么？已知 $CaCO_3$、$Ca(OH)_2$、$PbCO_3$、$Pb(OH)_2$、$Al(OH)_3$ 的 K_{sp} 分别为 8.7×10^{-9}、5.5×10^{-6}、3.3×10^{-14}、2.8×10^{-16}、1.3×10^{-33}。

第 12 章　d 区 元 素

12-1 $TiCl_4$ 为什么在空气中冒烟？写出反应方程式。

12-2 什么是同多酸？什么是杂多酸？各举三例。

12-3 选择适当的试剂，完成下列各物质的转化，并写出反应方程式：

$$K_2CrO_4 \rightarrow K_2Cr_2O_7 \rightarrow CrCl_3 \rightarrow Cr(OH)_3 \rightarrow KCrO_2$$

12-4 完成下列化学反应方程式。

(1) $K_2Cr_2O_7$ + HCl(浓)⟶ (2) $K_2Cr_2O_7$(饱和) + H_2SO_4(浓)⟶

(3) $Cr_2O_7^{2-}$ + H_2S ⟶ (4) $Cr_2O_7^{2-}$ + H^+ + $C_2O_4^{2-}$ ⟶

(5) $Cr_2O_7^{2-}$ + Ag + H_2O ⟶ (6) $Cr(OH)_3$ + OH^- + ClO^- ⟶

(7) $KMnO_4$ + HCl ⟶ (8) $KMnO_4$ + KNO_2 + H_2SO_4 ⟶

(9) MnO_4^- + Fe^{2+} + H^+ ⟶ (10) PbO_2 + $MnSO_4$ + H_2SO_4 ⟶

(11) $FeCl_3$ + KI ⟶ (12) CrO_2^- + Br_2 + OH^- ⟶

(13) Mn^{2+} + OH^- + O_2 ⟶ (14) $K_2Cr_2O_7$ + H_2O_2 + H^+ ⟶

(15) CrO_3 + Al ⟶ (16) CrO_2^- + Cl_2 + OH^- ⟶

12-5 由重铬酸钾制备：(1) 铬酸钾；(2) 三氧化铬；(3) 三氯化铬；(4) 三氧化二铬；(5) 二氯化铬。写出反应方程式。

12-6 0.4051g 的 $FeCl_2$ 溶于水，酸化后，用 $K_2Cr_2O_7$ 标准溶液滴定至反应完全，共消耗 $K_2Cr_2O_7$ 标准溶液 22.50mL，计算 $K_2Cr_2O_7$ 的物质的量浓度 $c\left(\frac{1}{6}K_2Cr_2O_7\right)$。

12-7 完成并配平下列化学反应方程式。

(1) Na_2WO_4 + Zn + HCl ⟶ W_2O_5 (2) Zn + $(NH_4)_2MoO_4$ + HCl ⟶ $MoCl_3$

(3) C_2H_5OH + CrO_3 ⟶ CH_3CHO (4) $K_2Cr_2O_7$ + $(NH_4)_2S$ ⟶ S↓

(5) Na_3CrO_3 + $Ca(ClO)_2$ + H_2O ⟶ Na_2CrO_4 (6) $NaNO_2$ + $K_2Cr_2O_7$ + H_2SO_4 ⟶

12-8 无水三氯化铬与氨配合，能生成两种配合物 $CrCl_3\cdot5NH_3$ 和 $CrCl_3\cdot6NH_3$。已知用 $AgNO_3$ 能从一配合物的溶液中沉淀出所有的氯，而从另一配合物的溶液中仅能沉淀出 2/3 的氯，写出两种配合物的结构式。

12-9 试求下列物质的实验式：

(1) 50%的 Mo 和 50%的 S (2) 20%的 Ca、48%的 Mo 和 32%的氧

12-10 制取 1.0t 的 $KMnO_4$ 需要软锰矿 0.80t（以 MnO_2 计）。试计算 $KMnO_4$ 的产率。

12-11 在 Mn^{2+} 和 Cr^{3+} 的混合液中，采取什么方法可将其分离？

12-12 某绿色固体 A 可溶于水，其水溶液中通入 CO_2 即得棕黑色沉淀 B 和紫红色溶液 C。B 和浓 HCl 溶液共热时放出黄绿色气体 D，溶液近于无色。将此溶液与溶液 C 混合，即得沉淀 B。将气体 D 通入 A 的溶液可得溶液 C。判断 A、B、C、D 为何物，并写出相关的化学反应方程式。

12-13 将 $Fe_2O_3\cdot3H_2O$、$Co_2O_3\cdot3H_2O$ 和 $Ni_2O_3\cdot3H_2O$ 分别溶于盐酸，它们分别有何反应？

12-14 哪种铁的化合物较稳定？如何将三价铁盐转化为二价铁盐？二价铁又如何转化为三价铁？

12-15 完成并配平下列化学反应方程式：

(1) Fe_2O_3 + KNO_3 + KOH $\xrightarrow{\triangle}$ (2) $K_4[Co(CN)_6]$ + H_2O + O_2 ⟶

(3) Co_2O_3 + HCl ⟶ (4) $FeSO_4\cdot7H_2O$ + Br_2 + H_2SO_4 ⟶

(5) H_2S + $FeCl_3$ ⟶ (6) $Ni(OH)_2$ + Br_2 ⟶

(7) Co^{2+} + SCN^-(过量)⟶ (8) Ni^{2+} + HCO_3^- ⟶

12-16 含有 Fe^{2+} 的溶液中加入 NaOH 溶液，生成白色沉淀，渐渐变为棕色。过滤后，沉淀用 HCl 溶解，溶液呈黄色。加几滴 KSCN 溶液，立即变红。再通入 H_2S 后，红色消失。再滴加 $KMnO_4$ 溶液，$KMnO_4$ 的紫红色褪去，再加入黄血盐，生成蓝色沉淀。写出各步反应方程式。

12-17 已知有两种钴的配合物A和B，其组成都是$Co(NH_3)_5BrSO_4$。在A中加$BaCl_2$产生沉淀，加$AgNO_3$不产生沉淀；在B中加$BaCl_2$不产生沉淀，加$AgNO_3$有沉淀产生。写出两种配合物的结构式。

12-18 解释下列现象：$[Co(NH_3)_6]^{3+}$和Cl^-可共存于同一溶液，而Co^{3+}与Cl^-不能共存于同一溶液。

12-19 钴的一种配合物具有下列组成：Co，22.58%；H，5.79%；N，32.20%；Cl，27.17%；O，12.26%。将此配合物加热失去氨，失去氨的质量为原质量的32.63%。求：

(1) 原配合物中有多少个氨分子；(2) 写出配合物的实验式。

12-20 在$0.1mol \cdot L^{-1}$的Fe^{3+}溶液中，若仅有水解产物$[Fe(OH)(H_2O)_5]^{2+}$存在，求此溶液的pH。已知$[Fe(H_2O)_6]^{3+} \rightleftharpoons [Fe(OH)(H_2O)_5]^{2+} + H^+$的平衡常数$K_1 = 10^{-3.05}$。

第13章 ds区元素

13-1 从1t含0.5% Ag_2S的铅锌矿中可提炼得到多少克银？假设银的回收率为90%。

13-2 在电解法精炼铜的过程中，为什么银、金会生成阳极泥？而锌、铁会留在溶液中不沉积？欲达到上述目标，阴阳极的电位差应保持在什么范围内？

13-3 完成并配平下列化学反应方程式。

(1) $Ag_2S + HNO_3$(浓)$\longrightarrow$ (2) $Zn + HNO_3$(很稀)$\longrightarrow$

(3) $Hg(NO_3)_2 + NaOH \longrightarrow$ (4) $Hg_2^{2+} + H_2S \xrightarrow{光}$

(5) $Hg^{2+} + I^-$(过量)$\longrightarrow$ (6) $HgS + HCl + HNO_3 \longrightarrow$

(7) $Cu^{2+} + I^- \longrightarrow$ (8) $Zn + CO_2 \longrightarrow$

(9) $Cu + NaCN + H_2O + O_2 \longrightarrow$ (10) $AgCl + Na_2S_2O_3 \longrightarrow$

13-4 某一化合物A溶于水得一浅蓝色溶液。在A中加入NaOH得蓝色沉淀B。B溶于HCl，也溶于氨水。A中通入H_2S得黑色沉淀C。C难溶于HCl而溶于热的浓HNO_3。在A中加入$BaCl_2$无沉淀产生，加入$AgNO_3$有白色沉淀D产生，D溶于氨水。试判断A、B、C、D各为何物，并写出相关反应的方程式。

13-5 在混合溶液中有Ag^+、Cu^{2+}、Zn^{2+}和Hg^{2+}四种正离子，如何鉴定它们的存在并将其分离？

13-6 在Ag^+溶液中，先加入少量$Cr_2O_7^{2-}$，再加适量Cl^-，最后加足量$S_2O_3^{2-}$，估计每加一次试剂会出现什么现象？写出各步反应的方程式。

13-7 有一无色溶液A有下列反应：(1) 加氨水生成白色沉淀；(2) 加NaOH则有黄色沉淀产生；(3) 若滴加KI溶液，先析出橘红色沉淀，当KI过量时，橘红色沉淀消失；(4) 加入数滴Hg，振荡后Hg逐渐消失，在此溶液中再加入氨水，得到灰黑色沉淀。问A为何种盐类？写出各有关化学反应的方程式。

13-8 完成并配平下列反应的化学方程式。

(1) $HgCl_2 + SnCl_2 \longrightarrow$ (2) $Hg_2(NO_3)_2 + HNO_3$(浓)$\longrightarrow$

(3) $Hg + HNO_3$(浓)$\longrightarrow$ (4) $HgS + HNO_3$(浓)$+ HCl \longrightarrow$

13-9 在盐酸溶液中，$K_2Cr_2O_7$能把汞氧化为一价化合物或二价化合物。1.00g的汞刚好和浓度为$0.100mol \cdot L^{-1}$的$K_2Cr_2O_7$溶液50.0mL完全作用，所用的汞是一价的还是二价的或是其混合物？用什么方法来检验你的结论？

13-10 草酸汞不溶于水，但加入 Cl^- 的溶液即溶解，为什么？

第14章 f区元素

14-1 写出镧系元素和锕系元素的名称与符号，并说明镧系元素和锕系元素的氧化还原性质。

14-2 说明镧系元素和锕系元素价层电子结构的特点。

14-3 何谓镧系收缩？镧系收缩的结果是什么？

14-4 为什么镧系元素之间和锕系元素之间性质是相似的？

14-5 说明 La^{3+} 在晶体或溶液中颜色的变化规律。

14-6 说明溶剂萃取法和离子交换法分离镧系元素的方法和原理。

第15章 化学中的分离方法

15-1 如果试液中含有 Fe^{3+}、Al^{3+}、Ca^{2+}、Mg^{2+}、Cu^{2+}、Mn^{2+}、Cr^{3+} 和 Zn^{2+} 等离子，加入 NH_4Cl-氨水缓冲溶液，控制 pH=9，哪些离子以什么形式存在于沉淀中？沉淀是否完全（假设各离子浓度均为 0.010mol·L^{-1}）？哪些离子以什么形式存在于溶液中？

15-2 已知 $K_{sp}[Mg(OH)_2]=5.6\times10^{-12}$，$K_{sp}[Zn(OH)_2]=1.2\times10^{-17}$，试计算 MgO 和 ZnO 悬浊液所能控制的溶液 pH。

15-3 形成螯合物的有机沉淀剂和形成离子对化合物的有机沉淀剂分别具有什么特点？螯合物和离子对化合物有什么不同之处？

15-4 “分配系数”和“分配比”的物理意义何在？

15-5 含有 Fe^{3+}、Mg^{2+} 的溶液中，若使 $[NH_3]=0.10$mol·L^{-1}，$[NH_4^+]=1.0$mol·L^{-1}。此时，Fe^{3+}、Mg^{2+} 能否完全分离？

15-6 某一弱酸 HA 的 $K_a=2.0\times10^{-5}$，它在某有机溶剂和水中的分配系数为 30.0，当水溶液的 pH 分别为 1.0 和 5.0 时，分配比各为多少？用等体积的有机溶剂萃取，萃取效率各为多少？若使 99.5%的弱酸被萃入有机相，这样的萃取要进行多少次？若使萃取剂的总体积与水相体积相等，又要萃取多少次？

15-7 某溶液含有 Fe^{3+} 10mg，将它萃入有机溶剂中，分配比 $D=0.90$，则用等体积有机溶剂萃取，萃取1次、2次、3次，水相中 Fe^{3+} 的量分别为多少？若在萃取3次后，将有机相合并，并用等体积的水洗涤一次有机相，会损失 Fe^{3+} 多少毫克？

15-8 石膏试样中 SO_3 的测定用下列方法：称取石膏试样 0.1747g，加沸水 50mL，再加 10g 强酸性氢型阳离子交换树脂，加热 10min 后，用滤纸过滤并洗涤，然后用 0.1053mol·L^{-1} 的 NaOH 标准溶液滴定滤液，消耗 NaOH 标准溶液 20.34mL，计算石膏中 SO_3 的百分含量。

15-9 称取氢型阳离子交换树脂 0.5128g，充分溶胀后，加入浓度为 1.013mol·L^{-1} 的 NaCl 溶液 10.00mL，充分交换后，用 0.1127mol·L^{-1} 的 NaOH 标准溶液滴定，终点时，消耗 NaOH 标准溶液 24.31mL，求该树脂的交换容量（mmol·g^{-1}）。

15-10 用 OH 型阴离子交换树脂分离 9mol·L^{-1} 的 HCl 溶液中的 Fe^{3+} 和 Al^{3+}，原理如何？哪种离子留在树脂上，哪些离子进入流出液中？如何检验进入流出液中的离子已全部进入了流出液？此过程完成后，如何将留在树脂上的另一种离子洗下来？

习题解答

第1章　绪论与数据处理

1-1　甲答案合理。因为取样量为两位有效数字，所以结果也应该表示为两位有效数字。

1-2　测定的平均值　$\bar{x}=\dfrac{2.487\%+2.492\%+2.489\%+2.491\%+2.491\%+2.490\%}{6}$

$=2.490\%$

标准偏差　$S=\sqrt{\dfrac{\sum_{i=1}^{n}(x_i-\bar{x})^2}{n-1}}$

$=\sqrt{\dfrac{(-0.003\%)^2+(0.002\%)^2+(-0.001\%)^2+(0.001\%)^2+(0.001\%)^2+0^2}{6-1}}$

$=0.0018\%$

变异系数　$CV=\dfrac{S}{\bar{x}}=\dfrac{0.0018\%}{2.490\%}=7.2\times10^{-4}$

最终报告结果为2.490%。

1-3　解：从小到大排列数据为51.96%、51.97%、51.98%、52.00%、52.01%、52.12%

$$q_n=\frac{x_n-x_{n-1}}{x_n-x_1}=\frac{52.12\%-52.01\%}{52.12\%-51.96\%}=0.6875$$

$$q_1=\frac{x_2-x_1}{x_n-x_1}=\frac{51.97\%-51.96\%}{52.12\%-51.96\%}=0.0625$$

查表得 $n=6$ 时，$Q_{0.90}=0.56$。$q_n>Q$，52.12%应舍去；$q_1<Q$，51.96%应予保留。

继续检验：51.96%，51.97%，51.98%，52.00%，52.01%

$$q_{n-1}=\frac{x_{n-1}-x_{n-2}}{x_{n-1}-x_1}=\frac{52.01\%-52.00\%}{52.01\%-51.96\%}=0.2$$

查表得 $n=5$ 时，$Q_{0.90}=0.64$。$q_3<Q$，52.01%应予保留。

$$\bar{x}=\frac{51.96\%+51.97\%+51.98\%+52.00\%+52.01\%}{5}=51.98\%$$

标准偏差　$S=\sqrt{\dfrac{(-0.02\%)^2+(-0.01\%)^2+0^2+(0.02\%)^2+(0.03\%)^2}{5-1}}=0.021\%$

变异系数　$CV=\dfrac{S}{\bar{x}}=\dfrac{0.021\%}{51.98\%}=4.1\times10^{-4}$

5次实验，置信度为90%，查表得 $t=2.132$，则

$$x=\bar{x}\pm\frac{tS}{\sqrt{n}}=51.98\%\pm\frac{2.132\times0.02121\%}{\sqrt{5}}=51.98\%\pm0.02\%$$

1-4　(1) 3位；(2) 5位；(3) 2位；(4) 2位；(5) 3位；(6) 4位

1-5　(1) 原式＝12.29（乘法，保留4位）＋0.096＋0.00031＝12.38（小数点后只能保

留 2 位)。

(2) 全部是乘除法,所以结果应为 4 位有效数字,原式$=3.858\times10^3$。

(3) 原式$=(10.29-3.466)\times301.8=2.06\times10^3$(结果是三位有效数字,用科学计数法表示)。

(4) 原式$=4.7\times10^{-4}$(根号内的数据,有效数字最少的只有 2 位,开方运算视同乘法,最后结果的有效数字不应超过 2 位)。

1-6 因为原始数据的有效数字最少为 3 位,所以

$$\frac{98.1\%\times1.84\times10^3}{98.07}=18.4(\text{mol}\cdot\text{L}^{-1})$$

第 2 章 原子结构

2-1 因为 $c=3.0\times10^8\text{m/s}$,所以

$$\nu_1=\frac{3.0\times10^8}{656.3\times10^{-9}}=4.6\times10^{14}(\text{s}^{-1})$$

$$\nu_2=\frac{3.0\times10^8}{486.1\times10^{-9}}=6.2\times10^{14}(\text{s}^{-1})$$

$$\nu_3=\frac{3.0\times10^8}{434.1\times10^{-9}}=6.9\times10^{14}(\text{s}^{-1})$$

$$\nu_4=\frac{3.0\times10^8}{410.2\times10^{-9}}=7.3\times10^{14}(\text{s}^{-1})$$

2-2 (1) 线状光谱:不连续的光谱,在光谱上是一条条相隔的线。

连续光谱:波长连续分布的光谱。

(2) 基态:在正常状态下,原子核外的电子尽可能处于离核较近、能量较低的轨道上,此时原子所处的能量状态为基态。

激发态:当接受外界能量时,基态原子中的电子因获得能量而跃迁到能量较高的轨道上,此时原子的这种能量状态称为激发态。

(3) 电子的微粒性:实验证明,电子是具有质量和动量的粒子。

电子的波动性:电子衍射等实验说明电子具有波动性。

(4) 几率:电子在核外某一区域出现的机会。

几率密度:电子在原子核外空间某处单位体积内出现的几率与空间位置的关系函数,称为几率密度。表示微粒波的强度,用电子云描述。

(5) 波函数:表示原子核外电子轨道的数学关系式。

原子轨道:核外电子量子化运动的空间。它区别于宏观世界中的具体的轨迹,具有一定的能量级、形状和伸展方向。

(6) 主量子数和角量子数相同、磁量子数不同的轨道能级相同,称为轨道能级简并。

在外界能量的作用下,原本简并的轨道能级会发生分裂,称为轨道能级的分裂。

由于钻穿效应,在填充电子时,某些主量子数 n 较大的原子轨道的能量反而低于 n 较小的原子轨道的能量的现象,称为能级交错。

(7) 波函数 $\Psi(r,\theta,\varphi)$ 的图像较为复杂,一般可将其分解成角度函数部分和径向函数部分,即 $\Psi(r,\theta,\varphi)=R(r)Y(\theta,\varphi)$。用波函数的角度部分 $Y(\theta,\varphi)$ 对 θ、φ 作图就得到波函数的

角度分布曲线；用波函数的径向部分 $R(r)$ 对 r 作图就得到波函数的径向分布曲线。

(8) 原子共价半径：同种元素的两个原子以共价单键连接时，它们核间距离的一半。

金属半径：金属晶体中相邻两个金属原子核间距离的一半。

范德华半径：分子晶体中相邻两个分子核间距离的一半。

(9) 电负性：衡量分子中元素原子吸引电子能力大小的物理量。

电子亲和能：基态气态原子得到电子形成气态阴离子所释放出的能量。

2-3 (1) 不合理，因为 $l=2$，m 的取值应为 ±2、±1 和 0。(2) 不合理，因为 $l=0$，m 的取值只能等于 0。(3) 取值合理。(4) 取值合理。(5) 不合理，l 的取值应小于 n。(6) 取值合理。

2-4 (1) $n=4$，$l=0$，$m=0$，$m_s=+\frac{1}{2}$或$-\frac{1}{2}$

(2) $n=3$，$l=1$，$m=+1$ 或 0 或 -1

(3) $n=4$，$l=2$

2-5 $_{10}Ne$：$[He]2s^2 2p^6$；第二周期第ⅧA 族，p 区。

$_{17}Cl$：$[Ne]3s^2 3p^5$；第三周期第ⅦA 族，p 区。

$_{24}Cr$：$[Ar]3d^5 4s^1$；第四周期第ⅥB 族，d 区。

$_{71}Lu$：$[Xe]4f^{14} 5d^1 6s^2$；第六周期第ⅢB 族，f 区。

$_{80}Hg$：$[Xe]4f^{14} 5d^{10} 6s^2$；第六周期第ⅡB 族，ds 区。

2-6 (1) Zn 元素，属于 ds 区，第四周期，第ⅡB 族。(2) 位于第ⅢA 族、p 区、价层电子构型为 ns^2np^1 的元素。

2-7 ①d 电子：$n=3$，$l=2$，$m=-2$，-1，0，$+1$，$+2$，$m_s=+\frac{1}{2}$或$-\frac{1}{2}$。②s 电子：$n=4$，$l=0$，$m=0$，$m_s=+\frac{1}{2}$或$-\frac{1}{2}$。

2-8 $n=3$ 时，可能的 $l=0$、1、2，对应的轨道为 s、p、d，轨道形状分别为球状、纺锤状和十字花瓣状。

2-9 (1) 该元素的原子序数是 $2+2+6+2+6+10+2+2=32$。(2) 该元素属第四周期第ⅣA 族，是主族元素 (Ge)。

2-10 该元素的价层电子排布式为 $3d^{10}4s^1$，铜元素，属于第四周期第ⅠB 族，ds 区。

2-11 115 号元素的电子结构式为 $[Rn]5f^{14}6d^{10}7s^2 7p^3$，它的性质可能与 Bi 的性质相似。

2-12 参见教程图 2-5。

2-13 长式周期表共分为 5 个区：s 区、p 区、d 区、ds 区、f 区。

① s 区包括第ⅠA 族、第ⅡA 族元素，最外层电子构型为 $ns^{1\sim2}$。

② p 区包括第ⅢA～ⅧA 族元素，最外层电子构型为 $ns^2np^{1\sim6}$（第ⅧA 族中的 He 为 $1s^2$）。

③ d 区包括第ⅢB～ⅧB 族元素，次外层及最外层电子构型为 $(n-1)d^{1\sim9}ns^2$（第ⅧB 族的 Pd 为 $4d^{10}5s^0$）。

④ ds 区包括第ⅠB 族、第ⅡB 族元素，次外层及最外层电子构型为 $(n-1)d^{10}ns^{1\sim2}$。

⑤ f 区包括镧系元素和锕系元素，倒数第三层及最外层电子构型为 $(n-2)f^{1\sim14}ns^2$（例外的情况比较多）。

2-14

原子序数	价层电子构型	周　期	族	区	金属性
15	$3s^2 3p^3$	3	ⅤA	p	非金属
20	$4s^2$	4	ⅡA	s	金属
27	$3d^7 4s^2$	4	ⅧB	d	金属
48	$4d^{10} 5s^2$	5	ⅡB	ds	金属
58	$4f^1 5d^1 6s^2$	6	ⅢB	f	金属

2-15

价层电子结构式	原子序数	周　期	族	区	金属性
$3s^2 3p^2$	14	3	ⅣA	p	非金属
$4s^2 4p^3$	33	4	ⅤA	p	非金属
$3d^7 4s^2$	27	4	ⅧB	d	金属
$4f^1 5d^1 6s^2$	58	6	ⅢB	f	金属
$4f^{10} 6s^2$	66	6	ⅢB	f	金属

2-16 在多电子原子中，由于其他电子尤其是内层电子对某一外层电子的排斥作用而部分抵消了原子核内质子对该电子的吸引作用，称为屏蔽效应。

外层电子穿过内层空间钻入离原子核较近的地方，使屏蔽作用减弱的效应叫钻穿效应。

虽然 5s 的主峰比 4d 的主峰离核远得多，但由于 5s 的小峰钻到离核近的地方，钻穿效应大，回避了内层电子对它的屏蔽，所以发生能级交错现象，使得 $E_{5s} < E_{4d}$。

2-17 N 和 O 的电子排布式分别为 N（$1s^2 2s^2 2p^3$），O（$1s^2 2s^2 2p^4$）。N 原子中 p 轨道上的电子处于半充满状态，电子层结构稳定，系统的能量较低，因而电离能较大。

2-18 （1）金属性：Al＞B＞F。（2）电离能：F＞B＞Al。（3）电负性：F＞B＞Al。（4）原子半径：Al＞B＞F。

第 3 章　化学键与分子结构

3-1 分子晶体有单质，如氧气、氮气的固态，也有化合物，如干冰、蔗糖等；原子晶体有单质，如金刚石，也有化合物，如二氧化硅；金属晶体有单质，如铜、铁、锌等，也有化合物，如青铜（铜锡合金）等；离子晶体为化合物，如 NaCl。

3-2 （1）孤对电子：指同一个原子轨道上即 n、l、m 全相同的轨道上，已充满的两个自旋方向相反的电子，因此该轨道不能再参与形成正常的共价键，但可以作为给出电子的一方而参与形成配位键，这对电子称为孤对电子。

未成对电子：指同一个原子轨道上只有一个电子，该电子可以参与形成正常的共价键。如果分子中存在未参与成键的未成对电子，会造成分子的顺磁性。

在每一个亚层轨道上，都有 $m_s = \pm\frac{1}{2}$ 的两个电子的轨道，叫全满轨道，它没有磁性，即体现反磁性。在每一个亚层轨道上都有一个电子的轨道叫半满轨道。

（2）分子式：既表明物质的元素组成，又表示确实存在如式所示的分子的化学表达式叫分子式，如 CO_2、C_6H_6、H_2。

化学式：只表明物质中各元素及其存在比例，并不表明确实存在如式所示的分子的化学表达式叫化学式，如 NaCl、SiO$_2$ 等。

分子轨道式：两原子组成分子后，原子轨道重新组合成分子轨道，将分子轨道按能级由低到高的次序从左到右排成一行，按电子排布三原则将电子数写在相应轨道的右上角，这个式子叫分子轨道式。

分子结构式：不但表明了物质的分子式，而且给出了分子中各原子的具体连接次序和方式。如乙酸的结构式可写为

$$\begin{array}{c} \text{H} \quad \text{O} \\ | \quad \| \\ \text{H—C—C—O—H} \\ | \\ \text{H} \end{array}$$

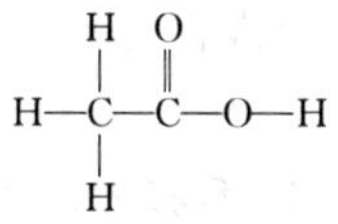

其结构简式可记为 CH$_3$COOH。

3-3 BN：共价键，有分子间作用力。KCl：离子键。CO$_2$：共价键，有分子间作用力。NaOH：Na$^+$ 与 OH$^-$ 之间为离子键，H 与 O 之间为共价键。Fe：金属键。C$_6$H$_6$：共价键，有分子间作用力。

3-4 HClO：氢氯键和氧氯键都是 σ 键。CO$_2$(O=C=O)：碳氧间的四个键中，两个是 σ 键，两个是 π 键。乙炔：碳氢键是 σ 键；碳碳三键中，一个是 σ 键，两个是 π 键。乙酸：碳氢键是 σ 键；碳碳键是 σ 键；氢氧键是 σ 键；碳氧单键也是 σ 键；碳氧双键中，一个是 σ 键，一个是 π 键。

3-5

分子式	VP 数目	BP 数目	LP 数目	属于何种 AX$_n$E$_m$ 型分子	空间构型
BBr$_3$	3	3	0	AX$_3$	正三角形
SiCl$_4$	4	4	0	AX$_4$	正四面体
I$_3^-$	5	2	3	AX$_2$E$_3$	直线型
IF$_5$	6	5	1	AX$_5$E	四方锥型
XeF$_2$	5	2	3	AX$_2$E$_3$	直线型

3-6 NH$_4^+$ 的中心原子 N 采取等性 sp^3 杂化，因为键角为 109°28′，四个键完全等同。CS$_2$ 的中心原子 C 采取 sp 杂化。C$_2$H$_4$ 的中心原子 C 采取 sp^2 杂化。

3-7 PCl$_3$ 中心原子 P 的价电子构型为 3s^{2}3p^3，采取不等性 sp^3 杂化，分子构型为三角锥型。HgCl$_2$ 中心原子 Hg 的价电子构型为 5d^{10}6s^2，采取 sp 杂化，分子构型为直线型。BCl$_3$ 中心原子 B 的价电子构型为 2s^{2}2p^1，采取 sp^2 杂化，分子构型为正三角形。H$_2$S 中心原子 S 的价电子构型为 3s^{2}3p^4，采取不等性 sp^3 杂化，分子构型为折线型。

3-8

分子式	分子轨道式	键级	分子能否存在	分子有无磁性
H$_2^+$	$(\sigma_{1s})^1$	0.5	能	有
B$_2$	$(\sigma_{1s})^2(\sigma_{1s}^*)^2(\sigma_{2s})^2(\sigma_{2s}^*)^2(\pi_{2p_y})^1(\pi_{2p_z})^1$	1	能	有
Be$_2$	$(\sigma_{1s})^2(\sigma_{1s}^*)^2(\sigma_{2s})^2(\sigma_{2s}^*)^2$	0	不能	
O$_2^-$	$(\sigma_{1s})^2(\sigma_{1s}^*)^2(\sigma_{2s})^2(\sigma_{2s}^*)^2(\sigma_{2p_x})^2(\pi_{2p_y})^2(\pi_{2p_z})^2(\pi_{2p_y}^*)^2(\pi_{2p_z}^*)^1$	1.5	能	有
CN	$(\sigma_{1s})^2(\sigma_{1s}^*)^2(\sigma_{2s})^2(\sigma_{2s}^*)^2(\pi_{2p_y})^2(\pi_{2p_z})^2(\sigma_{2p_x})^1$	2.5	能	有

3-9 Na$_2$S（离子键）>H$_2$O（折线型结构，O 的电负性比 S 大）>H$_2$S（S 的电负性比 Se 大）>H$_2$Se>O$_2$（无极性）

3-10 极性分子：HF、NO、CHCl$_3$、NF$_3$、C$_2$H$_5$OH、C$_2$H$_5$OC$_2$H$_5$（极性很弱，O

与两个电负性较大的 C 相连，其结构和 H_2O 相似，是折线型结构）。非极性分子：Ne、Br_2、CS_2（键角为180°）、C_2H_4、C_6H_6。

3-11 （1）两物质均为非极性物质，只存在色散力。

（2）色散力、诱导力（极性分子能诱导产生瞬间偶极）、取向力（均为极性物质）、氢键（与 H 相连的原子有电负性极强的 O 原子）。

（3）色散力、诱导力（H_2O 为极性分子）。

（4）色散力、诱导力、取向力（均为极性分子）。H_2S 中的 H 因 S 的电负性不够大，不能形成氢键。

3-12 （1）H_2S 中的 H 因 S 的电负性不够大，不能形成氢键。

（2）CH_4 中的 H 因 C 的电负性不够大，不能形成氢键。

（3）在 $C_2H_5OC_2H_5$ 中，由于 C 的电负性较大，O 与两个电负性较大的 C 相连，其电负性大大减小，只能与 H_2O 中的 H 形成微弱氢键。

（4）C_2H_5OH 中的 O 与 HF 中的 F 电负性很大，分别可以和另一分子中的氢形成氢键。

3-13 （1）He＜Ne＜Ar＜Kr＜Xe（同族元素的分子随原子量的增大，熔沸点上升）。

（2）$CH_3CH_2OH > CH_3OCH_3$（两者摩尔质量相同，为同分异构体。CH_3CH_2OH 分子间产生氢键而缔合，熔沸点上升。CH_3OCH_3 中的 H 与电负性不大的 C 相连，不会产生氢键）。

（3）$CI_4 > CCl_4 > CF_4 > CH_4$（摩尔质量依次减小）。

（4）MgO＞BaO＞NaCl＞NaBr（MgO 和 BaO 有两个电荷，MgO 的电荷中心距小。NaCl 和 NaBr 只有一个电荷，NaCl 的电荷中心距小）。

（5）SiO_2（原子晶体）＞CO_2（分子晶体）。

第4章　晶体结构

4-1 内部微粒作有规律排列构成的固体叫作晶体。内部微粒作无规则排列构成的固体叫作非晶体。晶体一般具有规则的几何形状，有固定的熔点，具有各向异性的特征；而非晶体没有规则的几何形状，无固定的熔点，而且往往是各向同性的。

4-2 自由电子的存在使金属具有良好的导电性、导热性和延展性。当金属晶体处于外加电场中时，金属中的自由电子沿着外加电场定向流动而产生导电性能。金属的导热性是由于金属中运动的自由电子不断地和金属原子（或离子）发生碰撞而交换能量，从而使金属某部分因受热而增加的能量随着热运动扩展开来，很快使金属整体的温度均匀而产生的。由于在金属中自由电子属于整个金属整体，而不是某一个原子，当一个地方的金属键被破坏时，在另一个地方又可以生成新的金属键，因此金属晶体受到机械压力时并不会破坏金属的密堆积结构，这是金属有延展性及良好的机械加工性能的原因。

4-3 离子本身带有电荷，当它置于电场中时，离子的原子核就会受到正电场的排斥和负电场的吸引，离子中的电子则会受到正电场的吸引和负电场的排斥，结果使电子云变形而产生诱导偶极。同时，离子自身也是一个电场，它可以使周围其他离子的电子云发生变形，这种过程称为离子的极化。

离子电荷越高、半径越小，极化作用越强；电子构型相同的阴离子电荷数越多、半径越大，变形性越大；离子的外层电子构型对附加极化的大小有很重要的影响，通常离子的 d 电子数越多，电子层数越多，附加极化作用就越大。

4-4 金刚石为原子晶体，具有熔沸点高、膨胀系数小、延展性差、在大多数常见溶剂中不溶解、在熔融状态时也不导电等物理性质。因为金刚石中的碳原子 4 个键全部是结合很牢固的 σ 键。

石墨具有金属光泽，在层面方向具有良好的导电性、导热性，层与层之间易滑动，属于混合型晶体。每个碳原子采取 sp^2 杂化，同一平面的碳原子间是 1 根 σ 键和一个大 π 键，晶体中层与层之间距离为 335pm，相对较远，所以层与层之间作用力弱，与分子间作用力相近。

富勒烯有极好的抗辐射、抗腐蚀性，而且可以形成具有低温超导的金属包合物。因为它是一个对称球形分子，非常稳定。

4-5

晶体类型	晶体内结点上的微粒	粒子间的相互作用力	晶体的特性	实　例
离子晶体	阴、阳离子	静电引力(离子键)	熔沸点高，略硬而脆，熔融状态及水溶液能导电，大多溶于极性溶剂中	活泼金属的氧化物和盐类
原子晶体	原子	共价键	熔沸点很高，硬度大，导电性差，在大多数溶剂中不溶	金刚石、晶体硅、单质硼、碳化硅、氮化硼、石英
分子晶体	分子	分子间作用力、氢键	熔沸点低，硬度小，能溶于极性溶剂或非极性溶剂中，极性分子溶于水能导电	稀有气体、多数非金属单质、非金属之间的简单化合物、有机化合物
金属晶体	金属原子、金属阳离子	金属键	具有金属光泽，硬度不一，具有较好的导电性、导热性和延展性	金属或一些合金

4-6 晶体内部结构上的点缺陷类型大致可分为以下三类：空穴缺陷、置换缺陷、填隙缺陷。

晶体中的缺陷会对晶体的物理、化学性质产生影响，例如由于缺陷使晶格畸变，一般会引起机械强度的降低，但同时却在晶体的光学、电学、磁学、声学和热学等方面出现了新的功能特性；晶体的某些缺陷还会增加半导体的电导率；晶体表面的缺陷位置往往正是多相催化反应催化剂的活性中心。

4-7 （1）较强的离子极化作用和变形性能使化学键的性质由离子键逐步过渡到共价键。卤化银中，银离子的极化作用相同，但氟离子的变形性最小，离子键成分最多，所以易溶解。阴离子从 Cl^- 到 Br^- 再到 I^- 半径增大，变形性增大，键的共价性增强，所以越来越难溶于水。

（2）银离子的外层电子排布为 $4s^2 4p^6 4d^{10}$，钠离子的外层电子排布为 $2s^2 2p^6$，银离子的极化作用比钠离子大，银离子使 Cl^- 变形性大，因此离子键强度减弱，熔点较低。

4-8 （1）不正确，部分分子晶体也能溶于水而导电，如 Cl_2。

（2）不正确，也有原子晶体，如金刚石。

（3）不正确，属于分子晶体。

（4）不正确，还有无定形碳等。

4-9 （1）SiO_2 属于原子晶体；SO_2 属于分子晶体。石墨属于混合型晶体，有一个大 π 键，可导电；而金刚石属于原子晶体。

（2）NaF 中氟离子的半径比 NaCl 中的氯离子小，变形性较小。

（3）萘为分子晶体，熔点较低。

（4）晶体的某些缺陷会增加半导体的电导率。

4-10 不相同。因为它们分别属于不同的晶体类型。

4-11 答：TiC 属于原子晶体，MgO 属于离子晶体，BCl_3 属于分子晶体，Al 属于金属晶体，B 属于原子晶体，$N_2(s)$ 属于分子晶体。

4-12 (1) 熔点：$MgO>KCl>KBr$。(2) 导电性：$K>BN>Cl_2$。(3) 硬度：$TiC>NaF>AlCl_3$。

4-13 CH_4、H_2O、SiH_4、CO_2 属于分子晶体，熔点较低。SiO_2、SiC 属于原子晶体，熔点较高。

4-14

物　质	晶体内结点上的微粒	粒子间的作用力	晶体的类型	预测熔点(高或低)
O_2	O_2 分子	分子间作用力	分子晶体	低
Mg	Mg 离子	金属键	金属晶体	较高
干冰	CO_2 分子	分子间作用力	分子晶体	低
SiC	Si、C 原子	共价键	原子晶体	高

第 5 章　化学平衡

5-1 化学平衡状态最主要的特征是反应物与产物的浓度不再变化，这表明正、逆反应速率相等；化学平衡是一种动态平衡，在反应体系达平衡后，反应似乎“停顿”了，但实际上正、逆反应始终都在进行着，只是由于 $v_{正}=v_{逆}$，反应物和产物的浓度不再变化；化学平衡是有条件的，只能在一定的外界条件下才能保持，当外界条件改变时，原平衡就会被破坏，在新的条件下建立起新的平衡。

5-2 (1) $K=\dfrac{[p(NH_3)/p^{\ominus}]^2}{[p(N_2)/p^{\ominus}][p(H_2)/p^{\ominus}]^3}$

(2) $K=\dfrac{[c(Mn^{2+})/c^{\ominus}]^2[p(CO_2)/p^{\ominus}]^{10}}{[c(MnO_4{}^-)/c^{\ominus}]^2[c(C_2O_4^{2-})/c^{\ominus}]^5[c(H^+)/c^{\ominus}]^{16}}$

(3) $K=\dfrac{c(I_2)/c^{\ominus}}{[c(Cu^{2+})/c^{\ominus}]^2[c(I^-)/c^{\ominus}]^4}$

(4) $K=\dfrac{[p(CO)/p^{\ominus}][p(H_2)/p^{\ominus}]}{p(H_2O)/p^{\ominus}}$

(5) $K=\dfrac{p(CO_2)/p^{\ominus}}{p(CS_2)/p^{\ominus}}$

(6) $K=\dfrac{[p(NO)/p^{\ominus}]^2}{[p(N_2)/p^{\ominus}][p(O_2)/p^{\ominus}]}$

(7) $K=\dfrac{[p(H_2O)/p^{\ominus}]^4}{[p(H_2)/p^{\ominus}]^4}$

5-3 将所提到的三个方程式依次编号为 (1)、(2)、(3)。方程式 (2)×2－方程式 (1)×2＝方程式 (3)，故

$$K=\frac{K_2^2}{K_1^2}=\frac{(1.8\times10^4)^2}{0.80^2}=5.1\times10^8$$

5-4 (1) 根据反应式 $2HgO(s)\rightleftharpoons2Hg(g)+O_2(g)$，每生成 1mol 的 O_2，就生成 2mol Hg 蒸气，气体中 Hg 蒸气占 2/3，O_2 占 1/3，因此有

$$K_{450}=\frac{p(O_2)}{p^{\ominus}}\left[\frac{p(Hg)}{p^{\ominus}}\right]^2=\frac{109.99}{101.325\times3}\times\left(\frac{109.99\times2}{101.325\times3}\right)^2=0.19$$

$$K_{420}=\frac{p(O_2)}{p^{\ominus}}\left[\frac{p(Hg)}{p^{\ominus}}\right]^2=\frac{51.60}{101.325\times3}\times\left(\frac{51.60\times2}{101.325\times3}\right)^2=0.02$$

(2) 450℃时氧气的分压为 $p(O_2)=109.99\times\frac{1}{3}=36.66(kPa)$

汞蒸气的分压为 $p(Hg)=109.99\times\frac{2}{3}=73.33(kPa)$

(3) $K_{450}>K_{420}$，所以该反应是吸热反应。

(4) 420℃平衡时 $p(Hg)=\frac{2}{3}\times51.60kPa$。根据 $pV=nRT$，已知 $V=10^{-3}m^3$，$T=693K$，$M(HgO)=216.59g\cdot mol^{-1}$，则未分解的 HgO 为 $15.0-\frac{216.59\times\left(\frac{2}{3}\times51.60\times10^3\right)\times10^{-3}}{8.314\times693}=13.7(g)$。

5-5 (1) 根据 $pV=nRT$，增加容器体积，压力 p 降低，向物质的量增加的方向（右）移动，H_2O 的含量减少。

(2) 减小容器体积，压力 p 增加，向物质的量减小的方向（左）移动，Cl_2 的含量增加。

(3) 根据 $pV=nRT$，加入惰性氮气后，由于容器体积不变，因而各组分分压不变，平衡不移动，HCl 含量不变。

(4) 此反应是吸热反应，降低温度，反应向左移动，即 K 变小。

5-6 (1) 气体增加、吸热反应。减压、加热。

(2) 与 (1) 相同。

(3) 气体物质的量增加、吸热反应。减压、加热。

(4) 气体物质的量减小、放热反应。加压、冷却。

(5) 气体物质的量减小、吸热反应。加压、加热。

(6) 气体增加、碱性介质。减压、提高 pH 值。

(7) 酸性介质，增大酸性。

(8) 气体增加、酸性介质。减压、提高酸性。

(9) 产物中有 H^+。提高 pH 值。

其他共同措施：增加反应物浓度或降低产物浓度。

5-7 $K_c=\frac{0.2\times0.2}{0.1\times0.2}=2.0$

因为 CO_2 是由 CO 生成的，所以反应开始前 $c(CO)=0.1+0.2=0.3(mol\cdot L^{-1})$

因为生成 1mol CO_2，即消耗 1mol H_2O，所以反应开始前 $c(H_2O)=0.2+0.2=0.4(mol\cdot L^{-1})$

5-8 因为方程 (1)+方程 (2)=方程 (3)，所以 $K_3=K_1K_2=1.47\times0.420=0.617$

5-9 设平衡时 $c(SO_3)=x mol\cdot L^{-1}$，则 $\frac{x}{(1.20-x)(0.700-0.5x)^{0.5}}=7.89$

得
$$x=\sqrt[3]{3.77x^2-4.80x+2.02}$$

将初值 $x_0=0.6mol\cdot L^{-1}$ 代入，用迭代法解方程得 $x=0.95mol\cdot L^{-1}$

平衡时 $n(SO_2)=1.20-0.95=0.25(mol)$，$n(O_2)=0.700-0.5\times0.95=0.22(mol)$，$n(SO_3)=0.95(mol)$

SO_2 的转化率为$\frac{0.95}{1.20}\times 100\% = 79.2\%$

5-10 平衡时 $[CH_3COOC_2H_5] = 3\times 0.667\text{mol}$

$[C_2H_5OH] = [CH_3COOH] = 3\times(1-0.667)\text{mol}$ $K=\frac{3\times 0.667}{[3\times(1-0.667)]^2}=2.01$

5-11 $[Ca^{2+}][CO_3^{2-}] = K_{sp}(CaCO_3) = 2.8\times 10^{-9}$，$[Ca^{2+}] = K_{sp}(CaCO_3)/0.010 = 2.8\times 10^{-7}(\text{mol}\cdot\text{L}^{-1})$

5-12 $Q = [Mg^{2+}][OH^-]^2 = 0.1\times 0.1^2 = 0.001 > K_{sp}[Mg(OH)_2] = 1.8\times 10^{-11}$，所以有 $Mg(OH)_2$ 沉淀生成。

5-13 溶液中 $[OH^-] = \sqrt{cK_b} = \sqrt{0.05\times 1.8\times 10^{-5}} = 9.49\times 10^{-4}(\text{mol}\cdot\text{L}^{-1})$，$Q=[Mg^{2+}][OH^-]^2 = 0.0100\times(9.49\times 10^{-4})^2 = 9.0\times 10^{-9} > K_{sp}[Mg(OH)_2] = 1.8\times 10^{-11}$，所以有 $Mg(OH)_2$ 沉淀生成。

5-14 $[Ag^+]=\frac{K_{sp}(AgCl)}{[Cl^-]}$，由于在饱和溶液中 $[Ag^+]=[Cl^-]$，故

$$[Ag^+]=\sqrt{K_{sp}(AgCl)}=\sqrt{1.8\times 10^{-10}}=1.3\times 10^{-5}(\text{mol}\cdot\text{L}^{-1})$$

5-15 $K=\frac{[SO_4^{2-}]}{[CO_3^{2-}]}=\frac{\frac{K_{sp}(CaSO_4)}{[Ca^{2+}]}}{\frac{K_{sp}(CaCO_3)}{[Ca^{2+}]}}=\frac{K_{sp}(CaSO_4)}{K_{sp}(CaCO_3)}=\frac{9.1\times 10^{-8}}{2.8\times 10^{-9}}=32.5$

5-16 $S^{2-}+H_2O \rightleftharpoons HS^-+OH^-$。所以提高碱度可以使平衡左移，即 Na_2S 溶液中 S^{2-} 的浓度将被提高。

5-17 (1) $v=kc(SO_2Cl_2)$ 1 级 (2) $v=kc(CH_3CH_2Cl)$ 1 级

(3) $v=k[p(NO_2)]^2$ 2 级 (4) $v=kp(NO_2)p(CO)$ 2 级

(5) $v=k[p(NH_3)]^2p(CO_2)$ 3 级 (6) $v=k[p(O_2)]^7$ 7 级

5-18 $v=k_cc(H_2)[c(Cl_2)]^{1/2}$

5-19 (1) $\ln k=-E_a/(RT)+\ln A$ (2) $\ln(2k)=-E_a/[R(T+10)]+\ln A$

(3) $\ln 3k=-E_a/[R(T+10)]+\ln A$

方程式 (2)－方程式 (1)，得 $\ln 2=-\frac{E_a}{R}\left(\frac{1}{T+10}-\frac{1}{T}\right)$

将 $T=298\text{K}$ 代入，解得 $E_a=52.9\text{kJ}\cdot\text{mol}^{-1}$

方程式 (3)－方程式 (1)，得 $\ln 3=-\frac{E_a}{R}\left(\frac{1}{T+10}-\frac{1}{T}\right)$

将 $T=298\text{K}$ 代入，解得 $E_a=83.8\text{kJ}\cdot\text{mol}^{-1}$

5-20 总反应速率由慢反应的速率决定，所以 $v_{总}=k_c[c(NO_2)]^2$。

5-21 $v=k_cc(A)[c(B)]^2$

5-22 根据 $\ln k=\frac{-E_a}{RT}+\ln A$，将数据写成矩阵，解超定方程组得

$-E_a/R=-2.72\times 10^4$ 解得 $E_a=226\text{kJ}\cdot\text{mol}^{-1}$，$\ln A=31.1$

$\ln k_{680}=\frac{-226\times 10^3}{680\times 8.314}+31.1=-8.88$ 得 $k_{680}=1.4\times 10^{-4}$

5-23 (1) 生成物 CO(g) 和 H_2(g) 的浓度相等，与反应物是否相等，应视初始量而定，一般不等，若相等，纯属巧合。该说法错。

(2) 就此反应而言，该说法是成立的，但没有普遍规律。

(3) 从分子碰撞理论考虑，升高温度，$v_{正}$ 和 $v_{反}$ 都会增加。该说法错。

(4) 虽然反应物与生成物的物质的量没有变化，但反应物 C 是不可压缩的固体，因此，从可压缩的气体看，物质的量增加了。增加压力，平衡向左移动。该说法错。

(5) 催化剂只能缩短到达平衡的时间，一旦到达平衡，催化剂已无作用发挥。该说法错。

第 6 章　酸碱平衡及酸碱滴定法

6-1　解：(1) $HCN \rightleftharpoons H^+ + CN^-$　　HCN 的共轭碱为 CN^-

$$K_b = \frac{10^{-14}}{K_a} = \frac{10^{-14}}{6.2\times10^{-10}} = 1.61\times10^{-5}$$

(2) $NH_3 + H^+ \rightleftharpoons NH_4^+$　　NH_3 的共轭酸为 NH_4^+

$$K_a = \frac{10^{-14}}{K_b} = \frac{10^{-14}}{2.0\times10^{-5}} = 5.0\times10^{-10}$$

(3) $HCOOH \rightleftharpoons HCOO^- + H^+$　　HCOOH 的共轭碱为 $HCOO^-$

$$K_b = \frac{10^{-14}}{K_a} = \frac{10^{-14}}{1.8\times10^{-4}} = 5.6\times10^{-11}$$

(4) $C_6H_5OH \rightleftharpoons C_6H_5O^- + H^+$　　C_6H_5OH 的共轭碱为 $C_6H_5O^-$

$$K_b = \frac{10^{-14}}{K_a} = \frac{10^{-14}}{1.1\times10^{-10}} = 9.1\times10^{-5}$$

(5) $H_2S \rightleftharpoons HS^- + H^+$　　H_2S 的共轭碱为 HS^-

$HS^- \rightleftharpoons H^+ + S^{2-}$　　HS^- 的共轭碱为 S^{2-}

$$K_{b_1} = \frac{10^{-14}}{K_{a_2}} = \frac{10^{-14}}{7.1\times10^{-15}} = 1.4 \qquad K_{b_2} = \frac{10^{-14}}{K_{a_1}} = \frac{10^{-14}}{1.3\times10^{-7}} = 7.7\times10^{-8}$$

(6) $NO_2^- + H^+ \rightleftharpoons HNO_2$　　NO_2^- 的共轭酸为 HNO_2

$$K_a = \frac{10^{-14}}{K_b} = \frac{10^{-14}}{2.2\times10^{-11}} = 4.5\times10^{-4}$$

6-2　解：HCO_3^- 是一种两性物质，由于 HCO_3^- 存在下列平衡：

作为酸　　$HCO_3^- \rightleftharpoons H^+ + CO_3^{2-}$　　$K_{a_2} = 5.6\times10^{-11}$

查表得 $K_{a_1} = 4.3\times10^{-7}$，$K_{a_2} = 5.6\times10^{-11}$，$K_{b_2} = 10^{-14}/K_{a_1} = 2.3\times10^{-8}$

作为碱　　$HCO_3^- + H_2O \rightleftharpoons OH^- + H_2CO_3$　　$K_{b_2} = 2.3\times10^{-8}$

$K_{b_2} > K_{a_2}$，表明其得 H^+ 的能力远强于失 H^+ 的能力，所以它的水溶液是碱性的。

6-3　解：(1) $\dfrac{K_w}{K_a[HA]} = \dfrac{10^{-14}}{1.8\times10^{-5}\times0.10} = 5.6\times10^{-9} < 0.05$

可以用近似式 $[H^+] = \sqrt{K_a[HA]}$　　又因为 $\dfrac{c(HA)}{K_a} = \dfrac{0.1}{1.8\times10^{-5}} = 5.6\times10^3 > 500$

所以又可进一步用近似式 $[H^+] = \sqrt{K_a c(HA)} = \sqrt{1.8\times10^{-5}\times0.10} = 1.3\times10^{-3}(mol\cdot L^{-1})$

$$pH = -\lg[H^+] = 2.87$$

(2) 解：$\dfrac{K_w}{K_a[HA]} = \dfrac{10^{-14}}{5.0\times10^{-10}\times0.01} = 2\times10^{-3} < 0.05$

可以用近似式 $[H^+] = \sqrt{K_a[HA]}$　　又因为 $\dfrac{c(HA)}{K_a} = \dfrac{0.01}{5.0\times10^{-10}} = 2\times10^7 > 500$

所以又可进一步用近似式 $[H^+]=\sqrt{K_a c(HA)}=\sqrt{5.0\times10^{-10}\times0.01}=2.2\times10^{-6}(mol\cdot L^{-1})$

$$pH=-\lg[H^+]=5.65$$

（3）解：$K_{a_1}=7.6\times10^{-3}$，$K_{a_2}=6.3\times10^{-8}$。

$$\frac{K_w}{K_{a_2}[HA^-]}=\frac{10^{-14}}{6.3\times10^{-8}\times0.10}=1.59\times10^{-6}<0.05$$

所以可忽略水的离解，$K_{a_2}[HA^-]+K_w$ 可近似为 $K_{a_2}[HA^-]$

因为 $[HA^-]=0.10$，$20K_{a_1}=20\times7.6\times10^{-3}=1.52\times10^{-1}$，$[HA^-]<20K_{a_1}$

所以 $[H^+]=\sqrt{\frac{K_{a_1}K_{a_2}[HA^-]}{K_{a_1}+[HA^-]}}=\sqrt{\frac{7.6\times10^{-3}\times6.3\times10^{-8}\times0.10}{7.6\times10^{-3}+0.10}}=2.11\times10^{-5}(mol\cdot L^{-1})$

所以 $$pH=-\lg(2.11\times10^{-5})=4.68$$

6-4

物质	HAc	NH_3	HCOOH	H_2O	HCO_3^-	NH_4^+	$[Fe(H_2O)_6]^{3+}$	$H_2PO_4^-$	HS^-
共轭酸		NH_4^+		H_3^+O	H_2CO_3			H_3PO_4	H_2S
共轭碱	Ac^-		$HCOO^-$	OH^-	CO_3^{2-}	NH_3	$[Fe(H_2O)_5OH]^{2+}$	HPO_4^{2-}	S^{2-}
类型				两性	两性			两性	两性

6-5 解：混合后溶液中 H^+ 的浓度为

$$[H^+]=\frac{10^{-1.00}+10^{-4.00}}{2}=5.0\times10^{-2}(mol\cdot L^{-1})\qquad pH=-\lg[H^+]=1.30$$

6-6 解：混合后溶液中 OH^- 的浓度为

$$[OH^-]=\frac{2}{3}\times10^{-5.00}+\frac{1}{3}\times10^{-1.00}=3.33\times10^{-2}(mol\cdot L^{-1})$$

$$pOH=-\lg[OH^-]=1.47\qquad pH=14-pOH=12.53$$

6-7 解：由于是等体积混合，所以 $c(HAc)=\frac{0.1}{2}=0.05(mol\cdot L^{-1})$

$pH=2.00$ 的溶液提供的 H^+ 的浓度为 $[H^+]=\frac{10^{-2}}{2}=5.0\times10^{-3}(mol\cdot L^{-1})$

由于 HAc 离解出的 H^+ 很少，所以 $[H^+]\approx5.0\times10^{-3}$

$$[Ac^-]=\frac{c(HAc)K_a}{[H^+]+K_a}=\frac{0.05\times1.8\times10^{-5}}{5.0\times10^{-3}+1.8\times10^{-5}}=1.79\times10^{-4}(mol\cdot L^{-1})$$

6-8 解：查表得 H_2S 的 $K_{a_1}=1.32\times10^{-7}$，$K_{a_2}=7.10\times10^{-15}$

$$[S^{2-}]=c\delta_2=\frac{cK_{a_1}K_{a_2}}{[H^+]^2+K_{a_1}[H^+]+K_{a_1}K_{a_2}}$$

（1）当 $pH=1.0$ 时，$[H^+]=0.1mol\cdot L^{-1}$

$$[S^{2-}]=\frac{0.10\times1.32\times10^{-7}\times7.10\times10^{-15}}{(10^{-1.0})^2+1.32\times10^{-7}\times10^{-1.0}+1.32\times10^{-7}\times7.10\times10^{-15}}=9.37\times10^{-21}(mol\cdot L^{-1})$$

$[Zn^{2+}][S^{2-}]=0.10\times9.37\times10^{-21}=9.37\times10^{-22}>1.2\times10^{-23}$，所以 ZnS 能沉淀。

（2）当 $pH=3$ 时，$[H^+]=10^{-3}mol\cdot L^{-1}$

$$[S^{2-}]=\frac{0.10\times1.32\times10^{-7}\times7.10\times10^{-15}}{(10^{-3})^2+1.32\times10^{-7}\times10^{-3}+1.32\times10^{-7}\times7.10\times10^{-15}}=9.37\times10^{-17}(mol\cdot L^{-1})$$

$[Zn^{2+}][S^{2-}]=0.10\times9.37\times10^{-17}=9.37\times10^{-18}>1.2\times10^{-23}$，所以 ZnS 能沉淀。

6-9 解：(1) $\frac{K_w}{K_a[HA]}=\frac{10^{-14}}{1.3\times10^{-10}\times0.15}=5.13\times10^{-4}<0.05$

又因为$\frac{c(HA)}{K_a}=\frac{0.15}{1.3\times10^{-10}}=1.15\times10^{9}>500$，所以

$$[H^+]=\sqrt{K_a c(HA)}=\sqrt{1.3\times10^{-10}\times0.15}=4.42\times10^{-6}(mol\cdot L^{-1})$$

故
$$pH=-lg[H^+]=5.35$$

(2) $\frac{K_w}{K_a[HA]}=\frac{10^{-14}}{5.6\times10^{-5}\times0.15}=1.19\times10^{-9}<0.05$

又因为$\frac{c(HA)}{K_a}=\frac{0.15}{5.6\times10^{-5}}=2.68\times10^{3}>500$，所以

$$[H^+]=\sqrt{K_a c(HA)}=\sqrt{5.6\times10^{-5}\times0.15}=2.90\times10^{-3}(mol\cdot L^{-1})$$

故
$$pH=-lg[H^+]=2.54$$

(3) $K_a=4.1\times10^{-10}$，$\frac{K_w}{K_a[HA]}=\frac{10^{-14}}{4.1\times10^{-10}\times0.15}=1.63\times10^{-4}<0.05$

$\frac{c(HA)}{K_a}=\frac{0.15}{4.1\times10^{-10}}>500$　故$[H^+]=\sqrt{K_a c(HA)}=10^{-5.10}$　　$pH=5.10$

(4) $\frac{K_w}{K_a[HA]}=\frac{10^{-14}}{5.6\times10^{-6}\times0.15}=1.19\times10^{-8}<0.05$

$\frac{c(HA)}{K_a}=\frac{0.15}{5.6\times10^{-6}}=2.68\times10^{4}>500$

故$[H^+]=\sqrt{K_a c(HA)}=\sqrt{5.6\times10^{-6}\times0.15}=9.2\times10^{-4}(mol\cdot L^{-1})$　$pH=-lg[H^+]=3.04$

6-10 解：
$$\begin{matrix} HA & \rightleftharpoons & H^+ & + & A^- \\ c & & c\alpha & & c\alpha \end{matrix}$$

$$K_a=\frac{c\alpha^2}{1-\alpha}$$

$$\alpha=\frac{-K_a+\sqrt{K_a^2+4K_a c}}{2c}\qquad [H^+]=c\alpha$$

(1) $K_a=1.8\times10^{-5}$　$\alpha=0.013$　$[H^+]=c\alpha=0.10\times0.013=0.0013$　$pH=2.89$

(2) $K_a=1.8\times10^{-4}$　$\alpha=0.042$　$[H^+]=c\alpha=0.1\times0.042=0.0042$　$pH=2.38$

(3) $K_a=1.8\times10^{-5}$　$\alpha=0.0094$　$[H^+]=c\alpha=0.20\times0.0094=0.0019$　$pH=2.72$

(4) $K_a=1.8\times10^{-4}$　$\alpha=0.030$　$[H^+]=c\alpha=0.2\times0.030=0.0060$　$pH=2.22$

6-11 解：(1) $M(NaAc\cdot3H_2O)=136g\cdot mol^{-1}$，$c_a=\frac{6\times34}{500}=0.41(mol\cdot L^{-1})$

$$c_b=\frac{50}{136\times0.5}=0.74(mol\cdot L^{-1})$$

因为 c_a、c_b 均较大，所以 $pH=-lgK_a+lg\frac{c_b}{c_a}=4.75+lg\frac{0.74}{0.41}=5.01$

(2) 因为 $K_b=2.6\times10^{-4}$，所以 $K_a=3.85\times10^{-11}$

因为是等体积混合，所以 $c_a=0.05mol\cdot L^{-1}$，$c_b=0.05mol\cdot L^{-1}$

因为 c_a、c_b均较大，所以 $pOH=-lgK_b+lg\frac{c_a}{c_b}=3.58+lg\frac{0.05}{0.05}=3.58$

$$pH=14-pOH=10.42$$

(3) 因为是等体积混合，所以 $c_a=0.05\text{mol}\cdot\text{L}^{-1}$，$c_b=0.05\text{mol}\cdot\text{L}^{-1}$

因为 c_a、c_b均较大，所以 $\text{pH}=-\lg K_a+\lg\dfrac{c_b}{c_a}=6.80+\lg\dfrac{0.05}{0.05}=6.80$

(4) 查表得 $K_b=1.8\times10^{-5}$，故 $K_a=5.6\times10^{-10}$。$M(NH_4Cl)=53.5\text{g}\cdot\text{mol}^{-1}$

$$c_a=\frac{65\times15}{500}=1.95(\text{mol}\cdot\text{L}^{-1})\qquad c_a=\frac{30}{53.5\times0.5}=1.12(\text{mol}\cdot\text{L}^{-1})$$

因为 c_a、c_b均较大，所以 $\text{pH}=-\lg K_a+\lg\dfrac{c_b}{c_a}=9.26+\lg\dfrac{1.95}{1.12}=9.50$

(5) 查表得 $K_{a_2}=6.3\times10^{-8}$

因为 c_a、c_b均较大，所以 $\text{pH}=-\lg K_a+\lg\dfrac{c_b}{c_a}=7.20+\lg\dfrac{0.025}{0.025}=7.20$

(6) 反应式为 $NaHCO_3+NaOH \rightleftharpoons Na_2CO_3+H_2O$

加入 NaOH 溶液后，$NaHCO_3$ 和 NaOH 反应，溶液中剩余 $NaHCO_3$ 的浓度为

$$c_a=\frac{0.05\times50-0.10\times16.5}{100}=0.0085(\text{mol}\cdot\text{L}^{-1})$$

溶液中 Na_2CO_3 的浓度为 $c_b=\dfrac{0.10\times16.5}{100}=0.0165(\text{mol}\cdot\text{L}^{-1})$

因为 c_a、c_b均较大，所以 $\text{pH}=-\lg K_{a_2}+\lg\dfrac{c_b}{c_a}=10.25+\lg\dfrac{0.0165}{0.0085}=10.54$

(7) 反应式为 $NaH_2PO_4+NaOH \rightleftharpoons Na_2HPO_4+H_2O$

加入 NaOH 溶液后，NaH_2PO_4 和 NaOH 反应，溶液中剩余 NaH_2PO_4 的浓度为

$$c_a=\frac{0.05\times50-0.10\times9.1}{100}=0.016(\text{mol}\cdot\text{L}^{-1})$$

溶液中 Na_2HPO_4 的浓度为 $c_b=\dfrac{0.10\times9.1}{100}=0.0091(\text{mol}\cdot\text{L}^{-1})$

由于 c_a、c_b均较大，所以 $\text{pH}=-\lg K_{a_2}+\lg\dfrac{c_b}{c_a}=7.20+\lg\dfrac{0.0091}{0.016}=6.95$

6-12 解：查表得 $K_{a_1}=1.3\times10^{-7}$，$K_{a_2}=7.1\times10^{-15}$，二级离解常数很小，因此可以近似看作一元弱酸。

因为 $\dfrac{K_w}{K_{a_1}c}=\dfrac{10^{-14}}{1.3\times10^{-7}\times0.10}=7.69\times10^{-7}<0.05$

又因为 $\dfrac{c}{K_{a_1}}=\dfrac{0.10}{1.3\times10^{-7}}=7.69\times10^{5}>500$

所以 $[H^+]=\sqrt{K_{a_1}c}=\sqrt{1.3\times10^{-7}\times0.10}=1.14\times10^{-4}(\text{mol}\cdot\text{L}^{-1})$　$\text{pH}=-\lg[H^+]=3.94$

$$\begin{aligned}[HS^-]=c\delta_1&=\frac{cK_{a_1}[H^+]}{[H^+]^2+K_{a_1}[H^+]+K_{a_1}K_{a_2}}\\&=\frac{0.1\times1.3\times10^{-7}\times1.14\times10^{-4}}{(1.14\times10^{-4})^2+1.3\times10^{-7}\times1.14\times10^{-4}+1.3\times10^{-7}\times7.1\times10^{-15}}\\&=1.14\times10^{-4}(\text{mol}\cdot\text{L}^{-1})\end{aligned}$$

$[S^{2-}]=c\delta_2=6.23\times10^{-14}\text{mol}\cdot\text{L}^{-1}$

6-13 解：(1) $[H^+]=[OH^-]-[NH_4^+]$

(2) $[H^+]=[OH^-]+[NH_3]-[HAc]$

(3) $[H^+]=[OH^-]+[NH_3]+[PO_4^{3-}]-[H_2PO_4^-]-2[H_3PO_4]$

(4) $[H^+]=[OH^-]+[CH_3COO^-]$

(5) $[H^+]=[OH^-]-[HC_2O_4^-]-2[H_2C_2O_4]$

(6) $[H^+]=[OH^-]+[CO_3^{2-}]-[H_2CO_3]$

6-14 解：(1) 离化学计量点还差 0.02mL 时，99.9%的 NaOH 已被中和，还有 0.1%的 NaOH 存在溶液中，溶液仍呈碱性。$[OH^-]=\frac{0.01\times0.02}{20.00+19.98}=5.00\times10^{-6}(mol\cdot L^{-1})$

$$pOH=-\lg[OH^-]=5.30 \qquad pH=8.70$$

化学计量点时，NaOH 和 HCl 刚好完全中和，其溶液的 pH＝7.00。

当 HCl 过量 0.1%时，溶液中的 NaOH 已全部被中和，有 0.1%的 HCl 存在于溶液中，溶液应为酸性，因此 $[H^+]=\frac{0.01\times0.02}{20.00+20.02}=5.00\times10^{-6}(mol\cdot L^{-1})$，则 pH＝5.30。

滴定突跃为 8.70～5.30，选用溴甲酚绿或中性红。

(2) NaOH 滴定弱酸 HCOOH，由于 NaOH 的加入，生成的 HCOONa 和 HCOOH 构成缓冲溶液，因此，溶液的 pH 变化较缓慢。考察化学计量点前后 0.1%的情况。

当 99.9% HCOOH 与 NaOH 中和时，此时溶液中酸的浓度 c_a 与共轭碱 c_b 的浓度之比为 1∶999，则

$$pH=pK_a+\lg\frac{c_b}{c_a}=pK_a+\lg\frac{999}{1}=pK_a+3=3.74+3=6.74$$

化学计量点时，NaOH 和 HCOOH 刚好完全中和，生成 HCOONa。则化学计量点时

$$[OH^-]=\sqrt{K_bc}=\sqrt{\frac{K_w}{K_a}c}=\sqrt{\frac{10^{-14}}{1.8\times10^{-4}}\times0.05}=1.67\times10^{-6} \qquad pH=8.22$$

当 NaOH 过量 0.1%时，溶液中决定 pH 的因素是过量的 NaOH 浓度，当 NaOH 过量 0.02mL 时，溶液中 $[OH^-]=\frac{0.01\times0.02}{20.00+19.98}=5.00\times10^{-6}(mol\cdot L^{-1})$，则 pH＝9.70。

突跃范围为 6.74～9.70，选用酚酞或百里酚蓝。

(3) 查表得 $K_{a_1}=5.9\times10^{-2}$，$K_{a_2}=6.4\times10^{-5}$，由于一级和二级离解常数均较大，且浓度不是很小，因此可将其作为二元酸一次被滴定。

化学计量点前 0.1%：$pH=pK_{a_2}+p\frac{c_a}{c_b}=7.19$

则化学计量点时 $[OH^-]=\sqrt{K_{b_2}c}=\sqrt{\frac{10^{-14}}{5.9\times10^{-2}}\times0.1\times\frac{25.00}{75.00}}=7.5\times10^{-8}$ $\qquad pH=7.12$

当 NaOH 过量 0.1%时，溶液中决定 pH 的因素是过量的 NaOH 浓度，当 NaOH 过量 0.02mL 时，溶液中 $[OH^-]=\frac{0.01\times0.02}{20.00+20.02}=5.00\times10^{-6}(mol\cdot L^{-1})$，则 pH＝9.70。

突跃范围为 7.19～9.70，选用酚酞或百里酚蓝。

(4) 当 99.9% $NH_3\cdot H_2O$ 与 HCl 中和时，此时溶液中碱的浓度 c_b 与共轭酸 c_a 的浓度之比为 1∶999，则

$$pOH=pK_b+\lg\frac{c_a}{c_b}=pK_b+\lg\frac{999}{1}=pK_b+3=4.74+3=7.74 \qquad pH=6.26$$

化学计量点时，HCl 和 $NH_3\cdot H_2O$ 刚好完全中和，生成 NH_4Cl。则化学计量点时

$$[H^+]=\sqrt{K_ac}=\sqrt{\frac{K_w}{K_b}c}=\sqrt{\frac{10^{-14}}{1.8\times10^{-5}}\times0.05}=5.27\times10^{-6}$$

$$pH=5.28$$

当 HCl 过量 0.1%时，溶液中决定 pH 的因素是过量的 HCl 浓度，当 HCl 过量 0.02mL 时，溶液中 $[H^+]=\frac{0.01\times0.02}{20.00+19.98}=5.00\times10^{-6}(mol\cdot L^{-1})$，则 pH=4.30。

突跃范围为 6.26～4.30，选用甲基红或溴甲酚绿。

6-15 解：1mol $KHC_8H_4O_4$ 与 1mol NaOH 反应，$KHC_8H_4O_4$ 为基本计量单元，$M(KHC_8H_4O_4)=204.22g\cdot mol^{-1}$。

$$cV=\frac{m}{M(KHC_8H_4O_4)}\qquad m=cVM(KHC_8H_4O_4)=0.1\times30\times10^{-3}\times204.22=0.6(g)$$

6-16 解：已知 $SO_3+H_2O\longrightarrow H_2SO_4$，$H_2SO_4+2NaOH\longrightarrow Na_2SO_4+2H_2O$

所以 SO_3 的基本计量单元为 $\frac{1}{2}M(SO_3)$。$\frac{1}{2}M(SO_3)=40.00g\cdot mol^{-1}$。

设发烟硫酸中 SO_3 的百分含量为 x，则有

$$\frac{0.3562x}{40.00}=0.2503\times37.32\times10^{-3}\qquad 解得\ x=104.9\%$$

6-17 解：由于 $30.18>\frac{1}{2}\times48.45$，所以混合碱由 NaOH 和 Na_2CO_3 组成。

设 NaOH 的含量为 x，Na_2CO_3 的含量为 y。

酚酞褪色，各碱只得到 1 个氢质子：

$$\frac{0.4826\times10^3x}{M(NaOH)}+\frac{0.4826\times10^3y}{M(Na_2CO_3)}=0.1762\times30.18$$

甲基橙变色时 Na_2CO_3 得 2 个质子：

$$\frac{0.4826\times10^3x}{M(NaOH)}+\frac{0.4826\times10^3y}{\frac{1}{2}M(Na_2CO_3)}=0.1762\times(30.18+18.27)$$

解得 $\quad y=70.17\%\qquad x=17.40\%$

6-18 解：

$$NH_4^++OH^-\rightleftharpoons NH_3+H_2O$$

$$NH_3+H^+\rightleftharpoons NH_4^+$$

$$H^++OH^-\rightleftharpoons H_2O$$

设原铵盐中 NH_4^+ 的含量为 x，则有

$$\frac{2.035\times10^3x}{18.00}+2.032\times0.1535=50\times0.5000\qquad 解得\ x=21.84\%$$

6-19 解：由于 $15.62<\frac{1}{2}\times36.54$，所以混合碱由 $NaHCO_3$ 和 Na_2CO_3 组成。

设 $NaHCO_3$ 的含量为 x，Na_2CO_3 的含量为 y。酚酞褪色时，Na_2CO_3 只得到 1 个氢质子：

$$\frac{0.4927\times10^3y}{M(Na_2CO_3)}=0.2136\times15.62$$

甲基橙变色时，Na_2CO_3 得 2 个质子，$NaHCO_3$ 得 1 个质子：

$$\frac{0.4927\times10^3x}{M(NaHCO_3)}+\frac{0.4927\times10^3y}{\frac{1}{2}M(Na_2CO_3)}=0.2136\times36.54$$

解得 $\quad y=70.78\%\qquad x=19.30\%$

6-20 解：反应式为 $KHC_2O_4 \cdot H_2C_2O_4 \cdot 2H_2O + 3NaOH \longrightarrow KNaC_2O_4 \cdot Na_2C_2O_4 + 4H_2O$

所以 $KHC_2O_4 \cdot H_2C_2O_4 \cdot 2H_2O$ 的基本计量单元 $\frac{1}{3}M(KHC_2O_4 \cdot H_2C_2O_4 \cdot 2H_2O)$。

$$\frac{1}{3}M(KHC_2O_4 \cdot H_2C_2O_4 \cdot 2H_2O) = 84.67 g \cdot mol^{-1}$$

设 NaOH 的浓度为 x，则有

$$\frac{2.587}{84.67} = 28.49x \times 10^{-3} \qquad 解得\ x = 1.072 mol \cdot L^{-1}$$

6-21 解：由条件（1）可求得 NaOH 的浓度 x。M(邻苯二甲酸氢钾)＝204.22g・mol^{-1}，则

$$\frac{0.8365}{204.22} = x \times 23.27 \times 10^{-3} \qquad x = 0.1760 mol \cdot L^{-1}$$

由条件（2）可求得

$$c\left(\frac{1}{2}H_2SO_4\right) = \frac{25.00 \times 0.1760}{32.16} = 0.1368(mol \cdot L^{-1})$$

由乙酰水杨酸（APC）和 NaOH 的反应方程式可知，APC 的基本计量单元为 $\frac{1}{2}M(APC)$。$\frac{1}{2}M(APC) = 90.00 g \cdot mol^{-1}$。

设 APC 样品中乙酰水杨酸的百分含量为 y，则有

$$\frac{0.9814y}{90.00} = 50.00 \times 0.1760 \times 10^{-3} - 3.24 \times 0.1368 \times 10^{-3} \qquad 解得\ y = 76.64\%$$

6-22 解：已知 $M(Na_2B_4O_7) = 201.22 g \cdot mol^{-1}$，$M(B) = 10.811 g \cdot mol^{-1}$。

一个 $Na_2B_4O_7$ 接受 2 个 H^+，其基本计量单元为 $\frac{1}{2}M(Na_2B_4O_7)$，$\frac{1}{2}M(Na_2B_4O_7) = \frac{201.22}{2} = 100.61(g \cdot mol^{-1})$；B 的基本计量单元为 $\frac{1}{2/4}M(B)$，$\frac{1}{2/4}M(B) = \frac{10.811}{2/4} = 21.622(g \cdot mol^{-1})$。

设 $Na_2B_4O_7$ 的含量为 x，B 的含量为 y。

$$\frac{0.9672x \times 10^3}{100.61} = 0.1847 \times 26.31 \qquad \frac{0.9672y \times 10^3}{21.622} = 0.1847 \times 26.31$$

解得 $x = 50.55\%$ $y = 10.86\%$

6-23 解：已知 P 的百分含量为 29.15%，设 $(NaPO_3)_n$ 样品中 $(NaPO_3)_n$ 的含量为 x，则有

$$\frac{31}{102}x = 0.295 \qquad 解得\ x = 97.06\%$$

$$\frac{0.4872x}{102n} \times 2 = (19.74 - 16.92) \times 0.2742 \times 10^{-3} \qquad 解得\ n = 12$$

第 7 章 配位化学与配位滴定法

7-1 解：(1) $[Cu(NH_3)_4]SO_4$ (2) $[CoCl_2(NH_3)_3H_2O]Cl$

(3) $K_2[PtCl_6]$ (4) $NH_4[Cr(SCN)_4(NH_3)_2]$

(5) $[Ag(CN)_2]^-$ (6) $[Al(OH)_2(H_2O)_4]^+$

7-2 解：(1) 六氯合锑（Ⅲ）酸铵　　(2) 二水一溴化二溴・四水合铬(Ⅲ)

(3) 三氯化三乙二胺合钴(Ⅲ)　　(4) 一氯化二氯・四水合钴（Ⅲ）

(5) 四氢合铝（Ⅲ）酸锂　　(6) 草酸根・羟基・一水・乙二胺合铬（Ⅲ）

(7) 六硝基合钴（Ⅲ）离子　　(8) 一氯・四氨・硝基合钴（Ⅲ）离子

7-3 解：

配离子	形成体	配体	配位原子	配位数
$[Cr(NH_3)_6]^{3+}$	Cr^{3+}	NH_3	N	6
$[Co(H_2O)_6]^{2+}$	Co^{2+}	H_2O	O	6
$[Al(OH)_4]^-$	Al^{3+}	OH^-	O	4
$[Fe(OH)_2(H_2O)_4]^+$	Fe^{3+}	OH^-、H_2O	O	6
$[PtCl_5(NH_3)]^-$	Pt^{4+}	Cl^-、NH_3	Cl、N	6

7-4 解：

物质	Ⅰ	Ⅱ	Ⅲ
化学组成	$PtCl_4\cdot 6NH_3$	$PtCl_4\cdot 4NH_3$	$PtCl_4\cdot 2NH_3$
溶液导电性	导电	导电	不导电
被 $AgNO_3$ 沉淀的 Cl 数	4	2	0
配合物的分子式	$[Pt(NH_3)_6]Cl_4$	$[PtCl_2(NH_3)_4]Cl_2$	$[PtCl_4(NH_3)_2]$

7-5 解：(1) $3d^2 4s^1 4p^3$　$\mu=0$　　(2) $4s^1 4p^3 4d^2$　$\mu=5.92\mu_B$

(3) $3d^1 4s^1 4p^2$　$\mu=1.72\mu_B$　　(4) $5s^1 5p^1$　$\mu=0$

(5) $5p^3 6s^1$　$\mu=0$

7-6 解：$[CoF_6]^{3-}$　$E_p>\Delta_o$　高自旋

$[Co(NH_3)_6]^{3+}$　$E_p<\Delta_o$　低自旋

7-7 解：Mn(Ⅲ）离子的价电子为 $3d^4$

在正八面体弱场中　$t_{2g}^3 e_g^1$　$CFSE=(-4Dq)\times 3+6Dq=-6Dq$

在正八面体强场中　$t_{2g}^4 e_g^0$　$CFSE=(-4Dq)\times 4+E_p=-16Dq+E_p$

7-8 解：(1) $[AlF_6]^{3-}$ 比 $[AlCl_4]^-$ 稳定。因为 F^- 配位场强度大于 Cl^-，且配位数多。

(2) Pt^{2+} 与 RSH 形成的配合物更稳定。因为 S 更易提供电子对。

(3) Cu^{2+} 与 CN^- 的配合物更稳定。因为 CN^- 配位场更强。

(4) Hg^{2+} 与 CN^- 的配合物更稳定。因为 CN^- 配位场更强。

(5) Cu^{2+} 与 NH_2CH_2COOH 的配合物更稳定。因为 N、O 都是配原子，可形成五元环螯合物，更稳定；而后者只有一个配位原子参加配位，只能生成单齿配合物。

7-9 解：查表可知 Cu^{2+} 与乙二胺配合物的各级累积稳定常数分别为 $\beta_1=10^{10.55}$，$\beta_2=10^{19.60}$，则

$$\alpha_{Cu(en)}=1+\beta_1[en]+\beta_2[en]^2=1+10^{10.55}\times 0.054+10^{19.60}\times 0.054^2=10^{17.1}$$

$$[Cu^{2+}]=0.010/10^{17.1}=7.9\times 10^{-20}(mol\cdot L^{-1})$$

$$Cu^{2+}+2en \rightleftharpoons [Cu(en)_2]^{2+} \qquad c([Cu(en)_2]^{2+})=\beta_2[Cu^{2+}][en]^2=0.00922mol\cdot L^{-1}$$

7-10 解：已知 $M(AgBr)=187.8g\cdot mol^{-1}$。若 AgBr 全部溶解，则

$$[Ag^+]=[Br^-]=\frac{\frac{0.1}{187.8}}{100\times 10^{-3}}=5.325\times 10^{-3}(mol\cdot L^{-1})$$

$\alpha_{Ag(NH_3)} = 1+\beta_1[NH_3]+\beta_2[NH_3]^2 = 1+10^{3.40}\times1+10^{7.40}\times1^2 = 10^{7.40}$

$[Ag^+] = \dfrac{5.325\times10^{-3}}{10^{7.40}} = 2.120\times10^{-10}(mol\cdot L^{-1})$　　$[Br^-] = 5.325\times10^{-3}mol\cdot L^{-1}$

$[Ag^+][Br^-] = 1.13\times10^{-12} > K_{sp}(AgBr) = 5.0\times10^{-13}$　　AgBr 不会全部溶解。

7-11 d^2 只能采取低自旋：四面体构型 $CFSE = -2\times0.6\times10\times4/9Dq = -5.3Dq$；

d^7 在弱、强配位场下：$CFSE \leqslant -5.3Dq$；

d^3、d^4、d^5、d^6、d^8 在弱、强配位场下的 CFSE 均大于 $-5.3Dq$。

从稳定化能看，d^2 和 d^7 稳定化能最小，最有可能形成四面体构型。

7-12 (1) 蓝色 $[CoCl_6]^{2-}$；(2) 粉红色 $[Co(H_2O)_6]^{2+}$；(3) Co^{2+} 的 d 电子为 7 个，$t_{2g}^5e_g^2$；(4) $[CoCl_6]^{4-}+6H_2O \rightleftharpoons [Co(H_2O)_6]^{2+}+6Cl^-$。

7-13 因为 $CuSO_4$ 粉末将配体 H_2O 挥发，是非配合物，能量较高，为白色；$CuSO_4\cdot5H_2O$ 中的 H_2O 与 Cu^{2+} 之间为配位键，形成配合物，能量下降，因此颜色加深，呈蓝色；$[Cu(NH_3)_4]SO_4\cdot H_2O$ 中 NH_3 的配位场比 H_2O 强得多，配位键更强，更稳定，能量进一步减小，因此颜色继续变深成为深蓝色。

7-14 因为 Si 的离子较小，Cl^- 较大，因此 Si 不可能与 Cl^- 形成六配位的配合物；F^- 较小，可形成六配位的配合物。在 $K_2[SnCl_6]$ 中，虽 Cl^- 较大，但 Sn 离子远比 Si 离子大得多，因此可形成六配位的配合物。

7-15 (1) 在 Na_2S 和 NaOH 的混合溶液中，溶液碱性很强，S^{2-} 为主要存在形式，会发生反应 $HgS+S^{2-} \rightleftharpoons [HgS_2]^{2-}$，HgS 溶解。在 $(NH_4)_2S$ 和 $NH_3\cdot H_2O$ 中，构成 NH_3-NH_4^+ 缓冲溶液，碱性不够强，HS^- 占最主要部分，$[S^{2-}]$ 下降，上式平衡发生左移，所以 HgS 不溶解。

(2) 因为 Cu 的价电子排布为 $3d^{10}4s^1$，Cu^+ 的最外层电子排布为 $3d^{10}$，电子全部成对，所以没有颜色，它与 NH_3 的配合物是无色的。

(3) 因为 NH_3 的配位能力弱，AgI 比 Ag 与 NH_3 的配合物更稳定，而 CN^- 的配位能力强得多，可发生 $AgI+2CN^- \rightleftharpoons [Ag(CN)_2]^-+I^-$ 而使 AgI 溶解。

(4) Ag_2S 的溶解度比 AgBr 小得多，Ag^+ 与 S^{2-} 的结合能力大于 Ag^+ 与 CN^- 的配合能力，而 Ag^+ 与 Br^- 的结合能力小于 Ag 与 CN^- 的配合能力，所以后者溶解，前者不溶解。

(5) 因为发生 $CdS+4I^- \rightleftharpoons [CdI_4]^{2-}+S^{2-}$，所以 CdS 可溶解。

7-16 解：$\mu = \sqrt{n(n+2)}\mu_B$　　即 $4.2\mu_B = \sqrt{n(n+2)}\mu_B$　　解得 $n\approx3$

有 3 个不成对电子。Co^{2+} 有 7 个 d 电子，应采取外轨型，杂化类型为 $s^1p^3d^2$；

空间构型为正八面体；价层电子排布（3d 轨道上）为 $\underline{\uparrow\downarrow}\ \underline{\uparrow\downarrow}\ \underline{\uparrow}\ \underline{\uparrow}\ \underline{\uparrow}$。

7-17 解：(1) $\delta_{Y^{4-}} = \dfrac{K_{a_1}K_{a_2}K_{a_3}K_{a_4}K_{a_5}K_{a_6}}{[H^+]^6+K_{a_1}[H^+]^5+\cdots+K_{a_1}K_{a_2}K_{a_3}K_{a_4}K_{a_5}K_{a_6}} = 3.5\times10^{-7}$

$$\alpha_{Y(H)} = \frac{1}{\delta_{Y^{4-}}} = 2.86\times10^6$$

(2) $[Y^{4-}]$ 在 EDTA 总浓度中所占的百分数为 $3.5\times10^{-5}\%$。

7-18 解：查表可知，$[Zn(NH_3)_4]^{2+}$ 的各级累积稳定常数为 $\beta_1 = 10^{2.27}$，$\beta_2 = 10^{4.61}$，$\beta_3 = 10^{7.01}$，$\beta_4 = 10^{9.06}$。则

$$\alpha_{Zn(NH_3)}=1+\beta_1[NH_3]+\beta_2[NH_3]^2+\beta_3[NH_3]^3+\beta_4[NH_3]^4$$
$$=1+10^{2.27}\times0.200+10^{4.61}\times0.200^2+10^{7.01}\times0.200^3+10^{9.06}\times0.200^4$$
$$=10^{6.28}$$

查表得 pH=10 时，$\lg\alpha_{Zn(OH)}=2.40$，得 $\alpha_{Zn(OH)}=10^{2.40}$，则

$$\alpha_{Zn}=\alpha_{Zn(NH_3)}+\alpha_{Zn(OH)}-1=10^{6.28}+10^{2.40}-1\approx10^{6.28}$$

$$[Zn^{2+}]=\frac{c(Zn^{2+})}{\alpha_{Zn}}=\frac{0.0100}{10^{6.28}}=5.25\times10^{-9}(mol\cdot L^{-1})$$

7-19 解：查表可知，$[Zn(NH_3)_4]^{2+}$ 的各级累积稳定常数分别为 $\beta_1=10^{2.27}$，$\beta_2=10^{4.61}$，$\beta_3=10^{7.01}$，$\beta_4=10^{9.06}$。则

$$\alpha_{Zn(NH_3)}=1+\beta_1[NH_3]+\beta_2[NH_3]^2+\beta_3[NH_3]^3+\beta_4[NH_3]^4$$
$$=1+10^{2.27}\times10^{-1}+10^{4.61}\times10^{-2}+10^{7.01}\times10^{-3}+10^{9.06}\times10^{-4}=10^{5.10}$$

查表得 pH=11 时，$\lg\alpha_{Zn(OH)}=5.40$，得 $\alpha_{Zn(OH)}=10^{5.40}$，则

$$\alpha_{Zn}=\alpha_{Zn(NH_3)}+\alpha_{Zn(OH)}-1=10^{5.10}+10^{5.40}-1=10^{5.60}$$

7-20 解：查表可知，$[Hg(CN)_4]^{2-}$ 的各级累积稳定常数为 $\beta_1=10^{18.0}$，$\beta_2=10^{34.7}$，$\beta_3=10^{38.5}$，$\beta_4=10^{41.5}$。则

$$\alpha_{Hg(CN)}=1+\beta_1[CN^-]+\beta_2[CN^-]^2+\beta_3[CN^-]^3+\beta_4[CN^-]^4$$
$$=1+10^{18.0}\times10^{-3}+10^{34.7}\times10^{-6}+10^{38.5}\times10^{-9}+10^{41.5}\times10^{-12}=10^{29.83}$$

查表 pH=11 时，$\alpha_{Y(H)}=10^{0.07}$，可以忽略；$\alpha_{Hg(OH)}=10^{15.9}$，则

$$\alpha_{Hg}=\alpha_{Hg(CN)}=10^{29.83} \qquad 则\ \lg\alpha_{Hg}=29.83$$

$$\lg K'_{HgY}=\lg K_{HgY}-\lg\alpha_{Hg}=21.8-29.83=-8.03$$

7-21 解：已知 pH=5 时，$\lg\alpha_{Y(H)}=6.45$，则

$$\lg K'_{ZnY}=\lg K_{ZnY}-\lg\alpha_{Y(H)}=16.50-6.45=10.05>8$$

则条件稳定常数　$K'_{ZnY}=10^{10.05}$

因为 $\lg(cK'_{ZnY})=10.05-2=8.05>6$，所以能用 EDTA 标准溶液滴定 Zn^{2+}。

7-22 解：$\lg\alpha_{Y(H)}\leqslant\lg(cK_{CuY})-6=\lg K_{CuY}-8=18.80-8=10.80$，查表可知 pH≥2.90。最高 pH 由 $Cu(OH)_2$ 的 K_{sp} 求得：

$$[OH^-]=\sqrt{\frac{K_{sp}}{c(Cu^{2+})}}=\sqrt{\frac{2.2\times10^{-20}}{0.01}}=\sqrt{2.2\times10^{-18}}=1.5\times10^{-9}$$

则　　pOH=8.83　　pH=5.17

滴定时，适宜的 pH 范围为 2.90～5.17。

7-23 解：$c(Ni)V(Ni)+c(Mg)V(Mg)=c(EDTA)V(EDTA)$

$$1.00c(Ni)+0.01500\times4.37=0.01000\times15.0 \qquad c(Ni)=0.0844mol\cdot L^{-1}$$

7-24 解：设消耗在滴定 Zn^{2+} 和 Cu^{2+} 上的 EDTA 体积分别为 V_1、V_2，$V_1+V_2=37.30mL$。CN^- 掩蔽了 Zn^{2+} 和 Cu^{2+}，此时消耗的 EDTA 体积 V_3 是用来滴定 Mg^{2+} 的，$V_3=4.10mL$。解蔽后，Zn^{2+} 被游离出来，此时消耗的 EDTA 是用来滴定 Zn^{2+} 的，$V_1=13.40mL$。

设 Mg 含量为 x_3，Zn 含量为 x_1，Cu 含量为 x_2，则

$$\frac{0.5070\times10^3x_3\times25.00}{100.00M(Mg)}=0.05000V_3$$

解得
$$x_3=\frac{0.05000\times4.10\times100.00\times24.30}{507.0\times25.00}=3.930\%$$

$$\frac{0.5070\times10^3 x_1\times25.00}{100.00M(\mathrm{Zn})}=0.05000V_1$$

$$x_1=\frac{0.05000\times13.40\times100.00\times65.41}{507.0\times25.00}=34.58\%$$

$$\frac{0.5070\times10^3 x_3\times25.00}{100.00M(\mathrm{Cu})}=0.05000V_3$$

$$x_2=\frac{0.05000\times(37.30-13.40)\times100.00\times63.55}{507.0\times25.00}=59.91\%$$

7-25 解：pH=2.0 时，EDTA 只滴定 Fe^{3+}，设消耗 EDTA 体积为 V_1，每个 Fe_2O_3 中有 2 个 Fe，则其基本单元为 $\frac{1}{2}M(Fe_2O_3)$，$\frac{1}{2}M(Fe_2O_3)=\frac{159.69}{2}\mathrm{g\cdot mol^{-1}}$。

$$w(Fe_2O_3)=\frac{c(\mathrm{EDTA})V_1\times10^{-3}\times\frac{1}{2}M(Fe_2O_3)}{m_{试样}}\times100\%$$

$$=\frac{0.02036\times15.20\times10^{-3}\times\frac{159.69}{2}}{0.2086}\times100\%=11.84\%$$

在 pH=4.5 时，EDTA 滴定的是 Al^{3+}，因为 Al^{3+} 与 EDTA 反应慢，需返滴定。每个 Al_2O_3 中有 2 个 Al，则基本单元为 $\frac{1}{2}M(Al_2O_3)$，$\frac{1}{2}M(Al_2O_3)=\frac{101.96}{2}\mathrm{g\cdot mol^{-1}}$。

$$w(Al_2O_3)=\frac{[c(\mathrm{EDTA})V(\mathrm{EDTA})-c(\mathrm{Cu})V(\mathrm{Cu})]\times10^{-3}\times\frac{1}{2}M(Al_2O_3)}{m_{试样}}\times100\%$$

$$=\frac{(0.02036\times25.00-0.02012\times8.16)\times10^{-3}\times\frac{101.96}{2}}{0.2086}\times100\%=8.43\%$$

7-26 解：查表可知，$[Ni(NH_3)_6]^{2+}$ 的各级累积稳定常数分别为 $\beta_1=10^{2.75}$，$\beta_2=10^{4.95}$，$\beta_3=10^{6.64}$，$\beta_4=10^{7.79}$，$\beta_5=10^{8.50}$，$\beta_6=10^{8.49}$。则

$$\begin{aligned}\alpha_{Ni(NH_3)}&=1+\beta_1[NH_3]+\beta_2[NH_3]^2+\beta_3[NH_3]^3+\beta_4[NH_3]^4+\beta_5[NH_3]^5+\beta_6[NH_3]^6\\&=1+10^{2.75}\times10^{-1}+10^{4.95}\times10^{-2}+10^{6.64}\times10^{-3}+10^{7.79}\times10^{-4}+10^{8.50}\times10^{-5}+\\&\quad 10^{8.49}\times10^{-6}\\&=10^{4.17}\end{aligned}$$

$$\mathrm{pOH}=\mathrm{p}K_b-\lg\frac{[NH_3]}{[NH_4^+]}=4.74-\lg\frac{0.1}{0.1}=4.74\qquad \mathrm{pH}=9.26$$

查表可知，pH=9.26 时，$\lg\alpha_{Y(H)}\approx1.28$，$\alpha_{Ni(OH)}\approx10^{0.7}\ll\alpha_{Ni(NH_3)}$，则

$\alpha_{Ni}\approx\alpha_{Ni(NH_3)}=10^{4.17}$　　$\lg K'_{NiY}=\lg K_{NiY}-\lg\alpha_{Ni}-\lg\alpha_{Y(H)}=18.60-4.17-1.28=13.15$

$$K'_{NiY}=10^{13.15}=1.41\times10^{13}$$

7-27 解：滴定至 50%时：

$$[Ni^{2+}]=\frac{0.01\times\frac{1}{2}V}{V+\frac{1}{2}V}=3.3\times10^{-3}(\mathrm{mol\cdot L^{-1}})$$

$$\mathrm{pNi}=2.48$$

滴定至 100%，即化学计量点时：

查表得 pH=5 时，$\lg\alpha_{Y(H)}=6.45$，$\lg K_{NiY}=18.60$，则

$$\lg K'_{NiY}=\lg K_{NiY}-\lg\alpha_{Y(H)}=18.60-6.45=12.15$$

$$[NiY]=5\times10^{-3}\text{mol}\cdot\text{L}^{-1}$$

$$\frac{[NiY]}{[Ni^{2+}][Y]}=K'_{NiY} \quad 则 \quad \frac{[NiY]}{[Ni^{2+}]^2}=K'_{NiY}$$

$$\frac{5\times10^{-3}}{[Ni^{2+}]^2}=10^{12.15} \quad 解得 \quad [Ni^{2+}]=5.9\times10^{-8}\text{mol}\cdot\text{L}^{-1}$$

$$pNi=7.23$$

滴定至 200%，即过量 100%时：

$$[NiY]=3.33\times10^{-3}\text{mol}\cdot\text{L}^{-1} \qquad [Y]=3.33\times10^{-3}\text{mol}\cdot\text{L}^{-1}$$

$$\frac{[NiY]}{[Ni^{2+}][Y]}=K'_{NiY} \quad 解得 \quad [Ni^{2+}]=10^{-12.15}\text{mol}\cdot\text{L}^{-1} \qquad pNi=12.15$$

7-28 解：化学计量点前 0.1%：

$$[Cd^{2+}]=\frac{0.01\times0.001V}{V+0.999V}=5\times10^{-6}\text{mol}\cdot\text{L}^{-1} \qquad pCd=5.30$$

化学计量点后 0.1%：

$$[Y]=\frac{0.01\times0.001V}{V+1.001V}=5\times10^{-6}\text{mol}\cdot\text{L}^{-1} \qquad [CdY]=5\times10^{-3}\text{mol}\cdot\text{L}^{-1}$$

查表得 pH=5 时，$\lg\alpha_{Y(H)}=6.45$，$\lg K_{CdY}=16.46$，则

$$\lg K'_{CdY}=\lg K_{CdY}-\lg\alpha_{Y(H)}=16.46-6.45=10.01 \qquad K'_{CdY}=10^{10.01}$$

$$\frac{[CdY]}{[Cd^{2+}][Y]}=K'_{CdY} \qquad \frac{5\times10^{-3}}{[Cd^{2+}]\times5\times10^{-6}}=10^{10.01}$$

$$[Cd^{2+}]=9.77\times10^{-8} \qquad pCd=7.01$$

7-29 解：（1）因为标定时 EDTA 溶液中的钙参加了配位反应，而用二甲酚橙滴定 Zn^{2+} 时，在 pH=5 左右，EDTA 溶液中的钙不与 EDTA 反应，因此滴定 Zn^{2+} 时，EDTA 消耗体积减小。结果偏低。

（2）因为铬黑 T 为指示剂，Zn^{2+}、Ca^{2+} 都与 EDTA 完全反应，所以原来与 Ca^{2+} 配合的 EDTA 不会游离出来再和 Zn^{2+} 配合，所以没有影响。

（3）因为标定时在 pH=5 左右，钙未参加配合，而测 Ca^{2+} 时，EDTA 不仅要和被测的 Ca^{2+} 配合，还要和原存在于 EDTA 溶液中的 Ca^{2+} 配合，所以消耗的 EDTA 体积增大。结果偏大。

7-30 解：每个 $MgNH_4PO_4$ 有 1 个 PO_4^{3-} 和 1 个 Mg^{2+}，Mg^{2+} 的物质的量等于 PO_4^{3-} 的物质的量。

$$w(P)=\frac{c(EDTA)V(EDTA)\times10^{-3}M(P)}{m_{试样}}\times100\%$$

$$=\frac{0.01000\times20.00\times10^{-3}\times30.97}{0.1000}\times100\%=6.194\%$$

同理，1 个 $MgNH_4PO_4$ 相当于$\frac{1}{2}$个 P_2O_5，则

$$w(P_2O_5)=\frac{c(EDTA)V(EDTA)\times10^{-3}\times\frac{1}{2}M(P_2O_5)}{m_{试样}}\times100\%$$

$$=\frac{0.01000\times20.00\times10^{-3}\times\frac{1}{2}\times141.95}{0.1000}\times100\%=14.19\%$$

第8章　氧化还原平衡与氧化还原滴定法

8-1　解：0、−1/2、−1、−2、+2、0、−1、−2、−3、+5、+3、+1、0

8-2　解：(1) $4Zn+5H_2SO_4$(浓)$=4ZnSO_4+H_2S\uparrow+4H_2O$

(2) $MnO_2+H_2O_2+2HCl=MnCl_2+O_2\uparrow+2H_2O$

(3) $2KMnO_4+K_2SO_3+2KOH=2K_2MnO_4+K_2SO_4+H_2O$

(4) $(NH_4)_2Cr_2O_7=Cr_2O_3+N_2\uparrow+4H_2O$

(5) $K_2Cr_2O_7+6KI+7H_2SO_4=Cr_2(SO_4)_3+3I_2+4K_2SO_4+7H_2O$

(6) $H_2O_2+Cl_2=2HCl+O_2\uparrow$

(7) $2Ca(OH)_2+2Cl_2=Ca(ClO)_2+CaCl_2+2H_2O$

(8) $3As_2O_3+4HNO_3+7H_2O=6H_3AsO_4+4NO\uparrow$

(9) $3FeS+18HNO_3=3Fe(NO_3)_3+H_2SO_4+3NO\uparrow+2H_2O$

(10) $3CuS+14HNO_3=3Cu(NO_3)_2+3H_2SO_4+9NO+6H_2O$

(11) $2Mn(NO_3)_2+5PbO_2+6HNO_3=2HMnO_4+5Pb(NO_3)_2+2H_2O$

8-3　解：(1) $I_2+2S_2O_3^{2-}=2I^-+S_4O_6^{2-}$

(2) $2MnO_4^-+5H_2O_2+6H^+=2Mn^{2+}+5O_2\uparrow+8H_2O$

(3) $4Zn+NO_3^-+10H^+=4Zn^{2+}+NH_4^++3H_2O$

(4) $3PbO_2+2Cr^{3+}+H_2O=3Pb^{2+}+Cr_2O_7^{2-}+2H^+$(酸性介质)

(5) $Zn+ClO^-+2H^+=Zn^{2+}+Cl^-+H_2O$

(6) $2MnO_4^-+5H_2S+6H^+=2Mn^{2+}+5S\downarrow+8H_2O$

(7) $N_2H_4+2Cu(OH)_2=N_2\uparrow+2Cu+4H_2O$

(8) $4PH_4^++2Cr_2O_7^{2-}+12H^+=P_4+4Cr^{3+}+14H_2O$

(9) $Br_2+IO_3^-+2OH^-=2Br^-+IO_4^-+H_2O$

(10) $8Al+3NO_3^-+5OH^-+18H_2O=8[Al(OH)_4]^-+3NH_3\uparrow$

8-4　解：(1) 对于　$Zn+Fe^{2+}=Zn^{2+}+Fe$

氧化剂为 Fe^{2+}，半反应式为　$Fe^{2+}+2e=Fe$

还原剂为 Zn，半反应式为　$Zn=Zn^{2+}+2e$

对于　$MnO_4^-+5Fe^{2+}+8H^+=Mn^{2+}+5Fe^{3+}+4H_2O$

氧化剂为 MnO_4^-，半反应式为　$MnO_4^-+8H^++5e=Mn^{2+}+4H_2O$

还原剂为 Fe^{2+}，半反应式为　$Fe^{2+}=Fe^{3+}+e$

(2) (−)Zn | $Zn^{2+}(c_1)$ ‖ $Fe^{2+}(c_2)$ | Fe(+)

(−)Pt | $Fe^{2+}(c_1)$，$Fe^{3+}(c_2)$ ‖ $MnO_4^-(c_3)$，$Mn^{2+}(c_4)$ | Pt(+)

8-5　解：(1) $[Zn^{2+}]$ 增加，$\varphi(Zn^{2+}/Zn)=\varphi^{\ominus}(Zn^{2+}/Zn)+\frac{0.059}{2}\lg[Zn^{2+}]$，电位上升。电动势 $\Delta E=\varphi(Cu^{2+}/Cu)-\varphi(Zn^{2+}/Zn)$，当然电动势减小。

(2) $ZnSO_4$ 溶液中加入氨水，$[Zn^{2+}]$ 减小，$\varphi(Zn^{2+}/Zn)=\varphi^{\ominus}(Zn^{2+}/Zn)+\frac{0.059}{2}\lg[Zn^{2+}]$，电位下降。电动势 $\Delta E=\varphi(Cu^{2+}/Cu)-\varphi(Zn^{2+}/Zn)$，当然电动势增大。

(3) $CuSO_4$ 溶液中加入氨水，$[Cu^{2+}]$ 减小，$\varphi(Cu^{2+}/Cu)=\varphi^{\ominus}(Cu^{2+}/Cu)+\frac{0.0592}{2}\lg[Cu^{2+}]$，电位下降。电动势 $\Delta E=\varphi(Cu^{2+}/Cu)-\varphi(Zn^{2+}/Zn)$，当然电动势减小。

8-6 解：(1) 查表知 $\varphi^{\ominus}(Ni^{2+}/Ni)=-0.25V$，$\varphi^{\ominus}(Sn^{4+}/Sn^{2+})=0.15V$，根据能斯特方程 $E^{\ominus}=\frac{0.0592}{n}\lg K^{\ominus}$ 有

$$\varphi^{\ominus}(Sn^{4+}/Sn^{2+})-\varphi^{\ominus}(Ni^{2+}/Ni)=\frac{0.0592}{2}\lg K^{\ominus}$$

代入得　　$0.15-(-0.25)=\frac{0.0592}{2}\lg K^{\ominus}$　　解得 $K^{\ominus}=3.3\times10^{13}$

(2) 查表知 $\varphi^{\ominus}(Cl_2/Cl^-)=1.36V$，$\varphi^{\ominus}(Br_2/Br^-)=1.07V$，根据能斯特方程 $E^{\ominus}=\frac{0.0592}{n}\lg K^{\ominus}$ 有

$$\varphi^{\ominus}(Cl_2/Cl^-)-\varphi^{\ominus}(Br_2/Br^-)=\frac{0.0592}{2}\lg K^{\ominus}$$

代入得　　$1.36-1.07=\frac{0.0592}{2}\lg K^{\ominus}$　　解得 $K^{\ominus}=6.3\times10^{9}$

(3) 查表知 $\varphi^{\ominus}(Fe^{3+}/Fe^{2+})=0.771V$，$\varphi^{\ominus}(Ag^+/Ag)=0.80V$，根据能斯特方程 $E^{\ominus}=\frac{0.0592}{n}\lg K^{\ominus}$ 有

$$\varphi^{\ominus}(Ag^+/Ag)-\varphi^{\ominus}(Fe^{3+}/Fe^{2+})=0.0592\lg K^{\ominus}$$

代入得　　$0.80-0.771=0.0592\lg K^{\ominus}$　　解得 $K^{\ominus}=3.1$

8-7 解：(1) $E^{\ominus}=\varphi^{\ominus}(Fe^{3+}/Fe^{2+})-\varphi^{\ominus}(Sn^{2+}/Sn)=0.771-(-0.136)=0.907(V)>0$
反应向右进行

(2) $E^{\ominus}=\varphi^{\ominus}(Zn^{2+}/Zn)-\varphi^{\ominus}(Cu^{2+}/Cu)=-0.763-0.34=-1.103(V)<0$　　反应向左进行

(3) $E^{\ominus}=\varphi^{\ominus}(PbO_2/Pb^{2+})-\varphi^{\ominus}(Cl_2/Cl^-)=1.455-1.36=0.095(V)>0$　　反应向右进行

8-8 解：查表知 $\varphi^{\ominus}(Cl_2/Cl^-)=1.36V$，$\varphi^{\ominus}(Br_2/Br^-)=1.07V$，$\varphi^{\ominus}(I_2/I^-)=0.535V$，$\varphi^{\ominus}(MnO_4^-/Mn^{2+})=1.51V$，$\varphi^{\ominus}(Fe^{3+}/Fe^{2+})=0.771V$。由于

$$\varphi^{\ominus}(MnO_4^-/Mn^{2+})>\varphi^{\ominus}(Cl_2/Cl^-)>\varphi^{\ominus}(Br_2/Br^-)>\varphi^{\ominus}(I_2/I^-)$$
$$\varphi^{\ominus}(Cl_2/Cl^-)>\varphi^{\ominus}(Br_2/Br^-)>\varphi^{\ominus}(Fe^{3+}/Fe^{2+})>\varphi^{\ominus}(I_2/I^-)$$

因此 $KMnO_4$ 可将 Cl^-、Br^-、I^- 都氧化，而 $Fe_2(SO_4)_3$ 只氧化 I^- 而不使 Cl^-、Br^- 氧化，所以选择 $Fe_2(SO_4)_3$ 比较合适。

8-9 解：(1) $E=E^{\ominus}-\frac{0.0592}{n}\lg Q=[\varphi^{\ominus}(Ni^{2+}/Ni)-\varphi^{\ominus}(Zn^{2+}/Zn)]-\frac{0.0592}{2}\lg\frac{c(Zn^{2+})}{c(Ni^{2+})}$

$$=-0.25-(-0.763)-\frac{0.0592}{2}\lg\frac{1.0}{1.0}=0.513(V)$$

(2) $E=E^{\ominus}-\frac{0.0592}{n}\lg Q=[\varphi^{\ominus}(Ni^{2+}/Ni)-\varphi^{\ominus}(Zn^{2+}/Zn)]-\frac{0.0592}{2}\lg\frac{c(Zn^{2+})}{c(Ni^{2+})}$

$$=-0.25-(-0.763)-\frac{0.0592}{2}\lg\frac{0.10}{0.050}=0.504(V)$$

(3) $E=E^{\ominus}-\frac{0.0592}{n}\lg Q=[\varphi^{\ominus}(Ag^+/Ag)-\varphi^{\ominus}(Fe^{3+}/Fe^{2+})]-0.0592\lg\frac{c(Fe^{3+})}{c(Fe^{2+})c(Ag^+)}$

$$=(0.80-0.771)-0.0592\lg\frac{1.0}{1.0\times1.0}=0.029(V)$$

(4) $E=E^{\ominus}-\dfrac{0.0592}{n}\lg Q=[\varphi^{\ominus}(Ag^+/Ag)-\varphi^{\ominus}(Fe^{3+}/Fe^{2+})]-0.0592\lg\dfrac{c(Fe^{3+})}{c(Fe^{2+})c(Ag^+)}$

$=(0.7990-0.771)-0.0592\lg\dfrac{0.10}{0.010\times0.1}=-0.0904(V)$

8-10 解：根据能斯特方程 $E=E^{\ominus}-\dfrac{0.0592}{n}\lg Q$ 有

$$E=E^{\ominus}-\frac{0.0592}{n}\lg Q=\varphi^{\ominus}(H^+/H_2)-\varphi^{\ominus}(Ni^{2+}/Ni)-\frac{0.0592}{2}\lg c(Ni^{2+})$$

则 $\varphi^{\ominus}(Ni^{2+}/Ni)=\varphi^{\ominus}(H^+/H_2)-E-\dfrac{0.0592}{2}\lg c(Ni^{2+})=0-0.287-\dfrac{0.0592}{2}\lg 0.10$

$=-0.257(V)$

8-11 解：$n\varphi^{\ominus}(H_2PO_2^-/PH_3)=n_1\varphi^{\ominus}(H_2PO_2^-/P_4)+n_2\varphi^{\ominus}(P_4/PH_3)$，$n=4$，$n_1=1$，$n_2=3$，则

$$4\varphi^{\ominus}(H_2PO_2^-/PH_3)=(-2.25)+3\times(-0.89)$$

解得 $\varphi^{\ominus}(H_2PO_2^-/PH_3)=-1.23V$

8-12 解：总反应 $Ag^++Br^-\rightleftharpoons AgBr$

$$E=E^{\ominus}-\frac{0.0592}{n}\lg Q=[\varphi^{\ominus}(Ag^+/Ag)-\varphi^{\ominus}(AgBr/Ag)]+0.0592\lg[c(Ag^+)c(Br^-)]$$

已知 $E=0$，$c(Ag^+)c(Br^-)=K_{sp}(AgBr)$，则

$$0=[\varphi^{\ominus}(Ag^+/Ag)-\varphi^{\ominus}(AgBr/Ag)]+0.0592\lg K_{sp}(AgBr)$$

$0=(0.7990-0.0730)+0.0592\lg K_{sp}(AgBr)$ 解得 $K_{sp}(AgBr)=5.45\times10^{-13}$

8-13 解：(1) $E^{\ominus}=\varphi^{\ominus}(MnO_4^-/Mn^{2+})-\varphi^{\ominus}(Cl_2/Cl^-)=1.51-1.36=0.15(V)>0$

反应向右进行

(2) $(-)Pt\mid Cl_2\mid Cl^-(c_1)\parallel MnO_4^-(c_2)\mid Mn^{2+}\mid Pt(+)$

标准电动势 $E^{\ominus}=\varphi^{\ominus}(MnO_4^-/Mn^{2+})-\varphi^{\ominus}(Cl_2/Cl^-)=1.51-1.36=0.15(V)$

(3) $E=E^{\ominus}-\dfrac{0.0592}{n}\lg Q=[\varphi^{\ominus}(MnO_4^-/Mn^{2+})-\varphi^{\ominus}(Cl_2/Cl^-)]-\dfrac{0.0592}{10}\lg Q$

$$Q=\frac{[c(Mn^{2+})/c^{\ominus}]^2[p(Cl_2)/p^{\ominus}]^5}{[c(MnO_4^-)/c^{\ominus}]^2[c(Cl^-)/c^{\ominus}]^{10}[c(H^+)/c^{\ominus}]^{16}}=\frac{1}{0.10^{16}}$$

$$E=0.15-\frac{0.0592}{10}\lg\frac{1}{0.10^{16}}=0.055(V)$$

8-14 解：pH=3 时

$$\delta(S^{2-})=\frac{K_{a_1}K_{a_2}}{[H^+]^2+K_{a_1}[H^+]+K_{a_1}K_{a_2}}$$

$$=\frac{1.32\times10^{-7}\times7.10\times10^{-15}}{10^{-6}+1.32\times10^{-7}\times10^{-3}+1.32\times10^{-7}\times7.10\times10^{-15}}$$

$$=9.37\times10^{-16}$$

$$K_{sp}(Ag_2S)=[Ag^+]^2[S^{2-}]=\delta(S^{2-})[Ag^+]^2c(S^{2-})=\delta(S^{2-})K'_{sp}(Ag_2S)$$

$$K'_{sp}(Ag_2S)=\frac{K_{sp}(Ag_2S)}{\delta(S^{2-})}=\frac{6.3\times10^{-50}}{9.37\times10^{-16}}=6.72\times10^{-35}$$

$$\varphi(Ag_2S/Ag)=\varphi^{\ominus}(Ag^+/Ag)+\frac{0.0592}{2}\lg K'_{sp}(Ag_2S)=0.799+\frac{0.0592}{2}\lg(6.72\times10^{-35})$$

$$=-0.212(V)$$

8-15 解：$\varphi^{\ominus}(Cu^{2+}/Cu^{+})=0.16V$

$\varphi^{\ominus}(Cu^{2+}/CuCl)=0.16-0.0592\lg K_{sp}(CuCl)=0.16-0.0592\lg(1.72\times10^{-7})=0.56(V)$

铜的元素电位图为

$$Cu^{2+}\xrightarrow{+0.56V}CuCl\xrightarrow{x}Cu \quad (Cu^{2+}\xrightarrow{+0.34V}Cu)$$

$$0.34=\frac{0.56+x}{2} \qquad \text{解得 } x=0.12V$$

平衡时，$\Delta E=0=\varphi(Cu^{2+}/CuCl)-\varphi(CuCl/Cu)=\varphi^{\ominus}(Cu^{2+}/CuCl)+$

$$0.0592\lg([Cu^{2+}][Cl^{-}])-\varphi^{\ominus}(CuCl/Cu)-0.0592\lg1/[Cl^{-}]$$

$$=0.56-0.12+0.0592\lg([Cu^{2+}][Cl^{-}]^{2})$$

剩余的$[Cl^{-}]=2[Cu^{2+}]$　　$4[Cu^{2+}]^{3}=3.49\times10^{-8}$

解得　　$[Cu^{2+}]=2.06\times10^{-3}$　　转化率$=\dfrac{\dfrac{0.10}{2}-2.06\times10^{-3}}{\dfrac{0.10}{2}}=95.9\%$

8-16 解：$\varphi_{sp}=\dfrac{n_1\varphi^{\ominus}(MnO_4^{-}/Mn^{2+})+n_2\varphi^{\ominus}(Fe^{3+}/Fe^{2+})}{n_1+n_2}$

$$=\frac{5\times1.45+1\times0.68}{5+1}=1.32(V)$$

$$\lg K'=\frac{[\varphi^{\ominus}(MnO_4^{-}/Mn^{2+})-\varphi^{\ominus}(Fe^{3+}/Fe^{2+})]n}{0.0592}=\frac{(1.45-0.68)\times5}{0.0592}=65.03$$

$$K'=1.07\times10^{65}$$

8-17 解：$MnO_4^{-}+5e+8H^{+}=\!=\!=Mn^{2+}+4H_2O$

MnO_4^{-} 得到5个电子，$KMnO_4$ 的计量单元为$\frac{1}{5}M(KMnO_4)$，$c\left(\frac{1}{5}KMnO_4\right)=5c(KMnO_4)$。

$2CO_2+2e=\!=\!=C_2O_4^{2-}$　　$Na_2C_2O_4$ 失去2个电子，$Na_2C_2O_4$ 的计量单元为$\frac{1}{2}M(Na_2C_2O_4)$

$$c\left(\frac{1}{5}MnO_4^{-}\right)V(MnO_4^{-})=\frac{m(Na_2C_2O_4)}{\frac{1}{2}M(Na_2C_2O_4)}$$

$$c\left(\frac{1}{5}MnO_4^{-}\right)\times20.00\times10^{-3}=2\times\frac{0.07500}{134.00}$$

解得　　$c\left(\frac{1}{5}MnO_4^{-}\right)=0.05597mol\cdot L^{-1}$

则　　$c(KMnO_4)=\dfrac{0.05597}{5}=0.01119(mol\cdot L^{-1})$

8-18 解：$c\left(\frac{1}{5}KMnO_4\right)=5c(KMnO_4)=5\times0.04000=0.2000(mol\cdot L^{-1})$

$$C_2O_4^{2-}-2e=\!=\!=2CO_2 \qquad C_2O_4^{2-}\text{ 失去 2 个电子}$$

1个PbO生成PbC_2O_4，PbO相当于失去2个电子。1个PbO_2首先与$C_2O_4^{2-}$起氧化还原反应，PbO_2得2个电子，生成物PbO与$C_2O_4^{2-}$形成沉淀，与$KMnO_4$反应，又可得2个电子。在滴定结束时，PbO_2相当于可得到4个电子。

设样品中PbO含量为x，PbO_2含量为y。

沉淀部分：测定的是PbC_2O_4，$PbO_2\rightarrow PbC_2O_4$，$PbO_2$形成沉淀相当于可得2个电子。

此条件下 PbO 的计量单元为$\frac{1}{2}M(PbO)$，PbO_2 计量单元为$\frac{1}{2}M(PbO_2)$，则

$$\frac{1.2420x}{\frac{223.2}{2}}+\frac{1.2420y}{\frac{239.2}{2}}=0.2000\times39.00\times10^{-3}$$

氧化剂与还原剂总量平衡：1 个 PbO_2 消耗 2 个 $C_2O_4^{2-}$，其计量单元为$\frac{1}{4}M(PbO_2)$；PbO 的计量单元仍为$\frac{1}{2}M(PbO)$。

$$20.00\times0.4000\times2=1.2420\times10^3\left(\frac{x}{\frac{223.2}{2}}+\frac{y}{\frac{239.2}{4}}\right)+0.2000\times10.80$$

解得 $x=15.82\%$ $y=58.16\%$

8-19 解：$Cu^{2+}+I^-+e═CuI$ Cu^{2+}得 1 个电子，Cu 的计量单元为 $M(Cu)$

$S_4O_6^{2-}+2e═2S_2O_3^{2-}$ $S_2O_3^{2-}$ 失去 1 个电子

设铜的含量为 x，则

$$\frac{0.6500x}{M(Cu)}=0.1000\times25.00\times10^{-3}$$

$$x=\frac{0.1000\times25.00\times10^{-3}\times63.55}{0.6500}=0.2444$$ Cu 的含量为 24.44%

8-20 解：$Cr_2O_7^{2-}+6I^-+14H^+═2Cr^{3+}+3I_2+7H_2O$

$$I_2+2S_2O_3^{2-}═2I^-+S_4O_6^{2-}$$

$$n(Cr_2O_7^{2-}):n(S_2O_3^{2-})=1:6$$

$$\frac{m(K_2Cr_2O_7)}{M(K_2Cr_2O_7)}\times6=c(Na_2S_2O_3)V(Na_2S_2O_3)\times10^{-3}$$

$$\frac{0.2500}{294.18}\times6=c(Na_2S_2O_3)\times11.43\times10^{-3}$$

$$c(Na_2S_2O_3)=0.4461mol\cdot L^{-1}$$

8-21 解：氧化剂为 $Cr_2O_7^{2-}$ 和 MnO_4^-，还原剂为 Fe^{2+}

MnO_4^- 得 5 个电子，$KMnO_4$ 的计量单元为$\frac{1}{5}M(KMnO_4)$，$c\left(\frac{1}{5}KMnO_4\right)=5c(KMnO_4)$；

$Cr_2O_7^{2-}$ 得 6 个电子，$K_2Cr_2O_7$ 的计量单元为$\frac{1}{6}M(K_2Cr_2O_7)$，$c\left(\frac{1}{6}K_2Cr_2O_7\right)=6c(K_2Cr_2O_7)$。

1 个 $2Cr\rightarrow Cr_2O_7^{2-}$(样品预处理，与计算无关)$\rightarrow2Cr^{3+}$(滴定反应，与计量相关)，每个 Cr 相当于失去 3 个电子，Cr 的计量单元为$\frac{1}{3}M(Cr)$。

设钢样中 Cr 含量为 x，则

$$25.00\times0.1000=c\left(\frac{1}{5}KMnO_4\right)\times6.50+\frac{1.000\times10^3x}{\frac{1}{3}M(Cr)}$$

$$25.00\times0.1000=5\times0.02000\times6.50+\frac{1.000\times10^3x}{\frac{52.00}{3}}$$

$$x=0.03206=3.206\%$$

8-22 解：
$$Ce^{4+}+Fe^{2+} \xlongequal{} Fe^{3+}+Ce^{3+}$$

$$\varphi(Ce^{4+}/Ce^{3+})=\varphi^{\ominus}(Ce^{4+}/Ce^{3+})+0.0592\lg\frac{[Ce^{4+}]}{[Ce^{3+}]}=1.44+0.0592\lg\frac{[Ce^{4+}]}{[Ce^{3+}]}$$

$$\varphi(Fe^{3+}/Fe^{2+})=\varphi^{\ominus}(Fe^{3+}/Fe^{2+})+0.0592\lg\frac{[Fe^{3+}]}{[Fe^{2+}]}=0.68+0.0592\lg\frac{[Fe^{3+}]}{[Fe^{2+}]}$$

因为 Fe^{2+} 过量，可认为 Ce^{4+} 全部被还原，$[Ce^{3+}]=[Fe^{3+}]=\frac{0.05000}{2}=0.02500(mol\cdot L^{-1})$，$[Fe^{2+}]=\frac{0.2000-0.05000}{2}=0.07500(mol\cdot L^{-1})$。此时溶液电位

$$\varphi(Fe^{3+}/Fe^{2+})=\varphi^{\ominus}(Fe^{3+}/Fe^{2+})+0.0592\lg\frac{[Fe^{3+}]}{[Fe^{2+}]}=0.68+0.0592\lg\frac{0.07500}{0.02500}=0.708(V)$$

设平衡时 $[Ce^{4+}]=x$，则

$$\varphi(Ce^{4+}/Ce^{3+})=\varphi^{\ominus}(Ce^{4+}/Ce^{3+})+0.0592\lg\frac{[Ce^{4+}]}{[Ce^{3+}]}=1.44+0.0592\lg\frac{x}{0.02500}=0.708(V)$$

解得
$$x=1.1\times10^{-14}mol\cdot L^{-1}$$

8-23 解：第一步反应为 $IO_3^-+5I^-+6H^+ \xlongequal{} 3I_2+3H_2O$ $IO_3^-\rightarrow I_2$ 得到 5 个电子，$I^-\rightarrow I_2$ 失去 1 个电子，故 IO_3^- 的计量单元为 $\frac{1}{5}M(IO_3^-)$，$c\left(\frac{1}{5}KIO_3\right)=5c(KIO_3)$。

设原来 KI 溶液的浓度为 $x$mol·L^{-1}，第一步消耗 KIO_3 溶液 ymL，则

$$25.00x=5\times0.05000y$$

剩余的 $\frac{1}{5}KIO_3$ 为 $5\times0.05000\times10.00-25.00x$

则剩余 KIO_3 的物质的量为 $(5\times0.05000\times10.00-25.00x)\times\frac{1}{5}$

第二步反应 $KIO_3\rightarrow I_2\rightarrow I^-$，$IO_3^-$ 得到 6 个电子，IO_3^- 的计量单元为 $\frac{1}{6}M(IO_3^-)$。则

$$c\left(\frac{1}{6}KIO_3\right)=6c(KIO_3)=6\times\frac{1}{5}\times(5\times0.05000\times10.00-25.00x)$$

它与消耗 $Na_2S_2O_3$ 的量相等，则

$$6\times\frac{1}{5}\times(5\times0.05000\times10.00-25.00x)=0.1008\times21.14$$

$$x=c(KI)=0.02896mol\cdot L^{-1}$$

8-24 解：
$$2Fe^{3+}+2I^- \xlongequal{} 2Fe^{2+}+I_2$$

$$I_2+2S_2O_3^{2-} \xlongequal{} 2I^-+S_4O_6^{2-}$$

$$w(FeCl_3\cdot6H_2O)=\frac{c(Na_2S_2O_3)V(Na_2S_2O_3)\times10^{-3}\times M(FeCl_3\cdot6H_2O)}{m_{试样}}\times100\%$$

$$=\frac{0.1000\times18.17\times10^{-3}\times270.30}{0.5000}\times100\%=98.23\%$$

8-25 解：丙酮中 C 的氧化数为 $(-6+2)/3=-4/3$，3 个 C 的总氧化数为 -4，而 CH_3COONa 中 C 的氧化数为 0，CHI_3 中 C 的氧化数为 +2，丙酮失去 6 个电子，是还原剂。

设样品中 CH_3COCH_3 的含量为 x，则

$$\frac{0.1000x\times10^3}{\frac{M(\text{丙酮})}{6}}+0.1000\times10.00=0.1000\times50.00$$

$$x=38.72\%$$

8-26 解：第一个终点，As_2O_3 为还原剂，I_2 为氧化剂，$As_2O_3 \rightarrow H_3AsO_4$，每个 As_2O_3 失去 4 个电子。设样品中 As_2O_3 含量为 x，则

$$\frac{0.2834\times10^3x}{\frac{1}{4}M(As_2O_3)}=0.1000\times20.00 \qquad \text{解得 } x=34.90\%$$

第二个终点 As_2O_5 和由 As_2O_3 生成的 As_2O_5 氧化 $Na_2S_2O_3$。再设样品中 As_2O_5 含量为 y，则

$$\frac{0.2834\times10^3x}{\frac{1}{4}M(As_2O_3)}+\frac{0.2834\times10^3y}{\frac{1}{4}M(As_2O_5)}=0.15000\times30.00$$

解得

$$y=50.69\%$$

8-27 解：此反应中，氧化剂是 $KBrO_3$，$KBrO_3 \rightarrow Br^-$，得 6 个电子。还原剂是 $Na_2S_2O_3$ 和 8-羟基喹啉。1 个 8-羟基喹啉与 2 个 Br 生成沉淀，1 个 8-羟基喹啉将失去 4 个电子。1 个 Al 与 3 个 8-羟基喹啉沉淀，可认为 Al 间接地与 3×4 个电子相当，而 Al_2O_3 含有 2 个 Al，所以 Al_2O_3 与失去 24 个电子相当。

设 Al_2O_3 含量为 x，则

$$0.05000\times6\times25.00=\frac{0.1023\times10^3x}{\frac{1}{24}M(Al_2O_3)}+0.1050\times2.85$$

解得

$$x=29.90\%$$

第 9 章 沉淀平衡及其在分析中的应用

9-1 影响沉淀溶解度的因素有：

（1）同离子效应 溶液中构晶离子的浓度越大，在不形成可溶性配离子的情况下，沉淀溶解度越小。

（2）pH（即酸效应） 对于弱酸盐的沉淀，pH 越小，沉淀溶解度越大。这是因为弱酸根受 H^+ 影响，形成了非构晶酸根的阴离子或以弱酸形式存在。

（3）配位效应 若溶液中存在能与构晶离子形成配合物的配位剂，其浓度越大，则沉淀溶解度越大。

（4）盐效应 溶液中其他非构成沉淀的盐类的浓度越高，沉淀溶解度越大。这是由于这类离子的存在，减少了构成沉淀的离子相互碰撞的机会。

（5）氧化还原效应 由于加入氧化剂或还原剂，改变了沉淀中构晶离子的氧化数，改变了沉淀的组成，因此会影响其溶解度。

9-2 沉淀可分为晶型沉淀和非晶型沉淀两种。沉淀的性状是由聚集速度和定向速度的关系来决定的。当聚集速度大于定向速度时，形成非晶型沉淀；否则，形成晶型沉淀。其中定向速度是沉淀物质本身的性质，而聚集速度可通过实验条件的选择适度地改变。

9-3 解：（1）$AgBr \rightleftharpoons Ag^+ + Br^-$ 平衡时 $[Ag^+]=[Br^-]=7.1\times10^{-7}mol\cdot L^{-1}$

溶度积 $K_{sp}(AgBr)=(7.1\times10^{-7})\times(7.1\times10^{-7})=5.0\times10^{-13}$

(2) $BaF_2 \rightleftharpoons Ba^{2+} + 2F^-$　平衡时$[Ba^{2+}] = 6.3\times10^{-3}\,mol\cdot L^{-1}$，$[F^-] = 2\times6.3\times10^{-3}\,mol\cdot L^{-1}$

溶度积　　$K_{sp}(BaF_2) = [Ba^{2+}][F^-]^2 = (6.3\times10^{-3})\times(2\times6.3\times10^{-3})^2 = 1.0\times10^{-6}$

9-4　解：这道题主要是考察酸效应及同离子效应对溶解度的影响。这是因为存在着下列平衡：

$$C_2O_4^{2-} + H^+ \rightleftharpoons HC_2O_4^- \qquad HC_2O_4^- + H^+ \rightleftharpoons H_2C_2O_4$$

而 $HC_2O_4^-$ 和 $H_2C_2O_4$ 都不会与 Ca^{2+} 形成 CaC_2O_4 沉淀。

查表得 $K_{sp}(CaC_2O_4) = 4.0\times10^{-9}$；$H_2C_2O_4$ 的离解常数 $K_{a_1} = 5.4\times10^{-2}$，$K_{a_2} = 5.4\times10^{-5}$。

(1) pH=5 即 $[H^+] = 10^{-5}$时

分布系数　$\delta(C_2O_4^{2-}) = \dfrac{K_{a_1}K_{a_2}}{K_{a_1}K_{a_2} + K_{a_1}[H^+] + [H^+]^2}$

$$= \frac{5.4\times10^{-2}\times5.4\times10^{-5}}{5.4\times10^{-2}\times5.4\times10^{-5} + 5.4\times10^{-2}\times10^{-5} + (10^{-5})^2} = 0.843$$

$$CaC_2O_4 \rightleftharpoons Ca^{2+} + C_2O_4^{2-}$$

设 CaC_2O_4 的溶解度为 $x(mol\cdot L^{-1})$，则 $[Ca^{2+}] = x$，含有 $C_2O_4^{2-}$ 的各种形式的总浓度为 x，而以 $C_2O_4^{2-}$ 形式存在的浓度为 $x\delta(C_2O_4^{2-}) = 0.843x$

$$K_{sp}(CaC_2O_4) = x\cdot0.843x \qquad 解得\ x = 6.9\times10^{-5}\,mol\cdot L^{-1}$$

(2) pH=3 即 $[H^+] = 10^{-3}$时，同理 $\delta(C_2O_4^{2-}) = 0.050$

$$K_{sp}(CaC_2O_4) = x\cdot0.050x \qquad 解得\ x = 2.8\times10^{-4}\,mol\cdot L^{-1}$$

(3) pH=3 的 $0.01mol\cdot L^{-1}$的草酸钠溶液中

此时溶液中 $C_2O_4^{2-}$ 的总浓度来自两个部分：一部分为 CaC_2O_4 溶解产生的，如 (2) 题计算为 $0.050x$；另一部分为溶液中存在的草酸钠，其浓度为 $0.01mol\cdot L^{-1}$。此时 $C_2O_4^{2-}$ 分布系数为 0.050，所以 $[C_2O_4^-] = 0.050\times0.01 + 0.050x$。因为 $0.050x \approx 1.4\times10^{-5} \ll 0.050\times0.01$，故

$$0.050\times0.01 + 0.050x \approx 0.050\times0.01 = 5.0\times10^{-4} \qquad 即\ 4.0\times10^{-9} = 5.0\times10^{-4}x$$

解得　　$x = 8.0\times10^{-6}\,mol\cdot L^{-1}$

若不用 $0.050x + 5.0\times10^{-4} \approx 5.0\times10^{-4}$ 这个近似，则 $(0.050x + 5.0\times10^{-4})x = 4.0\times10^{-9}$。解此一元二次方程，可得 $x = 7.99\times10^{-6}\,mol\cdot L^{-1}$。两者结果之差非常之小，用近似法计算更为简单。

9-5　解：(1) 由 HEDP 转变为沉淀，只有 P 的量既未损失也不增加，其他元素由于加入试剂和形态的转变均发生了变化，不能作为定量的依据。

1 个 HEDP 中含有 2 个 P，其基本计量单元为$\frac{1}{2}M(HEDP)$，$\frac{1}{2}M(HEDP) = \frac{206.0}{2}\,g\cdot mol^{-1}$。

而$(C_9H_7N)H_3(PO_4\cdot12MoO_3)$中只含有一个 P，其基本计量单元为$M[(C_9H_7N)H_3(PO_4\cdot12MoO_3)]$，[简写作 M (沉淀)]，M(沉淀)$= 2141g\cdot mol^{-1}$。沉淀前后的基本计量单元应是相等的。设样品中含 HEDP 为 x，则

$$\frac{0.1274x}{\frac{1}{2}M(HEDP)} = \frac{18.8964 - 18.3421}{M(沉淀)}$$

将$\frac{1}{2}M(HEDP) = \frac{206.0}{2}\,g\cdot mol^{-1}$，$M$(沉淀)$= 2141g\cdot mol^{-1}$代入上式，得

$$\frac{0.1274x}{206.0/2} = \frac{0.5543}{2141} \qquad 解得\ x = 20.93\%$$

（2）样品中P的百分含量和（1）题一个道理，1个P生成1个沉淀：

$$\frac{0.1274x}{30.97}=\frac{0.5543}{2141} \qquad \text{解得 } x=6.294\%$$

9-6 解：设合金钢中Ni的含量为x，则

$$\frac{0.8641x}{M(\mathrm{Ni})}=\frac{0.3463}{M(\mathrm{NiC_8H_{14}O_4N_4})}$$

将$M(\mathrm{Ni})=58.69\mathrm{g\cdot mol^{-1}}$，$M(\mathrm{NiC_8H_{14}O_4N_4})=288.9\mathrm{g\cdot mol^{-1}}$代入上式，解得

$$x=8.142\%$$

9-7 解：设CaO含量为x，则BaO含量为$1-x$。已知$M(\mathrm{CaO})=56.08\mathrm{g\cdot mol^{-1}}$，$M(\mathrm{BaO})=153.3\mathrm{g\cdot mol^{-1}}$，$M(\mathrm{CaC_2O_4})=128.1\mathrm{g\cdot mol^{-1}}$，$M(\mathrm{BaC_2O_4})=235.3\mathrm{g\cdot mol^{-1}}$，则

$$\frac{2.431x}{56.08}\times 128.1+\frac{2.431\times(1-x)}{153.3}\times 235.3=4.823$$

$$x=0.5993=59.93\%$$

则CaO的含量为59.93%，BaO的含量为40.07%。

9-8 解：已知$M(\mathrm{NaCl})=58.44\mathrm{g\cdot mol^{-1}}$，$M(\mathrm{NaBr})=102.89\mathrm{g\cdot mol^{-1}}$，$M(\mathrm{AgCl})=143.3\mathrm{g\cdot mol^{-1}}$，$M(\mathrm{AgBr})=187.77\mathrm{g\cdot mol^{-1}}$。

第一次转化为$\mathrm{NaCl\rightarrow AgCl}$，$\mathrm{NaBr\rightarrow AgBr}$。设NaCl含量为$x$，NaBr含量为$y$，则

$$\frac{0.4327x}{M(\mathrm{NaCl})}\times M(\mathrm{AgCl})+\frac{0.4327y}{M(\mathrm{NaBr})}\times M(\mathrm{AgBr})=0.6847$$

第二次转化相当于$\mathrm{NaCl\rightarrow AgCl}$，$\mathrm{NaBr\rightarrow AgBr\rightarrow AgCl}$。则

$$\frac{0.4327x}{M(\mathrm{NaCl})}\times M(\mathrm{AgCl})+\frac{0.4327y}{M(\mathrm{NaBr})}\times M(\mathrm{AgCl})=0.5982$$

解上述联立方程组，可得　　$x=46.26\%$　　$y=30.11\%$

9-9 解：溶液的总体积为$10+5.00=15(\mathrm{mL})$

$$[\mathrm{Mn^{2+}}]=1.5\times10^{-3}\times\frac{10}{15}=1.0\times10^{-3}(\mathrm{mol\cdot L^{-1}})$$

由于溶液中同时存在$\mathrm{NH_4^+}$和$\mathrm{NH_3}$这一对共轭酸碱，因此，此溶液为缓冲溶液。查表可知，对于$\mathrm{NH_3}$，$K_b=1.8\times10^{-5}$；对于其共轭酸$\mathrm{NH_4^+}$，$K_a=5.6\times10^{-10}$。利用缓冲溶液的pH计算公式：

$$\mathrm{pH}=\mathrm{p}K_a+\mathrm{p}\frac{c_a}{c_b}$$

加入固体$\mathrm{(NH_4)_2SO_4}$时　　$c_b=[\mathrm{NH_3}]=\dfrac{0.15\times5.00}{15.0}=0.050(\mathrm{mol\cdot L^{-1}})$

$$c_a=[\mathrm{NH_4^+}]=2[\mathrm{(NH_4)_2SO_4}]=2\times\frac{0.495}{M[\mathrm{(NH_4)_2SO_4}]}\bigg/(15.0\times10^{-3})=0.50(\mathrm{mol\cdot L^{-1}})$$

$$\mathrm{pH}=9.25-1=8.25$$

则　　$[\mathrm{H^+}]=10^{-8.25}$　　$[\mathrm{OH^-}]=10^{-5.75}$

此时$[\mathrm{Mn^{2+}}][\mathrm{OH^-}]^2=1.0\times10^{-3}\times(10^{-5.75})^2=10^{-14.5}<1.9\times10^{-13}\{K_{sp}[\mathrm{Mn(OH)_2}]\}$，没有沉淀生成。

若不加固体$\mathrm{(NH_4)_2SO_4}$，此时溶液不是缓冲溶液，其pH按下列计算：

$$[\mathrm{OH^-}]=\sqrt{K_bc}=\sqrt{1.8\times10^{-5}\times[\mathrm{NH_3}]}=\sqrt{1.8\times10^{-5}\times0.050}=9.5\times10^{-4}(\mathrm{mol\cdot L^{-1}})$$

则$[\mathrm{Mn^{2+}}][\mathrm{OH^-}]^2=1.0\times10^{-3}\times(9.5\times10^{-4})^2=9.0\times10^{-10}>1.9\times10^{-13}$，有$\mathrm{Mn(OH)_2}$沉淀形成。

9-10 解：查附录知 $K_{sp}(MnS)=2.5\times10^{-13}$，$K_{sp}(PbS)=8.0\times10^{-28}$。

对于 H_2S 而言，$K_{a_1}=1.32\times10^{-7}$，$K_{a_2}=7.10\times10^{-15}$，$[H_2S]=0.1mol\cdot L^{-1}$，则 S^{2-} 的分布系数为

$$\delta_2=\frac{K_{a_1}K_{a_2}}{K_{a_1}K_{a_2}+K_{a_1}[H^+]+[H^+]^2} \qquad [S^{2-}]=0.1\delta_2$$

由 Mn^{2+} 不沉淀有 $1.0\times0.1\delta_2<2.5\times10^{-13}$ 得 $\delta_2<2.5\times10^{-12}$

将 δ_2 代入，解得 $[H^+]>1.9\times10^{-5}mol\cdot L^{-1}$ 即 $pH<4.72$

此时若使 Pb^{2+} 沉淀，应有 $\delta_2\times1.0\times[Pb^{2+}]>8.0\times10^{-28}$，将 $[H^+]=1.9\times10^{-5}mol\cdot L^{-1}$ 代入，得 $[Pb^{2+}]\geqslant3.2\times10^{-15}mol\cdot L^{-1}$

9-11 解：(1) AgCl 和 AgI 加入浓 HCl，则 $AgCl+Cl^-\rightleftharpoons[AgCl_2]^-$ 而溶解，AgI 不溶解。

(2) $BaCO_3$ 和 $BaSO_4$ 加入 HCl，则 $BaSO_4$ 不溶解，而 $BaCO_3+2HCl=Ba^{2+}+2Cl^-+H_2O+CO_2\uparrow$。

(3) $Mg(OH)_2$ 和 $Fe(OH)_3$ 先加入 HCl，发生反应 $Mg(OH)_2+2HCl=Mg^{2+}+2Cl^-+2H_2O$ 和反应 $Fe(OH)_3+3HCl=Fe^{3+}+3Cl^-+3H_2O$；再加入 NH_3 水，使 pH>3，$Fe(OH)_3$ 沉淀，$Mg(OH)_2$ 不沉淀。

(4) ZnS 和 CuS 按照习题 9-10 中的方法可计算出合适的 pH，使得 ZnS 溶解而 CuS 不溶解。

9-12 解：(1) $ZnS(s)+Cu^{2+}\rightleftharpoons CuS(s)+Zn^{2+}$ 的平衡常数为

$$K=\frac{[Zn^{2+}]}{[Cu^{2+}]}=\frac{K_{sp}(ZnS)/[S^{2-}]}{K_{sp}(CuS)/[S^{2-}]}=\frac{K_{sp}(ZnS)}{K_{sp}(CuS)}=\frac{1.6\times10^{-24}}{6.3\times10^{-36}}=2.5\times10^{11}$$

(2) $AgCl(s)+SCN^-\rightleftharpoons AgSCN(s)+Cl^-$ 的平衡常数为

$$K=\frac{[Cl^-]}{[SCN^-]}=\frac{[Cl^-][Ag^+]}{[SCN^-][Ag^+]}=\frac{K_{sp}(AgCl)}{K_{sp}(AgSCN)}=\frac{1.8\times10^{-10}}{1.03\times10^{-12}}=1.75\times10^2$$

(3) $PbCl_2(s)+CrO_4^{2-}\rightleftharpoons PbCrO_4(s)+2Cl^-$ 的平衡常数为

$$K=\frac{[Cl^-]^2}{[CrO_4^{2-}]}=\frac{[Cl^-]^2[Pb^{2+}]}{[CrO_4^{2-}][Pb^{2+}]}=\frac{K_{sp}(PbCl_2)}{K_{sp}(PbCrO_4)}=\frac{1.6\times10^{-5}}{2.8\times10^{-13}}=5.7\times10^7$$

9-13 (1) NH_4Cl：采用莫尔法，指示剂为 K_2CrO_4，因为可在中性溶液中进行滴定。

(2) $BaCl_2$：采用法扬司法，指示剂为二氯荧光黄。不可用福尔哈德法，因为指示剂 $NH_4Fe(SO_4)_2$ 可形成 $BaSO_4$ 沉淀。也不可用莫尔法，因为会形成 $BaCrO_4$ 沉淀。

(3) $FeCl_2$：采用福尔哈德法，指示剂为 $FeNH_4(SO_4)_2$。因为滴定应在酸性溶液中进行，否则 Fe^{2+} 很容易被氧化为 Fe^{3+}，pH 稍大，形成 $Fe(OH)_3$ 沉淀，该沉淀有颜色，影响终点观察。

(4) $NaCl+Na_3PO_4$：采用福尔哈德法，指示剂为 $FeNH_4(SO_4)_2$。因为在中性、弱碱性溶液中，PO_4^{3-} 干扰测定，必须在酸性溶液中进行。

(5) $NaCl+Na_2SO_4$：采用法扬司法 [先加 $Ba(NO_3)_2$ 沉淀除去 SO_4^{2-} 的干扰，Ag_2SO_4 溶解度也很小]，指示剂为二氯荧光黄。

(6) $KCl+Na_2CrO_4$：采用福尔哈德法，指示剂为 $FeNH_4(SO_4)_2$。因为滴定必须在强酸性溶液中进行，否则 CrO_4^{2-} 和 Ag^+ 会形成沉淀而干扰测定。

9-14 $K_{sp}(AgCl)=1.8\times10^{-10}$，$K_{sp}(AgBr)=5.0\times10^{-13}$，$K_{sp}(AgI)=8.3\times10^{-17}$，$K_{sp}(AgSCN)=1.03\times10^{-12}$，由于 AgCl 的溶度积比 AgSCN 溶度积大，因此，若包裹不好，AgCl 沉淀会转化成 AgSCN 沉淀而干扰 Cl^- 的测定。而 AgBr、AgI 的溶度积小于 AgSCN

的溶度积，不会转化为 AgSCN 沉定，因此，由此引入的误差概率要小得多。

9-15 因为 $K_{sp}(AgI)<K_{sp}(AgCl)$，且全部为 1∶1 的组成形式，所以 AgI 先沉淀。在 Cl^- 开始沉淀时，有

$$\frac{[Cl^-]}{[I^-]}=\frac{K_{sp}(AgCl)/[Ag^+]}{K_{sp}(AgI)/[Ag^+]}=\frac{K_{sp}(AgCl)}{K_{sp}(AgI)}=\frac{1.8\times10^{-10}}{8.3\times10^{-17}}=2.2\times10^{6}$$

9-16 解：(1) 先求四苯硼钠标准溶液的准确浓度。邻苯二甲酸氢钾的摩尔质量为 $204.22g\cdot mol^{-1}$。

设四苯硼钠标准溶液的浓度为 c_x。邻苯二甲酸氢钾中只有一个 K，所以

$$\frac{0.4984}{204.22}=24.14\times10^{-3}c_x \qquad 解得\ c_x=0.1011mol\cdot L^{-1}$$

$(NH_4)_2SO_4$ 的摩尔质量为 $132.13g\cdot mol^{-1}$，但其中含有两个 NH_4^+。

设样品中 $(NH_4)_2SO_4$ 的百分含量为 x，则

$$\frac{0.2541x}{\frac{132.13}{2}}=0.1011\times35.61\times10^{-3} \qquad 解得\ x=93.60\%$$

(2) 设有机铵盐的含量为 x，则 $$\frac{mx}{\frac{M_s}{n}}=V_0c_0\times10^{-3}$$

$$x=V_0c_0\times\frac{M_s}{n}\times\frac{1}{m}\times10^{-3}$$

式中 V_0——滴定有机铵盐样品时消耗的四苯硼钠标准溶液的体积，mL；

c_0——四苯硼钠标准溶液的浓度，$mol\cdot L^{-1}$；

M_s——有机铵盐的摩尔质量，$g\cdot mol^{-1}$；

n——有机铵盐中 NH_4^+ 的个数；

m——称取有机铵盐样品的质量，g。

9-17 解：设此化合物为 MCl_n，$AgNO_3$ 的物质的量应与此化合物中 Cl^- 及 NH_4SCN 的物质的量之和相等，所以有

$$\frac{0.2266}{M(MCl_n)/n}+0.1158\times2.79\times10^{-3}=0.1121\times30.00\times10^{-3}$$

解得 $$M(MCl_n)/n=74.54g\cdot mol^{-1}$$

$n=1$ 时，$M=74.54-35.45=39.09g\cdot mol^{-1}$，$M$ 应为 K，此化合物为 KCl。

$n=2$ 时，$M=74.54\times2-35.45\times2=78.18g\cdot mol^{-1}$，没有元素与它对应。

$n=3$ 时，$M=74.54\times3-35.45\times3=117.27g\cdot mol^{-1}$，也无元素对应。

$n=4$ 时，$M=156.36g\cdot mol^{-1}$，也无元素对应。

$n=5$ 时，$M=195.45g\cdot mol^{-1}$，也无元素对应。$n=6$、7、8 同理。

则氯的百分含量为 $$\frac{35.45}{74.54}=47.56\%$$

9-18 解：已知 $M(NaCl)=58.44g\cdot mol^{-1}$，$M(NaBr)=102.89g\cdot mol^{-1}$，$M(AgCl)=143.3g\cdot mol^{-1}$，$M(AgBr)=187.77g\cdot mol^{-1}$。

重量法按习题 9-8 的原理。设 NaCl 的含量为 x，NaBr 的含量为 y，则

$$\frac{0.6127x}{58.44}\times143.3+\frac{0.6127y}{102.89}\times187.77=0.8785$$

沉淀滴定法的关系为

$$\frac{0.5872x}{58.44}+\frac{0.5872y}{102.89}=0.1552\times29.98\times10^{-3}$$

解上述联立方程组得　　　　$x=7.105\%$　　$y=69.02\%$

9-19　解：设三聚磷酸钠的百分含量为 x。$Na_5P_3O_{10}$ 中有 3 个 P，$n=3$；$Mg_2P_2O_7$ 中有 2 个 P，$n=2$。已知 $M(Mg_2P_2O_7)=222.55g\cdot mol^{-1}$，$M(Na_5P_3O_{10})=319.867g\cdot mol^{-1}$，则

$$\frac{0.3627x}{\frac{319.867}{3}}\times\frac{222.55}{2}=0.3192 \qquad \text{解得 } x=84.33\%$$

因为测定形式为 $MgNH_4PO_4$，因此 1 个 P 相当于 1 个 Mg，因此三聚磷酸钠的 $n=3$：

$$\frac{0.3627x}{\frac{319.867}{3}}+c(\text{EDTA})V(\text{EDTA})\times10^{-3}=0.2145\times25.00\times10^{-3}$$

将 $c(\text{EDTA})=0.1241mol\cdot L^{-1}$ 代入上式，解得 $V(\text{EDTA})=20.10mL$

9-20　解：设 $AgNO_3$ 溶液的浓度为 $x(mol\cdot L^{-1})$，NH_4SCN 溶液的浓度为 $y(mol\cdot L^{-1})$。已知 $M(NaCl)=58.44g\cdot mol^{-1}$，则

$$30.00x\times10^{-3}=\frac{0.1173}{58.44}+3.20y\times10^{-3}$$

$$20.00x=21.06y$$

解上述联立方程组得　　$y=0.07070mol\cdot L^{-1}$　　$x=0.07445mol\cdot L^{-1}$

第10章　s区元素

10-1　解：(1) $4Li+O_2 = 2Li_2O$　　(2) $4KO_2+2H_2O = 4KOH+3O_2\uparrow$

(3) $Be(OH)_2+2NaOH = Na_2BeO_2+2H_2O$　　(4) $Sr(NO_3)_2 \xlongequal{\triangle} Sr(NO_2)_2+O_2\uparrow$

(5) $CaH_2+2H_2O = 2H_2\uparrow+Ca(OH)_2$　　(6) $2Na_2O_2+2CO_2 = 2Na_2CO_3+O_2\uparrow$

(7) $2NaCl+2H_2O \xlongequal{\text{电解}} 2NaOH+Cl_2\uparrow+H_2\uparrow$

(8) $Mg^{2+}+2NH_3+2H_2O = Mg(OH)_2\downarrow+2NH_4^+$

10-2　(1) 溶于水，得到透明澄清液，一定没有 $CaCO_3$；(2) 火焰呈紫色，表明有 K，即有 KCl；(3) 加碱产生白色胶状沉淀，表明有 $MgCl_2$。即混合物由 $MgCl_2$、KCl 组成。

10-3　(1) 首先析出的是 $BaCrO_4$。因为它们都是 1∶1 的化合物，Ba^{2+} 和 Sr^{2+} 的浓度相同，$K_{sp}(BaCrO_4)<K_{sp}(SrCrO_4)$，$BaCrO_4$ 的溶解度小。

(2) Ba^{2+} 完全沉淀，要求 $[Ba^{2+}]\leqslant0.1\times10^{-3}mol\cdot L^{-1}=1.0\times10^{-4}mol\cdot L^{-1}$，$[Ba^{2+}][CrO_4^{2-}]=1.2\times10^{-10}$，解得 $[CrO_4^{2-}]=\frac{1.2\times10^{-10}}{1.0\times10^{-4}}=1.2\times10^{-6}(mol\cdot L^{-1})$。$[Sr^{2+}][CrO_4^{2-}]=0.1\times1.2\times10^{-6}<K_{sp}(SrCrO_4)$。$SrCrO_4$ 不沉淀，可以分离。

10-4　解：$\dfrac{\frac{20}{24.3}\times56.08+\frac{80}{40.08}\times56.08}{10}=15.8°$。

10-5　在元素周期表中，s 区和 p 区元素除了同族元素性质相似外，还有一些元素，如 Li、Be、B 等，还与它们各自的右下角元素 Mg、Al、Si 性质具有相似性，这种相似性称为对角线规则。例如，Li 和 O_2 只能形成氧化物，而不像其他碱金属元素 Na 和 K 还可与 O_2 生成过氧化物、超氧化物等。Mg 与 O_2 只生成 MgO，没有过氧化物、超氧化物，Li 与其相似。

10-6 Ca^{2+}、Mg^{2+} 等杂质在碳酸钠中以 $Ca(HCO_3)_2$ 和 $Mg(HCO_3)_2$ 存在，是可溶的。加热后，发生下列反应：

$$Ca(HCO_3)_2 \xlongequal{\triangle} CaCO_3\downarrow + H_2O + CO_2\uparrow$$

$$Mg(HCO_3)_2 \xlongequal{\triangle} MgCO_3\downarrow + H_2O + CO_2\uparrow$$

碳酸钠溶液是碱性的，因此发生反应 $Fe^{3+} + 3OH^- \xlongequal{} Fe(OH)_3\downarrow$。过滤，除去 Ca^{2+}、Mg^{2+}、Fe^{3+} 杂质。

加入 NaOH 是防止溶液溶解大气中的 CO_2 而使 $CaCO_3$、$MgCO_3$ 再次溶解：

$$CaCO_3 + H_2O + CO_2 \xlongequal{} Ca(HCO_3)_2$$

$$Ca(HCO_3)_2 + 2OH^- \xlongequal{} CaCO_3\downarrow + CO_3^{2-} + 2H_2O$$

并且可使 Fe^{3+} 沉淀更完全。

10-7 普通水流过阳离子交换树脂时，水中的阳离子 M^{n+} 发生反应：

$$nR{-}SO_3H + M^{n+} \xlongequal{} (R{-}SO_3)_nM + nH^+$$

去除阳离子的水再流过阴离子交换树脂，水中的阴离子 A^{n-} 发生反应：

$$nR{-}N(CH_3)_3OH + A^{n-} \xlongequal{} [R{-}N(CH_3)_3]_nA + nOH^-$$

$$OH^- + H^+ \rightleftharpoons H_2O$$

10-8 不可用水灭火，因为 $2Na + 2H_2O \xlongequal{} 2NaOH + H_2\uparrow$，此反应会着火，且生成物 H_2 遇明火还可能引起新的爆炸。

也不可用二氧化碳灭火，因为 $2Na + 2CO_2 \xlongequal{} Na_2CO_3 + CO\uparrow$，生成物 CO 也会引起新的爆炸。

可用石棉毯灭火，因为石棉的主要成分是 $CaO \cdot 3MgO \cdot 4SiO_2$，是很好的耐火材料，很稳定。

10-9 解：因为会发生反应 $2Na_2O_2 + 2CO_2 \xlongequal{} 2Na_2CO_3 + O_2\uparrow$ 生成氧气，所以用 Na_2O_2 作为供氧剂。

$\frac{0.5\times1000}{78}\times\frac{1}{2}\times22.4=71.8(L)$　　能产生 71.8L 氧气。

10-10 （1）三种物质各自放入水中搅拌，并加 1～2 滴酚酞。$CaO + H_2O \xlongequal{} Ca(OH)_2$，酚酞变红；$CaCO_3$ 不溶；$CaSO_4$ 微溶。再在水溶液中加 HCl，由于 $CaCO_3 + 2HCl \xlongequal{} CaCl_2 + H_2O + CO_2\uparrow$，固体溶解者为 $CaCO_3$，另一个为 $CaSO_4$。

（2）三种物质分别放入水中搅拌，溶者为 $Mg(HCO_3)_2$。其余两份悬浊液中再加入浓 NaOH 溶液，$Al(OH)_3 + OH^- \xlongequal{} AlO_2^- + 2H_2O$，可溶者为 $Al(OH)_3$，不溶者为 $Mg(OH)_2$。

10-11 （1）实验室制备方法：

① 金属与 HCl 反应　　$Zn + 2HCl \xlongequal{} ZnCl_2 + H_2\uparrow$

② 硅或两性金属与碱反应　　$2Al + 2NaOH + 2H_2O \xlongequal{} 2NaAlO_2 + 3H_2\uparrow$

③ 盐型氢化物与水反应　　$NaH + H_2O \xlongequal{} NaOH + H_2\uparrow$

（2）工业制备方法：

① 烃类与水蒸气反应　　$C_nH_{2n+2} + nH_2O(g) \longrightarrow nCO\uparrow + (2n+1)H_2\uparrow$

② 水煤气法　　$C(炽热) + H_2O(g) \xlongequal{} CO\uparrow + H_2\uparrow$

③ 电解纯水或电解食盐水法　　$2H_2O(g) \xlongequal{} O_2\uparrow + 2H_2\uparrow$

$$2NaCl + 2H_2O \xlongequal{} 2NaOH + Cl_2\uparrow + H_2\uparrow$$

10-12 除了可生成普通氧化物 M_2O 以外，还可能生成过氧化物 M_2O_2（如 Na_2O_2）、超氧化物 MO_2（如 KO_2）及臭氧化物（如 KO_3）。它们的共同点是：水溶液都呈碱性；都可以与酸性物质反应；过氧化物在水溶液中发生反应，可生成双氧水 H_2O_2，继而生成 O_2；与还原性物质反应，有较强的氧化性；与酸性气体反应，可生成 O_2。超氧化物、臭氧化物反应有 O_2 产生。

10-13 碱金属、碱土金属元素的氢氧化物随着周期的增加，碱性增强，这是因为随着核外电子层的增加，正离子半径增大，对 OH^- 的控制力减弱，使 OH^- 更易得到 H^+。同周期碱土金属元素的氢氧化物的碱性比碱金属元素氢氧化物的碱性弱。这是因为碱土金属离子比同周期的碱金属离子多一个电荷，而离子半径也有所减小，对 OH^- 的控制力有所增加。

10-14 $Na_2SO_4 \cdot 10H_2O$：芒硝。NaOH：烧碱。$KCl \cdot MgCl_2 \cdot 6H_2O$：光卤石。石膏：熟石膏 $CaSO_4 \cdot 0.5H_2O$，生石膏 $CaSO_4 \cdot 2H_2O$。方解石：$CaCO_3$。重晶石：$BaSO_4$。纯碱：Na_2CO_3。

10-15 各取试样少许，制成溶液，均加入 $CaCl_2$ 溶液。有沉淀者为 Na_2CO_3，反应式为 $Ca^{2+} + CO_3^{2-} = CaCO_3 \downarrow$。另两份溶液进行加热，加热后有沉淀者为 $NaHCO_3$，反应式为 $Ca(HCO_3)_2 = CaCO_3 \downarrow + H_2O + CO_2 \uparrow$。

第11章 p区元素

11-1 p 区元素既有电负性非常强的 F、O、N，也有金属性较强的 Pb 等。p 区元素形成的化合物的化学键也多种多样，有共价键，也有近似的离子键。共价键既有 σ 键，也有 π 键。p 区元素单质的晶体类型既有金属晶体，也有原子晶体和分子晶体。该区许多元素的氧化数也是多种多样的。

11-2

分子式	分子轨道式	键级	有无磁性
O_2	$(\sigma_{1s})^2(\sigma_{1s}^*)^2(\sigma_{2s})^2(\sigma_{2s}^*)^2(\sigma_{2p_x})^2(\pi_{2p_y})^2(\pi_{2p_z})^2(\pi_{2p_y}^*)^1(\pi_{2p_z}^*)^1$	2	有
F_2	$(\sigma_{1s})^2(\sigma_{1s}^*)^2(\sigma_{2s})^2(\sigma_{2s}^*)^2(\sigma_{2p_x})^2(\pi_{2p_y})^2(\pi_{2p_z})^2(\pi_{2p_y}^*)^2(\pi_{2p_z}^*)^2$	1	无
N_2	$(\sigma_{1s})^2(\sigma_{1s}^*)^2(\sigma_{2s})^2(\sigma_{2s}^*)^2(\pi_{2p_y})^2(\pi_{2p_z})^2(\sigma_{2p_x})^2$	3	无

11-3

单原子分子	双原子分子	多原子分子	原子晶体	金属晶体
C、Ne、Al	F_2、O_2、N_2、B_2	P_4、S_8	金刚石	Al

11-4 PCl_3 属于 AX_3E 类型，是三角锥型。PCl_5 属于 AX_5 类型，是三角双锥型。XeF_2 属于 AX_2E_3 类型，是折线型。XeF_4 属于 AX_4E_2 类型，是平面四方形。

11-5 BF_3：sp^2 杂化。CO_2：sp 杂化。CCl_4：等性 sp^3 杂化。SO_4^{2-}：不等性 sp^3 杂化。NO_3^-：sp^2 杂化。

11-6 （1）熔沸点：（a）$CH_4 < CF_4 < CCl_4 < CBr_4 < CI_4$；（b）$F_2 < Cl_2 < Br_2 < I_2$；（c）$AlCl_3 < AlBr_3 < AlI_3 < AlF_3$。

（2）在水中的溶解度：He<Ne<Ar<Kr<Xe。

（3）酸性：（a）$HBrO_4 > HBrO_3 > HBrO_2 > HBrO$；（b）$HClO_3 > HBrO_3 > HIO_3$；（c）HI>HBr>HCl>HF。

（4）氧化性：$HBrO > HBrO_3 > HBrO_4$。

（5）还原性：$I^- > Br^- > Cl^- > F^-$。

（6）第一电离能：C<O<N<F。

（7）电负性：C<N<O<F。

（8）原子半径：F<Cl<Br<I。

（9）极性：$NH_3 > PH_3 > AsH_3 > SbH_3$。

（10）热稳定性：（a）$H_2CO_3 < NaHCO_3 < BaCO_3 < Na_2CO_3$；（b）$HF > PH_3 > BiH_3$。

（11）水解程度：$CCl_4 < SnCl_2 < PCl_5$。

11-7 （1）氧；硅；铝；3。

（2）F；H；金刚石；氦气。

11-8 答：硼砂：$Na_2B_4O_7 \cdot 10H_2O$。纯碱：Na_2CO_3。洗涤碱：$Na_2CO_3 \cdot 10H_2O$。砒霜：As_2O_3。富勒烯：C_{60}。大苏打：$Na_2S_2O_3 \cdot 5H_2O$。水晶：SiO_2。刚玉：α-Al_2O_3。水玻璃：$Na_2O \cdot xSiO_2$ 或 $K_2O \cdot Na_2O \cdot xSiO_2$。

11-9 解：$O_3 + 2I^- + 2H^+ \longrightarrow I_2 + O_2\uparrow + H_2O$ 残留物易分解，不会对下步反应产生影响。

$Cu + H_2O_2 + 2H^+ \longrightarrow Cu^{2+} + 2H_2O$ 溶解方便，残留物易分解，不会对下步反应产生影响。

$2XeF_2 + 2H_2O \longrightarrow 2Xe\uparrow + 4HF\uparrow + O_2\uparrow$ 残留物易分解，不会对下步反应产生影响。

11-10 解：

（1）$2KBr + Cl_2 \longrightarrow 2KCl + Br_2$ （2）$2Cl_2 + 2Ca(OH)_2 \longrightarrow CaCl_2 + Ca(ClO)_2 + 2H_2O$

（3）$2HClO_3 + I_2 \longrightarrow 2HIO_3 + Cl_2\uparrow$ （4）$I_2 + KI \longrightarrow KI_3$

11-11 解：

（1）$H_2O_2 + 2KI + H_2SO_4 \longrightarrow K_2SO_4 + I_2 + 2H_2O$

（2）$H_2S + 2FeCl_3 \longrightarrow 2FeCl_2 + S\downarrow + 2HCl$

（3）$2S_2O_3^{2-} + I_2 \longrightarrow S_4O_6^{2-} + 2I^-$ （4）$2H_2S + H_2SO_3 \longrightarrow 3S\downarrow + 3H_2O$

（5）$S + 6HNO_3$(浓)$\longrightarrow H_2SO_4 + 6NO_2\uparrow + 2H_2O$

（6）$CuS + 8HNO_3$(浓)$\longrightarrow CuSO_4 + 8NO_2\uparrow + 4H_2O$

（7）$5NaBiO_3 + 2Mn^{2+} + 14H^+ \longrightarrow 2NaMnO_4 + 5Bi^{3+} + 3Na^+ + 7H_2O$

（8）$PCl_5 + 4H_2O \longrightarrow H_3PO_4 + 5HCl$

（9）$SiO_2 + 4HF \longrightarrow SiF_4\uparrow + 2H_2O$ （10）$B_2H_6 + 6H_2O \longrightarrow 2H_3BO_3 + 6H_2\uparrow$

（11）$BF_3 + NH_3 \longrightarrow [F_3B\leftarrow NH_3]$ （12）$SiCl_4 + 3H_2O \longrightarrow H_2SiO_3\downarrow + 4HCl$

（13）$2NH_3 + 3CuO \xlongequal{\triangle} 3Cu + N_2\uparrow + 3H_2O$

（14）$2XeF_2 + 2H_2O \longrightarrow 2Xe\uparrow + 4HF + O_2\uparrow$

11-12 $SnCl_2$ 溶于浓 HCl 后，还需加入 Sn 粒，防止 $SnCl_2$ 被空气氧化。$SbCl_3$ 在强酸性溶液中配制，防止其水解生成难溶的卤氧化物（反应式为 $SbCl_3 + H_2O \longrightarrow SbOCl + 2HCl$）。$Bi(NO_3)_3$ 在强酸性溶液中配制，防止其水解生成难溶的 $Bi(OH)_3$ 沉淀。

11-13 CO 有较强的配位能力，可与血液中的 Fe(Ⅱ) 形成配合物 $[Fe(CO)_5]$ 而使 Fe(Ⅱ) 失去输氧功能，导致中毒。亚硝酸盐可将 Fe(Ⅱ) 氧化为 Fe(Ⅲ)，使血红蛋白失去活性，不能携氧，导致中毒。两者都是破坏了铁的输氧功能而使人中毒。

11-14 大气污染物主要是氮氧化物（如 NO、NO_2）、碳氢化合物和 SO_2，会造成酸雨或直接影响人身健康；温室气体是 CO_2，会使地球气温升高；臭氧层可将太阳的强辐射紫外线吸收掉，防止强辐射紫外线对生物的灼伤。

11-15 解：(1) $SiO_3^{2-}+2H^+ \longrightarrow H_2SiO_3\downarrow$

(2) $2Fe^{3+}+3CO_3^{2-}+3H_2O \longrightarrow 2Fe(OH)_3\downarrow+3CO_2\uparrow$

(3) $Sn^{2+}+2Fe^{3+} \longrightarrow 2Fe^{2+}+Sn^{4+}$ (4) Pb^{2+}和Fe^{3+}可以共存。

(5) $5KI+KIO_3+6H^+ \longrightarrow 3I_2+3H_2O+6K^+$ (6) $2FeCl_3+2KI \longrightarrow 2FeCl_2+I_2+2KCl$

11-16 解：(1) NH_4Cl和$(NH_4)_2SO_4$ 滴加$BaCl_2$有沉淀者为$(NH_4)_2SO_4$。

(2) KNO_2和KNO_3 滴加$AgNO_3$溶液，有黄色沉淀$AgNO_2$者为KNO_2。

(3) $SnCl_2$和$AlCl_3$ 滴加$KMnO_4$溶液，褪色者为$SnCl_2$。

(4) $Pb(NO_3)_2$和$Bi(NO_3)_3$ 加入NaOH并滴加$SnCl_2$，有黑色沉淀者为$Bi(NO_3)_3$。

11-17 (1) He；(2) Xe；(3) Ar。

11-18 解：HIO右侧电位差φ_2>左侧电位差φ_1，会歧化，反应式为$5IO^-+4H^+ \longrightarrow IO_3^-+2I_2+2H_2O$；$I_2$右侧电位差$\varphi_2$<左侧电位差$\varphi_1$，不会歧化；$IO_3^-$右侧电位差$\varphi_2$<左侧电位差$\varphi_1$，不会歧化。

11-19 解：$M(Na_2B_4O_7)=201.22g\cdot mol^{-1}$，硼砂可得2个氢质子，计量单元为$\frac{1}{2}M(Na_2B_4O_7)$，$\frac{1}{2}M(Na_2B_4O_7)=100.61g\cdot mol^{-1}$。

$\frac{0.3814}{100.61}=c(HCl)\times 19.55\times 10^{-3}$ 解得$c(HCl)=0.1939mol\cdot L^{-1}$

11-20 解：

$$c(Na_2CO_3)=\frac{0.2}{2}=0.1(mol\cdot L^{-1})$$

$$[OH^-]=\sqrt{\frac{0.1\times 10^{-14}}{5.6\times 10^{-11}}}=4.2\times 10^{-3}mol\cdot L^{-1}$$

对二价离子，有$[M][OH^-]^2=0.1\times(4.2\times 10^{-3})^2=1.8\times 10^{-6}$，小于$K_{sp}[Ca(OH)_2]$，大于$K_{sp}[Pb(OH)_2]$，故$Pb(OH)_2$应沉淀。

对三价离子，有$[M][OH^-]^3=0.1\times(4.2\times 10^{-3})^3=7.4\times 10^{-9}$，大于$K_{sp}[Al(OH)_3]$，故$Al(OH)_3$可沉淀。

$$\delta(CO_3^{2-})=\frac{4.2\times 10^{-7}\times 5.6\times 10^{-11}}{4.2\times 10^{-7}\times 5.6\times 10^{-11}+4.2\times 10^{-7}\times[H^+]+[H^+]^2}=0.99$$

$[CO_3^{2-}]=0.1\times 0.99=0.099$ $[M][CO_3^{2-}]=0.1\times 0.099=9.9\times 10^{-3}$，大于$K_{sp}(CaCO_3)$和$K_{sp}(PbCO_3)$，因此$CaCO_3$、$PbCO_3$均应沉淀。此时$[Pb^{2+}]=\frac{3.3\times 10^{-14}}{0.099}=3.3\times 10^{-12}(mol\cdot L^{-1})$，$[Pb^{2+}][OH^-]^2<K_{sp}[Pb(OH)_2]$，故$Pb(OH)_2$则不沉淀；同理$Ca(OH)_2$也不沉淀。

所以，可得到的沉淀产物是$Al(OH)_3$、$CaCO_3$和$PbCO_3$。

第12章 d区元素

12-1 $TiCl_4$遇到空气中的水蒸气会发生水解，反应式为$TiCl_4+2H_2O \longrightarrow TiO_2+4HCl\uparrow$。

12-2 含氧酸中中心原子（除了氢和氧以外的）数大于1的酸，称为多酸，其中中心原子相同的叫同多酸，如重铬酸（$H_2Cr_2O_7$）、七钼酸（$H_6Mo_7O_{24}$）、八钼酸（$H_4Mo_8O_{26}$）；而中心原子不同的叫杂多酸，如磷钼杂多酸（$H_3[PMo_{12}O_{40}]$）、硅钼杂多酸（$H_4[SiMo_{12}O_{40}]$）、硼钨酸（$H_3[BW_{12}O_{39}]$）。

12-3 解：$2K_2CrO_4+H_2SO_4 = K_2Cr_2O_7+K_2SO_4+H_2O$

$$K_2Cr_2O_7+6FeCl_2+14HCl = 2CrCl_3+6FeCl_3+2KCl+7H_2O$$

$$CrCl_3+3NaOH = Cr(OH)_3\downarrow+3NaCl$$

$$Cr(OH)_3+KOH = KCrO_2+2H_2O$$

12-4 解：(1) $K_2Cr_2O_7+14HCl(浓) = 2CrCl_3+3Cl_2\uparrow+7H_2O+2KCl$

(2) $K_2Cr_2O_7(饱和)+H_2SO_4(浓) \overset{\triangle}{=} K_2SO_4+2CrO_3+H_2O$

(3) $Cr_2O_7^{2-}+3H_2S = 3S\downarrow+2CrO_2^-+3H_2O$

(4) $Cr_2O_7^{2-}+3C_2O_4^{2-}+14H^+ = 2Cr^{3+}+6CO_2\uparrow+7H_2O$

(5) $Cr_2O_7^{2-}+6Ag+4H_2O = 2Cr^{3+}+3Ag_2O\downarrow+8OH^-$

(6) $3Cr(OH)_3+OH^-+3ClO^- = 2CrO_4^{2-}+CrCl_3+5H_2O$

(7) $2KMnO_4+16HCl = 2KCl+2MnCl_2+5Cl_2\uparrow+8H_2O$

(8) $2KMnO_4+5KNO_2+3H_2SO_4 = 2MnSO_4+5KNO_3+3H_2O+K_2SO_4$

(9) $MnO_4^-+5Fe^{2+}+8H^+ = Mn^{2+}+5Fe^{3+}+4H_2O$

(10) $5PbO_2+2MnSO_4+3H_2SO_4 = 2HMnO_4+5PbSO_4+2H_2O$

(11) $2FeCl_3+2KI = I_2+2FeCl_2+2KCl$

(12) $2CrO_2^-+3Br_2+8OH^- = 2CrO_4^{2-}+6Br^-+4H_2O$

(13) $2Mn^{2+}+4OH^-+O_2 = 2MnO(OH)_2\downarrow$

(14) $K_2Cr_2O_7+4H_2O_2+2H^+ = 2CrO_5+2K^++5H_2O$

(15) $CrO_3+2Al = Cr+Al_2O_3$

(16) $2CrO_2^-+3Cl_2+8OH^- = 2CrO_4^{2-}+6Cl^-+4H_2O$

12-5 解：(1) $K_2Cr_2O_7+2KOH = 2K_2CrO_4+H_2O$

(2) $K_2Cr_2O_7+H_2SO_4(浓) \overset{\triangle}{=} 2CrO_3+K_2SO_4+H_2O$

(3) $Cr_2O_3+3CCl_4 \overset{\triangle}{=} 2CrCl_3+3COCl_2$

(4) $K_2Cr_2O_7+S \overset{\triangle}{=} Cr_2O_3+K_2SO_4$

(5) $Cr_2O_3+2Al \overset{灼烧}{=} Al_2O_3+2Cr$　　$Cr+2HCl = CrCl_2+H_2\uparrow$

12-6 解：$FeCl_2$ 的计量单元为 $FeCl_2$；$K_2Cr_2O_7$ 在反应中得到 6 个电子，其计量单元为$\frac{1}{6}M(K_2Cr_2O_7)$。

$$\frac{0.4051}{M(FeCl_2)}=c\left(\frac{1}{6}K_2Cr_2O_7\right)\times 22.50\times 10^{-3}$$

$$c\left(\frac{1}{6}K_2Cr_2O_7\right)=\frac{0.4051}{126.75\times 22.50\times 10^{-3}}=0.1420(mol\cdot L^{-1})$$

12-7 解：(1) $2Na_2WO_4+Zn+6HCl = W_2O_5+ZnCl_2+4NaCl+3H_2O$

(2) $3Zn+2(NH_4)_2MoO_4+16HCl = 2MoCl_3+3ZnCl_2+4NH_4Cl+8H_2O$

(3) $3C_2H_5OH+2CrO_3+6HCl = 3CH_3CHO+2CrCl_3+6H_2O$

(4) $K_2Cr_2O_7+3(NH_4)_2S = 3S\downarrow+2KCrO_2+6NH_3\uparrow+3H_2O$

(5) $4Na_3CrO_3+3Ca(ClO)_2+2H_2O = 4Na_2CrO_4+3CaCl_2+4NaOH$

(6) $3NaNO_2+K_2Cr_2O_7+4H_2SO_4 = 3NaNO_3+Cr_2(SO_4)_3+4H_2O+K_2SO_4$

12-8 第一种为 $[Cr(NH_3)_6]Cl_3$，第二种为 $[CrCl(NH_3)_5]Cl_2$。

12-9 解：已知 $M(\mathrm{Mo})=95.94\mathrm{g\cdot mol^{-1}}$，$M(\mathrm{S})=32.066\mathrm{g\cdot mol^{-1}}$，$M(\mathrm{Ca})=40.078\mathrm{g\cdot mol^{-1}}$，$M(\mathrm{O})=15.9994\mathrm{g\cdot mol^{-1}}$。

(1) $\mathrm{Mo}:\mathrm{S}=\frac{0.50}{95.94}:\frac{0.50}{32.066}=1:3$　该化合物的实验式为 MoS_3。

(2) $\mathrm{Ca}:\mathrm{Mo}:\mathrm{O}=\frac{0.20}{40.078}:\frac{0.48}{95.94}:\frac{0.32}{15.9994}=1:1:4$　该化合物的实验式为 $CaMoO_4$。

12-10 解：已知 $M(\mathrm{KMnO_4})=158.03\mathrm{g\cdot mol^{-1}}$，$M(\mathrm{MnO_2})=86.94\mathrm{g\cdot mol^{-1}}$。因为原料和产物中都只有 1 个 Mn，所以原料和理论产物物质的量相等。设理论上可制取 $KMnO_4$ 的质量为 x，则

$\frac{0.8}{86.94}=\frac{x}{158.03}$　　解得 $x=1.8\mathrm{t}$

$KMnO_4$ 的产率 $=\frac{1}{1.8}\times100\%=55.6\%$

12-11 加入过量的 NaOH，发生反应 $2Mn^{2+}+4OH^-+O_2$(溶解氧)$=\!=\!=2MnO(OH)_2\downarrow$ 和 $Cr^{3+}+4OH^-=\!=\!=CrO_2^-+2H_2O$，离心分离。然后，沉淀用酸溶解，$2MnO(OH)_2+4H^+=\!=\!=2Mn^{2+}+4H_2O+O_2\uparrow$；液相用酸酸化，$CrO_2^-+4H^+=\!=\!=Cr^{3+}+2H_2O$。恢复原始状态。

12-12 解：

$3MnO_4^{2-}$(绿色,A)$+4CO_2+2H_2O=\!=\!=MnO_2\downarrow$(棕黑色,B)$+2MnO_4^-$(紫红,C)$+4HCO_3^-$

$MnO_2\downarrow+4HCl$(浓)$\xlongequal{\triangle}Mn^{2+}$(近于无色)$+2H_2O+2Cl_2\uparrow$(黄绿色,D)

$3Mn^{2+}+2MnO_4^-+2H_2O=\!=\!=5MnO_2\downarrow+4H^+$

$2MnO_4^{2-}+Cl_2=\!=\!=2MnO_4^-+2Cl^-$

12-13 解：$Fe_2O_3\cdot3H_2O+6HCl=\!=\!=2FeCl_3+6H_2O$(黄色溶液)

$Co_2O_3\cdot3H_2O+6HCl=\!=\!=2CoCl_2+Cl_2\uparrow$(黄绿色气体)$+6H_2O$(粉红色溶液)

$Ni_2O_3\cdot3H_2O+6HCl=\!=\!=2NiCl_2+Cl_2\uparrow$(黄绿色气体)$+6H_2O$(绿色溶液)

12-14 三价铁的化合物较稳定。三价铁盐与铁单质反应，便可转化为二价铁盐，反应式为 $2Fe^{3+}+Fe=\!=\!=3Fe^{2+}$。二价铁与氧化剂（如 O_2）反应可转化为三价铁，反应式为 $4Fe^{2+}+O_2+4H^+=\!=\!=4Fe^{3+}+2H_2O$。

12-15 解：(1) $Fe_2O_3+3KNO_3+4KOH\xlongequal{\triangle}2K_2FeO_4+3KNO_2+2H_2O\uparrow$

(2) $4K_4[Co(CN)_6]+2H_2O+O_2=\!=\!=4K_3[Co(CN)_6]+4KOH$

(3) $Co_2O_3+6HCl=\!=\!=2CoCl_2+Cl_2\uparrow+3H_2O$

(4) $2FeSO_4\cdot7H_2O+Br_2+H_2SO_4=\!=\!=Fe_2(SO_4)_3+2HBr+7H_2O$

(5) $H_2S+2FeCl_3=\!=\!=2FeCl_2+2HCl+S\downarrow$

(6) $2Ni(OH)_2+Br_2=\!=\!=2Ni(OH)_2Br$

(7) $Co^{2+}+6SCN^-$(过量)$=\!=\!=[Co(SCN)_6]^{4-}$

(8) $Ni^{2+}+2HCO_3^-=\!=\!=Ni(OH)_2\downarrow+2CO_2\uparrow$

12-16 解：　$Fe^{2+}+2NaOH=\!=\!=2Na^++Fe(OH)_2\downarrow$(白色)

$4Fe(OH)_2+O_2+2H_2O=\!=\!=4Fe(OH)_3\downarrow$(棕色)

$Fe(OH)_3+3HCl=\!=\!=FeCl_3$(黄色)$+3H_2O$

$Fe^{3+}+nSCN^-=\!=\!=[Fe(SCN)_n]^{(n-3)-}$(红色)

$2[Fe(SCN)_{2\sim6}]^{(n-3)-}+H_2S=\!=\!=2Fe^{2+}+S\downarrow+2H^++2nSCN^-$(无色)

$5Fe^{2+}+MnO_4^-+8H^+=\!=\!=5Fe^{3+}+Mn^{2+}+4H_2O$(紫红色褪去)

$Fe^{3+} + [Fe(CN)_6]^{4-} = Fe_4[Fe(CN)_6]_3 \downarrow$（蓝色）

12-17 配合物 A：$[Co(NH_3)_5Br]SO_4$；配合物 B：$[Co(NH_3)_5SO_4]Br$。

12-18 由于 $[Co(NH_3)_6]^{3+}$ 是配离子，离解常数较小，$[Co^{3+}]$ 很小，$\varphi(Co^{3+}/Co^{2+}) < \varphi(Cl_2/Cl^-)$，不能氧化 Cl^-，所以 $[Co(NH_3)_6]^{3+}$ 和 Cl^- 可共存于同一溶液。$\varphi^{\ominus}(Co^{3+}/Co^{2+})$ 很大，可以将 Cl^- 氧化为 Cl_2，所以 Co^{3+} 和 Cl^- 不能共存于同一溶液。

12-19 解：（1）已知 $M(Co) = 58.933 \text{g} \cdot \text{mol}^{-1}$，$M(H) = 1.008 \text{g} \cdot \text{mol}^{-1}$，$M(N) = 14.00 \text{g} \cdot \text{mol}^{-1}$，$M(Cl) = 35.45 \text{g} \cdot \text{mol}^{-1}$，$M(O) = 15.998 \text{g} \cdot \text{mol}^{-1}$。$\frac{22.58}{58.933} : \frac{5.79}{1.008} : \frac{32.20}{14.00} : \frac{27.17}{35.45} : \frac{12.26}{15.998} = 1 : 15 : 6 : 2 : 2 = Co : H : N : Cl : O$。有 6 个 N，但只有 15 个 H，所以有 5 个 NH_3。设该配合物的摩尔质量为 $x \text{g} \cdot \text{mol}^{-1}$，则

$$\frac{5M(NH_3)}{x} = \frac{85.12}{x} = 32.63\% \quad x = 260.86 \text{g} \cdot \text{mol}^{-1}$$

（2）配合物的实验式为 $[Co(NH_3)_5NO_2]Cl_2$。

12-20 解：因为 $\frac{0.1}{10^{-3.05}} < 500$，所以 $[H^+] = \frac{-K_1 + \sqrt{K_1^2 + 4K_1c}}{2} = 0.0090 \text{mol} \cdot \text{L}^{-1}$。

$$pH = 2.05$$

第 13 章 ds 区 元 素

13-1 解：已知 $M(Ag) = 107.87 \text{g} \cdot \text{mol}^{-1}$，$M(Ag_2S) = 247.8 \text{g} \cdot \text{mol}^{-1}$，则

$$1 \times 10^6 \times 0.5\% \times 2 \times \frac{M(Ag)}{M(Ag_2S)} \times 90\% = 4 \times 10^3 \text{(g)}$$

13-2 在电解法精炼铜时，阴阳极的电位差应保持大于 $\varphi(Cu^{2+}/Cu)$，但必须小于贵金属的电极电位，如 $\varphi(Ag^+/Ag)$ 等。在此条件下，凡电极电位小于 $\varphi(Cu^{2+}/Cu)$ 的单质，包括 Cu、Zn 等均会在阳极产生氧化反应 $M - ne = M^{n+}$；由于电位差小于 $\varphi(Ag^+/Ag)$ 等，因此 Ag、Au 等不会被氧化形成离子，只能以单质形式沉积为阳极泥。在阴极，由于 $\varphi(Cu^{2+}/Cu)$ 大于 $\varphi(Zn^{2+}/Zn)$ 等，Cu^{2+} 首先得到电子，被还原为 Cu，而 Zn^{2+}、Fe^{2+} 等不会被还原，以 Zn^{2+}、Fe^{2+} 存在于溶液中。

13-3 解：（1）$3Ag_2S + 8HNO_3$（浓）$= 6AgNO_3 + 2NO\uparrow + 3S\downarrow + 4H_2O$

（2）$4Zn + 9HNO_3$（很稀）$= 4Zn(NO_3)_2 + NH_3\uparrow + 3H_2O$

（3）$Hg(NO_3)_2 + 2NaOH = HgO\downarrow$（黄色）$+ 2NaNO_3 + H_2O$

（4）$Hg_2^{2+} + H_2S \xrightarrow{光} HgS\downarrow + Hg + 2H^+$

（5）$Hg^{2+} + 4I^-$（过量）$= [HgI_4]^{2-}$

（6）$3HgS + 12HCl + 2HNO_3 = 3H_2[HgCl_4] + 3S\downarrow + 2NO\uparrow + 4H_2O$

（7）$2Cu^{2+} + 4I^- = 2CuI\downarrow + I_2$

（8）$Zn + CO_2 = ZnO + CO\uparrow$

（9）$4Cu + 16NaCN + 2H_2O + O_2 = 4Na_3[Cu(CN)_4] + 4NaOH$

（10）$AgCl + 2Na_2S_2O_3 = Na_3[Ag(S_2O_3)_2] + NaCl$

13-4 解：$CuCl_2$（浅蓝色，A）$+ 2NaOH = Cu(OH)_2\downarrow$（蓝色，B）$+ 2NaCl$

$$Cu(OH)_2\text{(蓝色,B)} + 2HCl = CuCl_2 + 2H_2O$$

$$Cu(OH)_2\text{(蓝色,B)} + 4NH_3 = [Cu(NH_3)_4]^{2+} + 2OH^-$$

$$CuCl_2\text{(A)} + H_2S = CuS\downarrow\text{(黑色,C)} + 2HCl$$

$$3CuS\text{(黑色,C)} + 8HNO_3\text{(浓)} = 3Cu(NO_3)_2 + 3S\downarrow + 2NO\uparrow + 4H_2O$$

$$CuCl_2\text{(A)} + 2AgNO_3 = 2AgCl\downarrow\text{(白色,D)} + Cu(NO_3)_2$$

$$AgCl\text{(白色,D)} + 2NH_3 = [Ag(NH_3)_2]^+ + Cl^-$$

A 为 $CuCl_2$；B 为 $Cu(OH)_2$；C 为 CuS；D 为 AgCl。

13-5 解：加入稀 HCl，Ag^+ 形成 AgCl 沉淀：$Ag^+ + Cl^- = AgCl\downarrow$

过滤后，滤液中加入 KI，Cu^{2+} 形成 CuI 沉淀：$2Cu^{2+} + 4I^- = 2CuI\downarrow$（白色）$+ I_2$

$$Hg^{2+} + 2I^- = HgI_2\downarrow\text{(橘红色)}$$

$$HgI_2\text{(橘红色)} + 2I^- = [HgI_4]^{2-}\text{(无色)}$$

过滤后，滤液中加入 $SnCl_2$：$[HgI_4]^{2-} + Sn^{2+} = Hg\downarrow$（黑色）$+ SnI_4$

过滤后，滤液中加入 NaOH 和二苯硫腙，生成粉红色化合物。

13-6 解：$4Ag^+ + Cr_2O_7^{2-} + H_2O = 2Ag_2CrO_4\downarrow$（砖红色）$+ 2H^+$

$$Ag_2CrO_4\text{(砖红色)} + 2Cl^- = 2AgCl\downarrow\text{(白色)} + CrO_4^{2-}\text{(黄色)}$$

$$AgCl + 2S_2O_3^{2-} = [Ag(S_2O_3)_2]^{3-} + Cl^-\text{(白色沉淀溶解)}$$

13-7 解：

$$HgCl_2\text{(A)} + 2NH_3 = Hg(NH_2)Cl\downarrow\text{(白色)} + NH_4Cl$$

$$HgCl_2\text{(A)} + 2NaOH = HgO\downarrow\text{(黄色)} + 2NaCl + H_2O$$

$$HgCl_2\text{(A)} + 2KI = HgI_2\downarrow\text{(橘红色)} + 2KCl$$

$$HgI_2\text{(橘红色)} + 2KI = 2K^+ + [HgI_4]^{2-}$$

$$HgCl_2\text{(A)} + Hg = Hg_2Cl_2$$

$$Hg_2Cl_2\text{(A)} + 2NH_3 = HgNH_2Cl\downarrow\text{(灰黑色)} + Hg\downarrow\text{(灰黑色)} + NH_4Cl$$

13-8 解：(1) $HgCl_2 + SnCl_2 = Hg\downarrow\text{(黑色)} + SnCl_4$

(2) $Hg_2(NO_3)_2 + 4HNO_3\text{(浓)} = 2Hg(NO_3)_2 + 2NO_2\uparrow + 2H_2O$

(3) $6Hg + 8HNO_3\text{(浓)} = 3Hg_2(NO_3)_2 + 2NO\uparrow + 4H_2O$

(4) $3HgS + 2HNO_3\text{(浓)} + 12HCl = 3[HgCl_4]^{2-} + 6H^+ + 3S\downarrow + 2NO\uparrow + 4H_2O$

13-9 解：设形成一价化合物的汞含量为 x，则形成二价化合物的汞含量为 $1-x$，于是有

$$\frac{1.00x}{M(\text{Hg})} + \frac{1.00(1-x)}{\frac{1}{2}M(\text{Hg})} = 0.100 \times 50.0 \times 10^{-3}$$

$$\frac{1.00x}{200.59} + \frac{1.00(1-x)}{\frac{1}{2}\times 200.59} = 0.100 \times 50.0 \times 10^{-3}$$

解得 $x=0.997$　　可以认为全部生成了一价的汞化合物。

滴加汞，汞不消失，可说明结论正确。

13-10 因为 Hg^{2+} 形成配离子 $[HgCl_4]^{2-}$：$HgC_2O_4 + 4Cl^- = [HgCl_4]^{2-} + C_2O_4^{2-}$。

第 14 章　f 区 元 素

14-1 镧系元素：镧（La）、铈（Ce）、镨（Pr）、钕（Nd）、钷（Pm）、钐（Sm）、铕（Eu）、钆（Gd）、铽（Tb）、镝（Dy）、钬（Ho）、铒（Er）、铥（Tm）、镱（Yb）、镥（Lu）。

锕系元素：锕（Ac）、钍（Th）、镤（Pa）、铀（U）、镎（Np）、钚（Pu）、镅（Am）、锔（Cm）、锫（Bk）、锎（Cr）、锿（Es）、镄（Fm）、钔（Md）、锘（No）、铹（Lr）。

镧系元素和锕系元素都是金属，都有很强的还原性，和酸反应都可产生 H_2，甚至也可与水反应产生 H_2。

14-2 镧系元素和锕系元素的最外层与次外层电子结构基本相同，只在第三外层上，电子结构才有所不同。它们的最后一个电子基本上都填充在 $(n-2)$f 亚层上。

14-3 由于镧系元素的 6s 电子钻穿效应非常大，最后的电子全部填入内层轨道，这使同一周期的元素随着原子序数的增加（核内质子数增加），原子半径增加很小，这个现象称为镧系收缩。它导致的结果是：镧系元素后同族元素的原子半径变化很小，性质趋于相同或相近。

14-4 由于镧系收缩和锕系收缩，各元素的原子半径相近，导致性质相似。

14-5 镧系元素 Ln^{3+} 在晶体或溶液中的颜色与 f 轨道的电子数有关。f 电子数为 n 与 f 电子数为 $14-n$ 的离子颜色相似；4f 轨道全空、半充满、全充满或接近时为无色。

14-6 答：溶剂萃取法：含磷螯合剂与镧系元素 Ln^{3+} 可形成电中性螯合物，并且随着原子序数的增加，结合能力也增强。可利用这种差别，进行镧系元素的萃取分离。

离子交换法：镧系元素 Ln^{3+} 可被交换在阳离子交换树脂上，用阴离子螯合剂 EDTA 淋洗，镧系元素 Ln^{3+} 与 EDTA 的螯合能力不同，螯合能力从强到弱被先后洗出树脂。可利用洗出次序的不同进行分离。

第 15 章　化学中的分离方法

15-1 解：pH＝9.00，$[OH^-]=10^{-5}mol\cdot L^{-1}$

物质沉淀要求：一价离子，$K_{sp}<10^{-5}\times 0.010=10^{-7}$

二价离子，$K_{sp}<(10^{-5})^2\times 0.010=10^{-12}$

三价离子，$K_{sp}<(10^{-5})^3\times 0.010=10^{-17}$

查表可知一些沉淀的 K_{sp} 数据。$K_{sp}[Al(OH)_3]=1.3\times 10^{-39}<10^{-17}$，则 Al^{3+} 可沉淀；$K_{sp}[Fe(OH)_3]=4\times 10^{-35}<10^{-17}$，则 Fe^{3+} 可沉淀；$K_{sp}[Mn(OH)_2]=1.9\times 10^{-13}<10^{-12}$，则 Mn^{2+} 可沉淀。Cr^{3+}、Cu^{2+} 与 Zn^{2+} 可与氨形成配合物 $[Cr(NH_3)_6]^{3+}$、$[Cu(NH_3)_4]^{2+}$ 与 $[Zn(NH_3)_4]^{2+}$，而不沉淀；$K_{sp}[Ca(OH)_2]=5.5\times 10^{-8}>10^{-12}$，则 Ca^{2+} 不沉淀；$K_{sp}[Mg(OH)_2]=1.8\times 10^{-11}>10^{-12}$，则 Mg^{2+} 不沉淀。

若要沉淀完全，即 $[M]\leqslant 10^{-5}mol\cdot L^{-1}$，则要求：二价离子 $K_{sp}<10^{-15}$，三价离子 $K_{sp}<10^{-20}$。Al^{3+}、Cr^{3+} 与 Fe^{3+} 可沉淀完全，Mn^{2+} 沉淀不完全。

15-2 解：设 $Mg(OH)_2$ 溶解度为 $x mol\cdot L^{-1}$，则

$$x(2x)^2=K_{sp}[Mg(OH)_2]\qquad 解得\ x=1.11\times 10^{-4}$$

则　$[OH^-]=2\times 1.11\times 10^{-4}mol\cdot L^{-1}$　　pH＝10.35

同理对于 ZnO，$[OH^-]=2.88\times 10^{-6}mol\cdot L^{-1}$，pH＝6.54。

15-3 形成螯合物的有机沉淀剂一定是在共价键的 γ 位或 δ 位有配位原子 N、O、S 等，从而形成配位键。离子对沉淀剂是离子，因而无需形成共价键或配位键。离子对化合物一定是不溶于水，而溶于有机溶剂；螯合物无此特性。

15-4 分配系数是指同一种物质形式在两相中的浓度比值，它可以为浓缩这种物质提供

实验依据。分配比是指物质的各种不同形式在两相中分配的总浓度的比值，它为去除干扰、提纯某种物质提供选择实验条件的依据。

15-5 解：此时是缓冲溶液 $pOH=pK_b+p\frac{c_b}{c_a}$

$$pOH=4.74-\lg\frac{0.1}{1.0}=5.74 \qquad [OH^-]=1.82\times10^{-6}$$

已知 $K_{sp}[Mg(OH)_2]=1.8\times10^{-11}$，$K_{sp}[Fe(OH)_3]=4\times10^{-35}$，则

$$[Mg^{2+}]=\frac{K_{sp}[Mg(OH)_2]}{[OH^-]^2} \qquad [Fe^{3+}]=\frac{K_{sp}[Fe(OH)_3]}{[OH^-]^3}$$

$$\frac{[Fe^{3+}]}{[Mg^{2+}]}=\frac{4\times10^{-35}}{1.8\times10^{-11}\times1.82\times10^{-6}}=1.22\times10^{-18}$$

且 $[Mg^{2+}]\geqslant\frac{1.8\times10^{-4}}{(1.82\times10^{-6})^2}=5.4(mol\cdot L^{-1})$ $\qquad Mg(OH)_2$ 不沉淀，可完全分离。

15-6 解：HA 在有机相中只有一种存在形式，在水相中有两种存在形式。

分配比 $$D=\frac{c_{有}}{c_{水}}=\frac{[HA]_{有}}{[HA]_{水}+[A^-]}=\frac{\frac{[HA]_{有}}{[HA]_{水}}}{1+\frac{[A^-]}{[HA]_{水}}}=\frac{K_D}{1+\frac{K_a}{[H^+]}}$$

pH=1.0 时 $$D=\frac{30}{1+\frac{2.0\times10^{-5}}{10^{-1}}}=30$$

用等体积的有机溶剂萃取，萃取效率为

$$E=\frac{D}{D+1}\times100\%=\frac{30}{30+1}\times100\%=97\%$$

pH=5.0 时 $$D=\frac{30}{1+\frac{2.0\times10^{-5}}{10^{-5}}}=10$$

用等体积的有机溶剂萃取，萃取效率为

$$E=\frac{D}{D+1}\times100\%=\frac{10}{10+1}\times100\%=91\%$$

$$\Delta E=\left(\frac{\frac{V_{水}}{V_{有}}}{D+\frac{V_{水}}{V_{有}}}\right)^n\times100\%$$

$$1-99.5\%=\left(\frac{1}{10+1}\right)^n\times100\% \qquad n>2，取 3。需萃取 3 次$$

$$\Delta E=\left(\frac{\frac{\frac{V_{水}}{V_{有}}}{n}}{D+\frac{\frac{V_{水}}{V_{有}}}{n}}\right)^n\times100\% \qquad 解此方程，可得 n=5$$

15-7 解：设萃取 n 次后，水相中 Fe^{3+} 的量为 m_n。等体积萃取时：

$$m_n=m_0\left(\frac{1}{1+D}\right)^n$$

萃取 1 次　　$m_1=m_0\dfrac{1}{1+D}=10\times\dfrac{1}{1+0.90}=5.26(\mathrm{mg})$

萃取 2 次　　$m_2=m_0\left(\dfrac{1}{1+D}\right)^2=10\times\left(\dfrac{1}{1+0.90}\right)^2=2.77(\mathrm{mg})$

萃取 3 次　　$m_3=m_0\left(\dfrac{1}{1+D}\right)^3=10\times\left(\dfrac{1}{1+0.90}\right)^3=1.46(\mathrm{mg})$

萃取 3 次后，将有机相合并，有机相中 Fe^{3+} 的量为 $m_{有}=10-1.46=8.54(\mathrm{mg})$

设用等体积的水洗涤一次有机相后，损失 Fe^{3+} 的量为 m'，则

$$\frac{8.54-m'}{m'}=D=0.90 \qquad 解得\ m'=4.49\mathrm{mg}$$

15-8 解：$SO_3+2NaOH \overset{}{=\!=\!=} Na_2SO_4+H_2O$　　SO_3 的基本计量单元为$\frac{1}{2}M(SO_3)$。

设石膏中 SO_3 的含量为 x，则

$$\frac{0.1747x}{\frac{1}{2}M(SO_3)}=0.1053\times20.34\times10^{-3}$$

$$x=w(SO_3)=\frac{c(NaOH)V(NaOH)\times10^{-3}\times\frac{1}{2}M(SO_3)}{m_{试样}}\times100\%=49.08\%$$

15-9 解：交换容量$=\dfrac{c(NaOH)V(NaOH)}{m_{树脂}}=\dfrac{0.1127\times24.31}{0.5128}=5.34(\mathrm{mmol\cdot g^{-1}})$

15-10 Fe^{3+} 可与 Cl^- 形成 $[FeCl_4]^-$，而 Al^{3+} 不反应，在此条件下，$[FeCl_4]^-$ 被交换在阴离子树脂上，Al^{3+} 进入流出液中。用铝试剂检验 Al^{3+} 是否在流出液中存在。当无 Al^{3+} 后，可用稀 HCl 或水淋洗阴离子树脂，$[FeCl_4]^- = Fe^{3+}+4Cl^-$，$Fe^{3+}$ 再流出阴离子树脂，达到分离目的。

第二部分　综合练习题

第1章　绪论与数据处理

1-1　下列情况属于偶然误差的是（　　）

（A）砝码腐蚀　　（B）滴定管读数读错

（C）几次读取滴定管的读数不一致　　（D）读取滴定管读数时总是略偏低

1-2　下列情况属于系统误差的是（　　）

（A）操作时溶液溅出　　（B）称量时天平零点稍有变动

（C）滴定管未经校准　　（D）几次滴定管读数不一致

1-3　下列叙述正确的是（　　）

（A）准确度高，要求精密度高　　（B）精密度高，准确度一定高

（C）精密度高，系统误差一定小　　（D）准确度是精密度的前提

1-4　关于偶然误差的规律性，错误的是（　　）

（A）正负误差出现的概率相等　　（B）对测定结果的影响固定

（C）特别大误差出现的概率极小　　（D）小误差出现的概率大，大误差出现的概率小

1-5　下列说法错误的是（　　）

（A）有限次测量值的偶然误差服从 t 分布　　（B）偶然误差在分析中是无法避免的

（C）系统误差呈正态分布　　（D）系统误差又称可测误差，具有单向性

1-6　某溶液的 $[H^+]=1.0\times10^{-4}mol\cdot L^{-1}$，则该溶液的 pH 为（　　）

（A）4　　（B）4.0　　（C）4.00　　（D）4.000

1-7　用 NaOH 标准溶液标定盐酸溶液的浓度。移取 25.00mL 0.108mol·L^{-1} NaOH 溶液，滴定消耗 31.02mL 盐酸，请问盐酸浓度的有效数字位数下列哪一种结果是正确的？（　　）

（A）2　　（B）3　　（C）4　　（D）5

1-8　提纯粗硫酸铜，平行测定 5 次，得平均含量为 78.54%，若真实值为 79.01%，则 78.54%−79.01%=−0.47%为（　　）

（A）标准偏差　　（B）相对偏差　　（C）绝对误差　　（D）相对误差

1-9　某试样要求纯度的技术指标为≥99.0%，如下测定结果不符合标准要求的是（　　）

（A）99.05%　　（B）98.96%　　（C）98.94%　　（D）98.95%

1-10　38.65 可修约为（　　）

（A）38.65　　（B）38.7　　（C）39.0　　（D）38.6

1-11　写出下列数据的有效数字位数：

（1）2.4　　（2）0.0240　　（3）4.0×10^{-3}　　（4）pH=6.03

1-12　将下列数据修约为 2 位有效数字：

（1）0.2050　　（2）4.549　　（3）4.451　　（4）7.55

1-13 根据误差的性质和产生原因的不同，可将误差分为__________和__________两类。

1-14 置信度一定时，增加测定次数，置信区间将变______；测定次数一定时，提高置信度，置信区间将变______。

1-15 __________是定量分析中误差的主要来源，它影响分析结果的准确度；影响分析结果精密度的主要原因是____________。

1-16 分析结果的准确度常用____________表示；分析结果的精密度常用____________或____________表示。

1-17 在3～10次的分析测定中，可疑值的取舍常用____________法。

1-18 分析化学中有效数字的修约规则是____________。

1-19 在未作系统误差校正的情况下，多次测定结果的重现性很好，则说明分析精密度____________，准确度____________。

1-20 按有效数字运算规则计算下列各式：

（1）$0.0278+7.563+2.45$　　（2）$1.05\times10^{-6}+6.78\times10^{-7}$

（3）$\dfrac{(13.94-4.52)\times0.2045}{15.8078-15.4576}$　　（4）$\dfrac{2.38\times10^{-4}\times1.7465\times10^{-3}}{2.6\times10^{-5}}$

1-21 滴定管的读数误差为±0.01mL，分别计算滴定体积为2.00mL、20.00mL、40.00mL时的相对误差。

1-22 用三种方法分析已知钙含量为35.93%的标准试样，所得平均结果和标准偏差如下：（A）$\bar{x}=35.38\%$，$S=2.33\%$；（B）$\bar{x}=35.86\%$，$S=0.39\%$；（C）$\bar{x}=34.74\%$，$S=0.37\%$。这三种方法中结果准确度和精密度最好的方法是哪种？哪种方法存在系统误差？

1-23 测定铁矿石中铬的含量，两次测定结果分别为28.53%和28.48%，若铬的实际含量为28.55%，求分析结果的绝对误差和相对误差。

1-24 测定某试样中铜的含量，结果为0.67%、0.65%、0.66%、0.68%、0.67%，计算平均值和标准偏差。

1-25 用$KMnO_4$法测定H_2O_2的含量（$g\cdot L^{-1}$）为17.16，若甲的分析结果是17.12、17.15、17.18，乙的分析结果是17.18、17.23、17.25，试比较甲、乙分析结果的准确度和精密度。

1-26 用$CaCO_3$标定EDTA的浓度（$mol\cdot L^{-1}$），五次结果分别为0.01501、0.01498、0.01497、0.01503、0.01500。计算标定结果的算术平均值、平均偏差、相对平均偏差、标准偏差和变异系数（无需舍去数据）。

1-27 测定某试样的钙含量，几次结果分别为37.11%、36.87%、36.93%、37.37%、37.12%、36.78%、37.20%、36.99%、36.98%、37.01%。用Q检验法决定可疑数据的取舍（置信度为90%）。

1-28 已知酒精的密度为$0.790g\cdot mL^{-1}$，其中C_2H_5OH的含量为99.5%，求乙醇的物质的量浓度。

1-29 用无水碳酸钠作基准物标定盐酸溶液的浓度，平行测定7次，得到下列结果（$mol\cdot L^{-1}$）：0.1997、0.2002、0.2004、0.2003、0.1999、0.2008、0.1998。根据Q检验法检验结果，计算置信度为90%的平均值的置信区间。

第2章 原子结构

2-1 下列说法正确的是（　　）

(A) 玻尔半径指的是电子离氢原子核的距离　(B) 玻尔半径指氢原子半径

(C) 玻尔半径是指电子云密度最大处离核的距离

(D) 玻尔半径是指电子出现几率最大处离核的距离

2-2 关于氢原子的 4s 和 4p 轨道能量的高低，正确的是（　　）

(A) $E_{4s}<E_{4p}$　(B) $E_{4s}>E_{4p}$　(C) $E_{4s}=E_{4p}$　(D) 不能确定

2-3 下列电子排布式中不正确的是（　　）

(A) $1s^2$　(B) $1s^2 2s^2 2p^3$　(C) $1s^2 2s^2 2p^6 3s^2 3p^6 3d^3 4s^2$　(D) $1s^2 2s^2 2p^6 3s^2 3p^6 3d^4 4s^2$

2-4 下列元素中属于过渡元素的是（　　）

(A) $1s^2 2s^2 2p^5$　(B) $1s^2 2s^2 2p^3$

(C) $1s^2 2s^2 2p^6 3s^2 3p^6 3d^{10} 4s^2 4p^1$　(D) $1s^2 2s^2 2p^6 3s^2 3p^6 3d^{10} 4s^2$

2-5 某元素的价层电子构型为 $3d^5 4s^2$，该元素是（　　）

(A) 钛　(B) 铬　(C) 锰　(D) 铁

2-6 表示电子运动状态的四个量子数不合理的是（　　）

(A) $n=2$，$l=1$，$m=0$，$m_s=-\frac{1}{2}$　(B) $n=2$，$l=2$，$m=0$，$m_s=-\frac{1}{2}$

(C) $n=3$，$l=0$，$m=0$，$m_s=+\frac{1}{2}$　(D) $n=3$，$l=1$，$m=0$，$m_s=+\frac{1}{2}$

2-7 在 B、C、N、O 四种元素中，第一电离能最大的是（　　）

(A) B　(B) C　(C) N　(D) O

2-8 下列哪一个是对 $^{27}_{13}Al^{3+}$ 的不正确说法？（　　）

(A) 原子序数是 13　(B) 电子总数是 13

(C) 中子数是 14　(D) 质量数是 27

2-9 某元素位于元素周期表中 36 号元素之前，失去 3 个电子后，在角量子数为 2 的轨道上刚好半充满，该元素是（　　）

(A) 铬　(B) 钒　(C) 砷　(D) 铁

2-10 在 Al、Si、P、S 四种元素的原子中，第一电离能最大的是（　　）

(A) Al　(B) Si　(C) P　(D) S

2-11 下列哪一组量子数表示的是一个 4p 轨道？（　　）

(A) $n=4$，$l=1$，$m=0$　(B) $n=4$，$l=2$，$m=1$

(C) $n=4$，$l=3$，$m=2$　(D) $n=4$，$l=0$，$m=0$

2-12 在下列各组量子数中，其合理状态的一组是（　　）

(A) $n=1$，$l=1$，$m=0$　(B) $n=2$，$l=1$，$m=2$

(C) $n=2$，$l=0$，$m=1$　(D) $n=3$，$l=1$，$m=0$

2-13 已知某元素+3 价离子的电子排布式为 $1s^2 2s^2 2p^6 3s^2 3p^6 3d^5$，该元素在周期表中属于（　　）

(A) ⅢB 族　(B) ⅤB 族　(C) ⅧB 族　(D) ⅤA 族

2-14 下列哪一项是铝的基态电子层结构？（　　）

（A）$1s^2 2s^2 2p^6 3s^3$　　（B）$1s^2 2s^2 2p^6 3s^2 3p^1$

（C）$1s^2 2s^2 2p^6 3s^1 3p^4$　　（D）$1s^2 2s^2 2p^6 3s^2 3p^4$

2-15 下列元素中，哪种元素在基态时，最外层只有一个 3s 电子？

（A）Na　（B）K　（C）Al　（D）Ca

2-16 下列各组数字都分别指原子的次外层电子数、最外层电子数和元素的一种常见氧化态，最符合硫的情况的一组是（　　）

（A）2，6，－2　（B）8，6，－2　（C）18，6，＋2　（D）2，6，＋6

2-17 量子力学的一个轨道是指（　　）

（A）与玻尔理论中的原子轨道相同

（B）指 n 具有一定数值时的一个波函数

（C）指 n、l 具有一定数值时的一个波函数

（D）指 n、l、m 三个量子数具有一定数值时的一个波函数

2-18 d 轨道最多可容纳的电子数为（　　）

（A）4　（B）6　（C）10　（D）14

2-19 一个原子 M 壳层最多容纳的电子数是（　　）

（A）8　（B）18　（C）32　（D）50

2-20 第 39 号元素钇的电子排布式应是（　　）

（A）$1s^2 2s^2 2p^6 3s^2 3p^6 3d^{10} 4s^2 4p^6 4d^1 5s^2$　　（B）$1s^2 2s^2 2p^6 3s^2 3p^6 3d^{10} 4s^2 4p^6 5s^2 5p^1$

（C）$1s^2 2s^2 2p^6 3s^2 3p^6 3d^{10} 4s^2 4p^6 4f^1 5s^2$　　（D）$1s^2 2s^2 2p^6 3s^2 3p^6 3d^{10} 4s^2 4p^6 4d^2 5s^1$

2-21 根据元素原子价层电子构型，可把元素周期表分成五个区。它们是________、______、______、______、______。

2-22 4d 轨道的主量子数 n 等于____，角量子数 l 等于______。

2-23 铬的原子序数是 24，其外层价电子构型是________________。

2-24 某元素原子的价电子构型是 $3d^5 4s^1$，该元素位于第____周期第____族，元素符号为____。

2-25 某元素原子的核外电子层结构为 $4f^7 5d^1 6s^2$，该元素的原子序数是____，该元素位于周期表第____周期第____族。

2-26 3p 轨道的主量子数为______，角量子数为______，可能的磁量子数为____________________。

2-27 波函数 Ψ 是描述____________________的数学函数式，它和__________是同义词，$|\Psi|^2$ 的物理意义是____________，电子云是______________的形象化表示。

2-28 M^{3+} 的 3d 轨道上有 3 个电子，表示电子可能的运动状态的四个量子数是________________，该原子的核外电子排布为____________________。

2-29 第 29 号元素的元素符号为____，该元素位于元素周期表中第____周期第____族，原子外层电子构型为________。

2-30 下列气态原子或离子在基态时各有几个不成对电子？

$${}_5B、{}_8O、{}_{21}Sc^{3+}、{}_{24}Cr^{3+}$$

2-31 现有 4 个电子，对每个电子把符合量子数取值要求的数值添入下表空格处：

n	l	m	m_s
	3	2	$-\frac{1}{2}$
2		1	$+\frac{1}{2}$
4	0		$+\frac{1}{2}$
1	0	0	

2-32 已知某元素在氪之前，当此元素的原子失去 3 个电子后，它的角量子数为 2 的亚层内电子恰巧为半充满。试推出该元素的名称。

2-33 第 29 号元素 Cu 的外层价电子构型是 $3d^{10}4s^1$ 而不是 $3d^9 4s^2$，为什么？

2-34 第四周期的 A、B、C 三种元素，已知其价电子数依次为 1、2、7，其原子序数按 A、B、C 的顺序增大。A 与 B 的次外层电子数为 8，而 C 的次外层电子数为 18。根据结构判断：(1) 哪些是金属元素？(2) A 和 C 的简单离子是什么？

2-35 某元素原子 R 的最外层只有一个电子，其 R^{3+} 的最高能级上三个电子的主量子数为 3，角量子数为 2，写出该元素符号，它在第几周期第几族？

2-36 某元素的原子序数为 24，试问：(1) 此元素原子的电子总数是多少？(2) 它有多少个电子层？有多少个能级？(3) 它有多少个不成对电子？

2-37 试推断下列元素的原子序数：(1) 最外电子层为 $3s^2 3p^6$；(2) 最外电子层为 $4s^2 4p^5$。

2-38 若元素最外层仅有一个电子，该电子的量子数为 $n=4$，$l=0$，$m=0$，$m_s=+\frac{1}{2}$。问：(1) 符合上述条件的元素可以有几个？原子序数各为多少？(2) 写出相应元素原子的电子层结构。

2-39 已知电子具有下列各组量子数，请按能量增大的顺序排列。

(A) 4，1，0，$+\frac{1}{2}$　　(B) 3，1，0，$-\frac{1}{2}$

(C) 2，1，−1，$+\frac{1}{2}$　　(D) 4，2，1，$+\frac{1}{2}$

2-40 某元素在周期表中位于第四周期第ⅥA 族，试写出该元素原子的电子排布式和外层价电子排布式。

2-41 锝元素原子的外层电子排布式为 $4d^5 5s^2$，试推出该元素在周期表中所属的周期数和族数。

2-42 已知某元素在周期表中位于第四周期第 VB 族，试写出该元素原子的电子排布式和元素名称。

2-43 某元素在周期表中位于第四周期第ⅦA 族，试写出其电子排布式，指出是什么元素及表现金属性还是非金属性，最高氧化数如何？

2-44 已知某副族元素的 A 原子，其电子最后进入 3d 轨道，最高氧化数为+4；元素 B 的原子，其电子最后进入 4p 轨道，最高氧化数为+5。试完成下列问题：(1) 写出 A、B 原子的电子排布式；(2) 指出它们在元素周期表中的位置。

2-45 已知 A 元素原子的 M 层和 N ($l=0$) 层的电子数分别比 B 元素原子的全充满的 M 层和 N 层的电子数少 7 个和 4 个。分别写出 A、B 两元素的名称和电子排布式。

2-46 试解释原因：He^{+} 中 3s 和 3p 轨道的能量相等，而在 Ar^{+} 中 3s 和 3p 轨道的能量不相等。

2-47 写出下列离子的电子排布式：（1）S^{2-}；（2）K^{+}；（3）Mn^{2+}；（4）Ag^{+}。

2-48 汞原子的一个电子跃迁时的能量变化为 $274kJ \cdot mol^{-1}$。与此跃迁相应的光波波长是多少？

2-49 氢原子的核外电子在第四轨道上运动的能量比它在第一轨道上运动时的能量多 12.7eV（$1eV = 1.602 \times 10^{-19} J$）。这个核外电子由第四轨道跃入第一轨道时，所发出的光的频率和波长是多少？

2-50 试计算电子的速度为光速的一半时的波长。

第 3 章 化学键与分子结构

3-1 下列关于化学键的说法正确的是（ ）

（A）原子之间的相互作用都是化学键

（B）只有在相邻的两个原子之间才能形成化学键

（C）化学键就是原子间的吸引作用

（D）化学键包括原子间相互吸引和相互排斥两方面的强烈作用

3-2 下列关于离子键的说法正确的是（ ）

（A）当两种元素的电负性差值大于 1.7 时，形成化合物的化学键是离子键

（B）离子晶体中的离子键就是一个正离子和一个负离子之间的静电引力

（C）离子键键能的大小与离子半径、离子电荷有关

（D）离子键具有饱和性和方向性

3-3 下列物质中，既有离子键又有共价键的是（ ）

（A）SiO_2 （B）Na_2SO_4 （C）NaCl （D）CO_2

3-4 下列分子中，属于直线型分子构型的是（ ）

（A）C_2H_2 （B）SO_2 （C）$C_2H_5OC_2H_5$ （D）H_2O_2

3-5 下列分子中，中心原子不存在孤对电子的是（ ）

（A）H_2S （B）H_2O （C）SF_4 （D）NH_4^+

3-6 下列哪两种轨道重叠有可能形成 π 键？（ ）

（A）s-s （B）p-p （C）s-p （D）sp^n 杂化轨道

3-7 下列分子中，键角最小的是（ ）

（A）CH_4 （B）NH_3 （C）H_2O （D）BF_3

3-8 下列关于 σ 键和 π 键的说法正确的是（ ）

（A）共价单键既可以是 σ 键，也可以都是 π 键

（B）杂化轨道和其他原子轨道之间只能形成 σ 键

（C）π 键的强度恰好是 σ 键强度的两倍

（D）有的分子中，只有 π 键，没有 σ 键

3-9 电子轨道重叠的原则，不包括下面哪一条？（ ）

（A）最大重叠 （B）有效重叠

（C）重叠的波函数符号必须相同 （D）重叠的波函数符号必须相反

3-10 下列各组分子中，中心原子均采取不等性 sp^3 杂化的是（　　）

（A）PCl_3、NH_3　　（B）BF_3、H_2O　　（C）CCl_4、H_2S　　（D）$BeCl_2$、BF_3

3-11 下列分子和离子中，含有单电子 σ 键的是（　　）

（A）H_2　　（B）Li_2^+　　（C）B_2　　（D）Be_2^+

3-12 测得 H_2O_2 分子中 O—O—H 的键角为 97°，则在该分子中，氧原子所采取的杂化轨道应该是（　　）

（A）sp　　（B）sp^2　　（C）sp^3　　（D）不等性 sp^3

3-13 下列说法正确的是（　　）

（A）sp^3 杂化轨道是由 1s 轨道和 3p 轨道混合起来形成的 4 个 sp^3 杂化轨道

（B）凡是中心原子采用 sp^3 杂化轨道成键的分子，其几何构型都是正四面体

（C）孤立的原子不可能发生杂化

（D）参加杂化的轨道的能量一定完全相等

3-14 就一般情况而言，下面各种作用力大小排序正确的是（　　）

（A）共价键＞氢键＞取向力＞诱导力＞色散力

（B）氢键≈共价键＞色散力＞取向力＞诱导力

（C）取向力＞氢键≈共价键＞诱导力＞色散力

（D）共价键＞氢键＞色散力＞取向力＞诱导力

3-15 在极性分子中存在哪些偶极矩？（　　）

（A）瞬间偶极矩　　（B）诱导偶极矩　　（C）固有偶极矩　　（D）以上都存在

3-16 下列物质中，极性顺序正确的是（　　）

（A）$Na_2S > H_2S > CCl_4 > H_2O$　　（B）$Na_2S > H_2O > H_2S > CCl_4$

（C）$H_2O > H_2S > Na_2S > CCl_4$　　（D）$H_2O > Na_2S > CCl_4 > H_2S$

3-17 一个水分子与其他水分子之间同时最多能形成几个氢键？

（A）2　　（B）4　　（C）6　　（D）8

3-18 下列说法正确的是（　　）

（A）极性分子中一定有极性键　　（B）有极性键的分子一定是极性分子

（C）非极性分子中都是非极性键　　（D）极性分子中没有非极性键

3-19 按照分子轨道理论，下列分子或离子中键级最大的是（　　）

（A）B_2　　（B）O_2^-　　（C）CN^-　　（D）H_2^+

3-20 在下列各晶体中，熔化时只需克服色散力的是（　　）

（A）K　　（B）H_2O　　（C）SiC　　（D）SiF_4

3-21 BF_3 中的 B 与 F 形成的共价键属于何种原子轨道重叠类型？（　　）

（A）sp^2-p_x　　（B）sp-p_y　　（C）sp^3-p_z　　（D）p_x-p_x

3-22 下列分子或者离子，具有反磁性的是（　　）

（A）O_2　　（B）B_2　　（C）C_2　　（D）He_2^+

3-23 根据价层电子对互斥理论判断 $HgCl_2$ 中，成键电子对数是____，中心原子 Hg 的孤对电子对数是__对，分子构型为______；XeF_4 中，成键电子对数是______，中心原子 Xe 的孤对电子对数是____对，分子构型为__________。

3-24 丁二烯 CH_2═CH—CH═CH_2 中，共有____个 σ 键，____个 π 键。

3-25 H_2 的分子轨道式为____________________，键级是____，具有____磁性。

N_2 的分子轨道式为____________________，键级是____，具有____磁性。

NO 的分子轨道式为____________________，键级是____，具有____磁性。

3-26 分子中的电子在分子轨道中的排布应遵循________、________、________三原则。

3-27 色散力是由________偶极造成的，取向力是由________偶极造成的，而诱导力是由________偶极造成的。一般分子间力多以________力为主。

3-28 浓硫酸的黏度很大，这是由于 H_2SO_4 分子之间存在着______，硫酸与水混合能放出大量的热，这是由于 H_2SO_4 与 H_2O 之间形成了________。

3-29 水和乙醇能够无限混溶，因为它们都是________分子，而且它们之间还能够形成________。

3-30 根据价层电子对互斥理论，推断 NH_4^+、NO_2 和 SO_4^{2-} 的空间构型依次为______、______、______。

3-31 用能带理论说明 Li 和 Mg 是导体。

3-32 根据离子键的特点，比较 NaCl、NaBr、MgO 和 BaO 四种晶体中离子键的强弱。

3-33 根据价层电子对互斥理论，推断下列物质的几何构型：(1) SiF_4；(2) PCl_3；(3) PCl_5；(4) BF_3；(5) PO_4^{3-}。

3-34 BF_3 和 NH_3 都是 AX_3 型分子，为何分子结构一个是平面三角形，一个是三角锥型？用杂化轨道理论解释之。

3-35 写出下列分子的中心原子杂化类型以及分子的空间构型并说明原因：(1) SiH_4；(2) H_2S；(3) $HgCl_2$；(4) NH_3；(5) C_2H_2。

3-36 用分子轨道理论比较下列物质结构的稳定性和磁性：(1) O_2^+；(2) O_2；(3) O_2^-；(4) O_2^{2-}。

3-37 根据分子轨道理论，解释为什么 He_2 分子不能存在，而 He_2^+ 却可以存在？

3-38 说明下列各组化合物之间作用力的类型，原因何在？(1) 甲醇和水；(2) 溴化氢和氯化氢；(3) 二氧化碳和二氧化硫。

3-39 根据分子结构判断下列化合物中有无氢键。如果有氢键存在，是分子间氢键还是分子内氢键？为什么？

(1) NH_3　(2) CH_3OCH_3　(3) HNO_3

(4) C_2H_6　(5) 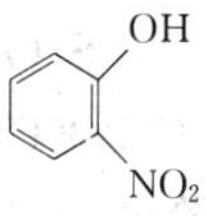　(6) 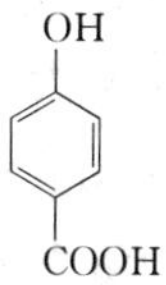

3-40 下列分子中哪些是极性分子？哪些是非极性分子？为什么？

(1) $CHCl_3$　(2) CO_2　(3) NF_3　(4) Br_2　(5) CS_2

(6) H_2S　(7) HCl　(8) NO_2　(9) $SiCl_4$

3-41 在下列情况中，要克服哪种类型的吸引力？

(1) 冰融化　(2) NaCl 溶于水　(3) $CaCO_3$ 分解为 CaO

3-42 氟、氯、溴、碘四种卤素的单质熔沸点高低次序是怎样排列的？请解释说明。

3-43 解释下列现象：(1) F_2 分子的键能小于 O_2 分子的键能；(2) 室温下，水是液体而 H_2S 是气体；(3) CO 的熔点及沸点比 N_2 高。

3-44 下列说法是否正确？为什么？举例说明。

(1) 两个单键就组成一个双键

(2) 极性分子中的化学键都是极性键

(3) 碘化氢的分子间力比溴化氢大，故碘化氢比溴化氢稳定

(4) 全由共价键结合的物质只能形成分子晶体

3-45 已知 C—C 键长为 154pm，N—N 键长为 145pm，试估算 C—N 键的长度。

第4章 晶体结构

4-1 下列离子中，半径依次增大的顺序是（　　）

(A) Al^{3+}、Mg^{2+}、Na^{+}、F^{-}　　(B) Na^{+}、Mg^{2+}、Al^{3+}、F^{-}

(C) F^{-}、Na^{+}、Mg^{2+}、Al^{3+}　　(D) F^{-}、Al^{3+}、Mg^{2+}、Na^{+}

4-2 石墨晶体是（　　）

(A) 原子晶体　(B) 金属晶体　(C) 分子晶体　(D) 混合型晶体

4-3 下列物质的熔点由高到低的顺序为（　　）

(A) C(金刚石)＞$CuCl_2$＞H_2O＞H_2S　　(B) $CuCl_2$＞C(金刚石)＞H_2O＞H_2S

(C) C(金刚石)＞$CuCl_2$＞H_2S＞H_2O　　(D) $CuCl_2$＞C(金刚石)＞H_2S＞H_2O

4-4 下列有关离子变形性的说法中，不正确的是（　　）

(A) 同一元素不同价态的阳离子中，所带电荷越多，极化作用越强

(B) 同一元素不同价态的阴离子中，所带电荷越多，变形性越小

(C) 阳离子的电荷越多，半径越小，极化作用就越强

(D) 体积大的阴离子变形性较大

4-5 下列各组离子中，离子的变形性最大的是（　　）

(A) I^{-}　(B) Cl^{-}　(C) Br^{-}　(D) F^{-}

4-6 下列物质中，熔点最低的是（　　）

(A) NaF　(B) AlF_3　(C) KCl　(D) CaO

4-7 下列化合物熔点最高的是（　　）

(A) $MgCl_2$　(B) NaCl　(C) $ZnCl_2$　(D) Al_2O_3

4-8 下列各组晶体的晶格能大小顺序中，正确的是（　　）

(A) CaO＞KCl＞MgO＞NaCl　　(B) NaCl＞KCl＞RbCl＞SrO

(C) MgO＞RbCl＞SrO＞BaO　　(D) MgO＞CaO＞NaCl＞KCl

4-9 $MgCl_2$、$CaCl_2$、$FeCl_2$、$FeCl_3$ 的熔点大小顺序正确的是（　　）

(A) $CaCl_2$＞$FeCl_2$＞$FeCl_3$＞$MgCl_2$　　(B) $MgCl_2$＞$CaCl_2$＞$FeCl_2$＞$FeCl_3$

(C) $FeCl_3$＞$FeCl_2$＞$CaCl_2$＞$MgCl_2$　　(D) $FeCl_3$＞$FeCl_2$＞$MgCl_2$＞$CaCl_2$

4-10 下列各种类型的离子中，极化能力最强的是（　　）

(A) 电荷多、半径大的阳离子　　(B) 电荷多、半径小的阳离子

(C) 电荷多、半径大的阴离子　　(D) 电荷多、半径小的阴离子

4-11 在 NaCl 晶体中，Na^{+}（或 Cl^{-}）的配位数是（　　）

(A) 4　(B) 5　(C) 6　(D) 8

4-12 晶体熔化时，需破坏共价键作用的是（　　）

(A) PH_3　(B) Al　(C) KF　(D) SiO_2

4-13　下列物质中熔点最高的是（　　）

(A) NaCl　(B) N_2　(C) Na　(D) SiO_2

4-14　关于分子晶体的叙述中，正确的是（　　）

(A) 分子晶体中只存在分子间力

(B) 分子晶体晶格结点上排列的分子可以是极性分子或非极性分子

(C) 分子晶体不溶于水

(D) 分子晶体在水溶液中不导电

4-15　离子晶体中，正、负离子配位数比不同的最主要原因是（　　）

(A) 正、负离子半径　(B) 正、负离子的电荷

(C) 正、负离子的电子构型　(D) 晶格能

4-16　对于 AB 型的离子晶体，若正、负离子配位数为 4，则它们的半径之比 r_+/r_- 为（　　）

(A) 0.225～0.414　(B) 0.414～0.732　(C) 0.732～1.00　(D) 大于 1.00

4-17　下列物质的晶体，其晶格结点上粒子间以分子间力结合的是（　　）

(A) KBr　(B) CO_2　(C) MgF_2　(D) SiO_2

4-18　晶格能对离子晶体的下列性质中没有影响的是（　　）

(A) 熔点　(B) 硬度　(C) 沸点　(D) 密度

4-19　下列离子中极化力最强的是（　　）

(A) Al^{3+}　(B) Na^+　(C) Mg^{2+}　(D) K^+

4-20　下列离子中变形性最小的是（　　）

(A) F^-　(B) S^{2-}　(C) O^{2-}　(D) Br^-

4-21　对于晶体构型相同的离子化合物，离子的半径越大，晶格能________；离子的电荷数越多，晶格能________。

4-22　CO_2、SiO_2、MgO、Fe 的晶体类型依次为________、________、________、________。

4-23　NH_3 的熔点比 PH_3 的熔点________，这是因为________。

4-24　$MgCl_2$ 晶体中晶格结点上的粒子为________和________；粒子间的作用力为________，晶体类型为________。

4-25　$SiCl_4$ 晶体内结点上的微粒是________，粒子间的作用力是________，晶体的类型为________，预测熔点（高或低）________。

4-26　在离子晶体中，由于离子极化作用可使键型由离子键向________转化，化合物的晶体类型也会由离子晶体向________转化，通常表现出使化合物的熔沸点________，在水中的溶解度________。

4-27　预测 $NaNO_3$ 的熔点比 NaOH 的熔点（高或低）________，这是因为 NO_3^- 的变形性比 OH^- 的（大或小）________。

4-28　已知 Cu^+ 和 Na^+ 的离子半径相近，推测 CuCl 在水中的溶解度比 NaCl ________，CuBr 的熔点比 NaBr ________。

4-29　同周期元素离子电子层构型相同时，随着离子电荷数的增加，阳离子半径________，阴离子半径________。

4-30 在晶体 SiF_4、I_2、SiO_2、CS_2、KF、K_2O、Ag 中，熔化时需破坏共价键的有____________，熔化时只需克服分子间作用力的有____________。

4-31 影响极化作用强弱的因素主要有____________、____________和____________。

4-32 复杂阴离子的中心原子氧化数越高，该阴离子的变形性____________；阳离子电荷越大、半径越小，其极化作用____________。

4-33 NaCl 型离子化合物晶胞中正、负离子的配位数为____________，ZnS 型离子化合物晶胞中正、负离子的配位数为____________，CsCl 型离子化合物晶胞中正、负离子的配位数为____________。

4-34 Na^+ 半径为 95pm，Cu^+ 半径为 96pm，试说明 CuCl 的溶解度很小，而 NaCl 的溶解度却很大的原因。

4-35 用离子极化的观点解释 $SnCl_4$ 的熔点比 $SnCl_2$ 的小。

4-36 用离子极化的观点解释为什么 AgF 在水中的溶解度比 AgCl 大。

4-37 H_2O_2 与 H_2O 哪个沸点高？为什么？

4-38 NH_3 在水中的溶解度非常大，而 $C_2H_5OC_2H_5$ 在水中的溶解度较小，为什么？

4-39 试简述 AB 型晶体的离子半径比和配位数及晶体结构的关系。

4-40 为什么 AgI 按离子半径比（126/220＝0.573），应该是配位数为 6 的 NaCl 型结构，而实际上却是配位数为 4 的 ZnS 型结构？

第5章 化学平衡

5-1 已知下列反应的平衡常数：

$$H_2(g)+S(s) \rightleftharpoons H_2S(s) \quad K_1$$

$$S(s)+O_2(g) \rightleftharpoons SO_2(g) \quad K_2$$

则反应 $H_2(g)+SO_2(g) \rightleftharpoons O_2(g)+H_2S(g)$ 的平衡常数 K 为（　）

（A）K_1+K_2　（B）K_1-K_2　（C）K_1K_2　（D）K_1/K_2

5-2 恒温下某氧化物分解反应 $AO_2(s) \rightleftharpoons A(s)+O_2(g)$ 的平衡常数为 K_1，若反应 $2AO_2(s) \rightleftharpoons 2A(s)+2O_2(g)$ 的平衡常数 K_2，则（　）

（A）$K_1>K_2$　（B）$K_1<K_2$

（C）$K_1=K_2$　（D）有时 $K_1>K_2$，有时 $K_1<K_2$

5-3 下列叙述中不正确的是（　）

（A）标准平衡常数仅是温度的函数　（B）催化剂不能改变平衡常数的大小

（C）平衡常数发生变化，化学平衡必定发生移动，达到新的平衡

（D）化学平衡发生新的移动，平衡常数必发生变化

5-4 恒温下，反应 $2NO_2(g) \rightleftharpoons N_2O_4(g)$ 达到平衡后的体系中加入惰性气体，则

（A）平衡向右移动　（B）平衡向左移动

（C）条件不充分，无法判断　（D）平衡不移动

5-5 放热反应 $2NO(g)+O_2(g) \rightleftharpoons 2NO_2(g)$ 达平衡后，若分别采取①增加压力，②减小 NO_2 的分压，③增加 O_2 的分压，④升高温度，⑤加入催化剂，则能使平衡向产物方向移动的是（　）

(A) ①②③　　(B) ②③④　　(C) ③④⑤　　(D) ①②⑤

5-6　恒压下加入惰性气体后，能增大下列哪一个反应的平衡转化率？(　　)

(A) $NH_3(g) \rightleftharpoons \frac{1}{2}N_2(g) + \frac{3}{2}H_2(g)$

(B) $\frac{1}{2}N_2(g) + \frac{3}{2}H_2(g) \rightleftharpoons NH_3(g)$

(C) $CO_2(g) + H_2(g) \rightleftharpoons CO(g) + H_2O(g)$

(D) $C_2H_5OH(l) + CH_3COOH(l) \rightleftharpoons CH_3COOC_2H_5(l) + H_2O(l)$

5-7　欲使 O_2 在水中的溶解度增大，应选择的条件是(　　)

(A) 高温高压　　(B) 低温高压　　(C) 低温低压　　(D) 高温低压

5-8　NH_4Ac 在水溶液中存在如下平衡：

(1) $NH_3 + H_2O \rightleftharpoons NH_4^+ + OH^-$　K_1　　(2) $HAc + H_2O \rightleftharpoons Ac^- + H_3^+O$　K_2

(3) $NH_4^+ + Ac^- \rightleftharpoons HAc + NH_3$　K_3　　(4) $2H_2O \rightleftharpoons H_3^+O + OH^-$　K_4

关于这些平衡常数之间的关系，正确的表达式为(　　)

(A) $K_3 = K_1K_2K_4$　　(B) $K_4 = K_1K_2K_3$

(C) $K_3K_4 = K_1K_2$　　(D) $K_2K_3 = K_1K_4$

5-9　今有一可逆反应，欲用某种催化剂以加快正反应产物的生成，则该催化剂应该具有下列哪一性质？(　　)

(A) 仅能增大正反应速率

(B) 同等程度地催化正逆反应

(C) 使平衡常数改变，增加正反应速率

(D) 降低正反应活化能，正反应速率加快

5-10　某一反应在一定条件下的平衡转化率为 25.3%，当一催化剂存在时，其转化率为(　　)

(A) 小于 25.3%　　(B) 等于 25.3%　　(C) 大于 25.3%　　(D) 约等于 100%

5-11　已知反应 $N_2(g) + 3H_2(g) \rightleftharpoons 2NH_3(g)$ 的平衡常数为 K_1，在相同条件下，反应 $NH_3(g) \rightleftharpoons \frac{1}{2}N_2(g) + \frac{3}{2}H_2(g)$ 的平衡常数为 K_2，则 K_1 和 K_2 的关系正确的是(　　)

(A) $K_1 = K_2$　　(B) $K_1 = 1/K_2$　　(C) $K_1 = K_2{}^2$　　(D) $K_1 = (1/K_2)^2$

5-12　分解反应 $PCl_5 \rightleftharpoons PCl_3 + Cl_2$ 在 200℃ 达到平衡时，PCl_5 分解了 48.5%，在 300℃达到平衡时，PCl_5 分解了 97%，则此反应为(　　)

(A) 放热反应　　(B) 吸热反应　　(C) 既不吸热也不放热　　(D) 平衡常数为 2

5-13　加催化剂可使化学反应的下列物理量中哪一个发生改变？(　　)

(A) 反应热　　(B) 平衡常数　　(C) 反应方向　　(D) 速率常数

5-14　反应 $CaCO_3(s) \rightleftharpoons CaO(s) + CO_2(g)$ 已达平衡，在其他条件不变的情况下，若把 $CaCO_3(s)$ 颗粒变得极小，则平衡(　　)

(A) 左移　　(B) 右移　　(C) 不动　　(D) 来回不定移动

5-15　$C(s) + O_2(g) \rightleftharpoons CO_2(g)$ 是一个放热反应，加快正反应速率，不应采取的措施是(　　)

(A) 增加氧的分压　　(B) 升温　　(C) 使用催化剂　　(D) 减小二氧化碳的分压

5-16　反应 $N_2(g) + 3H_2(g) \rightleftharpoons 2NH_3(g)$ 是一个放热反应，关于此反应的标准平衡常

数 K，哪种说法正确？

(A) 温度升高 K 增加　(B) 压力升高 K 增加

(C) 温度升高 K 降低　(D) K 与 T、p 无关

5-17 勒夏特列原理适用于以下哪种情况？(　)

(A) 只适于气体间的反应　(B) 适用于所有的化学反应

(C) 平衡状态下的所有体系　(D) 所有的物理平衡

5-18 对反应 $2N_2O_5 \rightleftharpoons 4NO_2 + O_2$ 而言，当 $-\frac{dc(N_2O_5)}{dt} = 0.25mol \cdot L^{-1} \cdot min^{-1}$ 时，$\frac{dc(NO_2)}{dt}$ 的数值为（　）

(A) 0.06　(B) 0.13　(C) 0.50　(D) 0.25

5-19 下列叙述中正确的是（　）

(A) 非基元反应是由若干基元反应组成的

(B) 速率方程中各物质浓度的指数等于方程式中的化学计量数时，此反应为一步反应

(C) 反应级数等于反应物在反应方程式中的化学计量数之和

(D) 反应速率与反应物浓度的乘积成正比

5-20 关于催化剂的作用，下列叙述中不正确的是（　）

(A) 能够加快反应的进行

(B) 在几个反应中，能选择性地加快其中一两个反应

(C) 能改变某一反应的正、逆向速率的比值

(D) 能缩短反应到达平衡的时间，但不能改变其转化率

5-21 若某一物质的分解反应进行完全所需的时间是有限的，且等于 c_0/k，则此反应为（　）

(A) 一级反应　(B) 二级反应　(C) 零级反应　(D) 三级反应

5-22 已知 H_2O_2 分解是一级反应，若浓度由 $1.0mol \cdot L^{-1}$ 降至 $0.60mol \cdot L^{-1}$ 需 20min，则浓度从 $0.60mol \cdot L^{-1}$ 降至 $0.36mol \cdot L^{-1}$ 所需的时间是（　）

(A) 超过 20min　(B) 等于 20min　(C) 少于 20min　(D) 无法判断

5-23 反应 $2A \longrightarrow B$ 为二级反应，若 A 的起始浓度为 $1.0mol \cdot L^{-1}$，在开始反应 1h 之后减少一半，那么 2h 后，A 的浓度将为（　）

(A) $0.125mol \cdot L^{-1}$　(B) $0.333mol \cdot L^{-1}$

(C) $0.250mol \cdot L^{-1}$　(D) $0.491mol \cdot L^{-1}$

5-24 下列叙述正确的是（　）

(A) 吸热反应的活化能比放热反应的活化能高

(B) 一个反应的反应速率与化学方程式中出现的全部作用物浓度都有关

(C) 催化反应的速率与催化剂的浓度无关

(D) 反应速率常数与作用物浓度无关

5-25 浓度为 $0.02mol \cdot L^{-1}$ 的 $AgNO_3$ 溶液与 $0.02mol \cdot L^{-1}$ 的 Na_2SO_4 溶液等体积混合。已知 $K_{sp}(Ag_2SO_4)$ 为 1.4×10^{-5}，由此推断下列结论正确的是（　）

(A) 混合液中有 Ag_2SO_4 沉淀生成　(B) 混合液中无 Ag_2SO_4 沉淀生成

(C) 混合液是 Ag_2SO_4 饱和溶液　(D) 不能判断

5-26 三硫化二砷（As_2S_3）的溶度积表达式为 $K_{sp}(As_2S_3)$=（　　）

（A）$[As_2^{3+}][S^{3-}]$　（B）$[As^{3+}][S^{2-}]$　（C）$[As^{3+}]^2[S^{2-}]^3$　（D）以上都不是

5-27 已知 $K_{sp}(AgCl)=1.8\times10^{-10}$，$K_{sp}(Ag_2CrO_4)=1.1\times10^{-12}$，在含有等浓度的 CrO_4^{2-} 和 Cl^- 的混合溶液中逐滴加入 $AgNO_3$ 时，所发生的现象是（　　）

（A）先产生 AgCl 沉淀　（B）先产生 Ag_2CrO_4 沉淀

（C）两者同时产生沉淀　（D）两者都不产生沉淀

5-28 一定温度下，难溶电解质在什么溶液中，构晶离子浓度幂的乘积等于溶度积？（　　）

（A）稀溶液　（B）饱和溶液中　（C）所有溶液中　（D）平衡溶液中

5-29 某盐的分子式为 AB_2，其溶解度 s 和 K_{sp}的关系是（　　）

（A）$s=K_{sp}$　（B）$2s^3=K_{sp}$　（C）$4s^3=K_{sp}$　（D）$27s^3=K_{sp}$

5-30 化学反应达到平衡的特征是（　　）

（A）各反应物和生成物的浓度相等　（B）正反应和逆反应的速率常数相等

（C）反应物和生成物浓度之和等于常数　（D）体系中各物质的浓度不随时间而变

5-31 写出可逆反应 $2NOCl(g)\rightleftharpoons 2NO(g)+Cl_2(g)$ 的平衡常数 K_p 的表达式。

5-32 写出可逆反应 $NH_4Cl(s)\rightleftharpoons NH_3(g)+HCl(g)$ 的平衡常数 K_p 的表达式。

5-33 写出可逆反应 $SO_2(g)+\frac{1}{2}O_2(g)\rightleftharpoons SO_3(g)$ 和 $2SO_2(g)+O_2(g)\rightleftharpoons 2SO_3(g)$ 的平衡常数 K_p 的表达式。

5-34 写出可逆反应 $MnO_4^-+5Fe^{2+}+8H^+\rightleftharpoons Mn^{2+}+5Fe^{3+}+4H_2O$ 的平衡常数 K_c 的表达式。

5-35 写出可逆反应 $Cr_2O_7^{2-}+3C_2O_4^{2-}+14H^+\rightleftharpoons 2Cr^{3+}+6CO_2(g)+7H_2O$ 的平衡常数 K_c 的表达式。

5-36 在 SO_2、O_2、SO_3 体系中，测得 $[SO_2]=3.0kmol\cdot m^{-3}$，$[O_2]=2.5kmol\cdot m^{-3}$，$[SO_3]=5.8kmol\cdot m^{-3}$，求反应 $2SO_2+O_2\rightleftharpoons 2SO_3$ 的平衡常数 K_c。

5-37 在 SO_2、O_2、SO_3 体系中，测得 $[SO_2]=3.8kmol$，$[O_2]=2.8kmol$，$[SO_3]=5.9kmol$，总压力为 150MPa，求反应 $2SO_2+O_2\rightleftharpoons 2SO_3$ 的平衡常数 K_p。

5-38 已知 $2HgO(s)\rightleftharpoons 2Hg(g)+O_2(g)$在 t 温度下所生成的 Hg 和 O_2 的分压之和为 110.1kPa，求上述反应的平衡常数 K_p。

5-39 已知 $2HgO(s)\rightleftharpoons 2Hg(g)+O_2(g)$在 t 温度下的平衡常数 $K_p=0.19$，在此温度下，Hg 的蒸气分压为多少千帕（kPa）?（标准大气压为 101kPa）

5-40 已知 $2HgO(s)\rightleftharpoons 2Hg(g)+O_2(g)$在 420℃温度下的平衡常数 $K_p=0.19$，在此温度下将 20.0g HgO 放在 5.0L 的容器中进行分解，平衡时，还有多少 HgO 未分解？[热力学参数 $R=8.314J\cdot mol^{-1}\cdot K^{-1}$，$M(HgO)=216.6g\cdot mol^{-1}$]

5-41 在 699K 时，反应 $H_2(g)+I_2(g)\rightleftharpoons 2HI(g)$ 的平衡常数 $K_p=55.3$，如果将 2.00mol H_2 和 2.00mol I_2 作用于 4.00L 的容器内，问在该温度下达到平衡时有多少 HI 生成？

5-42 可逆反应 $H_2O(g)+CO(g)\rightleftharpoons H_2(g)+CO_2(g)$ 在密闭容器中建立平衡，在某温度下该反应的平衡常数 $K_c=28.3$。求 $n(H_2O)/n(CO)$ 为 2 时 CO 的平衡转化率。

5-43 可逆反应 $H_2O+CO\rightleftharpoons H_2+CO_2$在密闭容器中建立平衡，在 749K 时该反应的

平衡常数 $K_c=2.6$。求 $n(H_2O)/n(CO)$ 为 3 时 CO 的平衡转化率。

5-44 在 900K 和 1.00×10^5 Pa 时 SO_3 部分离解为 SO_2 和 O_2，反应式为 $SO_3 \rightleftharpoons SO_2+\frac{1}{2}O_2$，若平衡混合物的密度为 $0.925g\cdot L^{-1}$，求 SO_3 的分解率。[$M(SO_3)=80.1g\cdot mol^{-1}$，$M(SO_2)=64.1g\cdot mol^{-1}$，$M(O_2)=32.0g\cdot mol^{-1}$]

5-45 对于下列化学平衡 $2HI(g) \rightleftharpoons H_2(g)+I_2(g)$，在 698K 时 $K_c=1.82\times10^{-2}$，如果将 HI(g) 放入反应瓶中，当 HI 的平衡浓度为 $0.0100mol\cdot L^{-1}$时，问 HI 的初始浓度是多少？

5-46 对于下列化学平衡 $2HI(g) \rightleftharpoons H_2(g)+I_2(g)$，在 698K 时 $K_c=1.82\times10^{-2}$，如果将 HI(g) 放入反应瓶中，当 HI 的平衡浓度为 $0.0100mol\cdot L^{-1}$时，问平衡时 HI 的转化率是多少？

5-47 某温度下，反应 $PCl_5(g) \rightleftharpoons PCl_3(g)+Cl_2(g)$ 的标准压力平衡常数为 2.25。把一定量的 PCl_5 引入一真空瓶内，当达平衡后 PCl_5 的分压是 2.533×10^4 Pa，问离解前 PCl_5 的压力是多少？

5-48 $0.10mol\cdot L^{-1}$的 HAc 40mL，用水稀释至 100mL，同 pH 计测得该溶液的 pH=3.07，求反应 $HAc \rightleftharpoons H^++Ac^-$ 的平衡常数 K_a。

5-49 已知反应 $H_2C_2O_4 \rightleftharpoons H^++HC_2O_4^-$ 的平衡常数 $K_1=5.4\times10^{-2}$，$0.010mol\cdot L^{-1}$的 $H_2C_2O_4$ 溶液的 pH=2.47，求 $HC_2O_4^- \rightleftharpoons H^++C_2O_4^{2-}$ 的平衡常数 K_2。

5-50 密闭容器中的 CO 和 H_2O 有下列反应 $H_2O(g)+CO(g) \rightleftharpoons H_2(g)+CO_2(g)$，已知平衡常数 $K=2.2$。平衡时，$[CO]=0.10mol\cdot L^{-1}$，$[CO_2]=0.20mol\cdot L^{-1}$，求反应前 CO 和 H_2O 的浓度各为多少？

5-51 反应 $Fe(s)+CO_2(g) \rightleftharpoons FeO(s)+CO(g)$ 的平衡常数 $K_1=1.47$，$FeO(s)+H_2(g) \rightleftharpoons Fe(s)+H_2O(g)$ 的平衡常数 $K_2=0.421$，求反应 $CO_2(g)+H_2(g) \rightleftharpoons CO(g)+H_2O(g)$ 的平衡常数 K。

5-52 有下列反应 $FeO(s)+H_2(g) \rightleftharpoons Fe(s)+H_2O(g)$，现将 FeO 与 6.00L H_2 反应，平衡后将气体通过 CaO，气体体积减少为 4.22L，求平衡常数 K。

5-53 反应 $FeO(s)+H_2(g) \rightleftharpoons Fe(s)+H_2O(g)$ 的平衡常数 $K=0.421$，现将 FeO 与 6.00L H_2 反应，平衡后将气体通过 CaO，求此时的气体体积为多少升？

5-54 有下列反应 $Fe(s)+CO_2(g) \rightleftharpoons FeO(s)+CO(g)$。现将 2.30g Fe 与一定量的 CO_2 混合反应，平衡后，称量固体物质，其质量 $m_1=3.64g$，已知该反应的平衡常数 $K=1.47$，问反应前加入了多少摩尔 CO_2？[$M(Fe)=55.8g\cdot mol^{-1}$，$M(O)=16.0g\cdot mol^{-1}$]

5-55 某温度下反应 $2SO_2+O_2 \rightleftharpoons 2SO_3$ 的平衡常数 $K=23.1$。5.0mol SO_2 和 0.82mol O_2混合，平衡时，生成多少 SO_3？SO_2 转化为 SO_3 的转化率为多少？

5-56 某温度下反应 $2SO_2+O_2 \rightleftharpoons 2SO_3$ 的平衡常数 $K=23.1$。5.0mol SO_2 和 O_2 混合，平衡时，要求 SO_2 转化为 SO_3 的转化率为 98.0%，反应前至少要加入 O_2 多少摩尔？

5-57 某温度下反应 $2SO_2+O_2 \rightleftharpoons 2SO_3$ 的平衡常数 $K=23.1$。30.0kmol SO_2 和 O_2 混合，平衡时，要求 SO_2 转化为 SO_3 的转化率为 98.0%，反应前加入的 SO_2 与 O_2 的摩尔比最大为多少？

5-58 已知某温度下反应 $CH_3COOH+CH_3CH_2OH \rightleftharpoons CH_3COOCH_2CH_3+H_2O$ 的平衡常数 $K=2.03$，欲使 3.0mol CH_3COOH 与 CH_3CH_2OH 反应，要求 CH_3COOH 的转

化率大于85%，最少要加入多少摩尔CH_3CH_2OH？

5-59 密闭容器中的CO和H_2O发生下列反应$H_2O(g)+CO(g) \rightleftharpoons H_2(g)+CO_2(g)$，已知平衡常数$K=2.2$。现有0.68L的$H_2O$和CO混合气体（已知$H_2O$的物质的量大于CO），平衡后，将$H_2O$冷凝除去，气体体积减少0.18L，求反应前混合气体中H_2O与CO的摩尔比。

5-60 有下列反应$CO_2(g)+H_2(g) \rightleftharpoons CO(g)+H_2O(g)$，现有3.85L CO_2和2.15L H_2混合反应，平衡后，将H_2O冷凝除去，气体体积减少1.50L，求此反应的平衡常数K。

5-61 反应$CO_2(g)+H_2(g) \rightleftharpoons CO(g)+H_2O(g)$的平衡常数$K=1.47$，现有6.0L的$CO_2$和$H_2$混合气体，平衡后，用碱石灰除去$H_2O$和$CO_2$，气体体积减少2.50L，求反应前混合气体中$CO_2$与$H_2$的摩尔比。

5-62 已知$K_{sp}\{Fe_4[Fe(CN)_6]_3\}=3.3\times10^{-41}$，其中$Fe_4[Fe(CN)_6]_3 \rightleftharpoons 4Fe^{3+}+3[Fe(CN)_6]^{4-}$，求$Fe_4[Fe(CN)_6]_3$饱和溶液中$Fe^{3+}$的浓度（$mol\cdot L^{-1}$）。

5-63 已知$K_{sp}\{Fe_4[Fe(CN)_6]_3\}=3.3\times10^{-41}$，其中$Fe_4[Fe(CN)_6]_3 \rightleftharpoons 4Fe^{3+}+3[Fe(CN)_6]^{4-}$，$K_{sp}(FeS)=6.3\times10^{-18}$。通过计算判断FeS和$Fe_4[Fe(CN)_6]_3$哪种物质在水中的溶解度高？（不考虑pH的影响）

5-64 $K_{sp}[Mg(OH)_2]=1.8\times10^{-11}$，在$0.010mol\cdot L^{-1}$的$Mg^{2+}$溶液200mL中，需加入多少毫升浓度为$0.0010mol\cdot L^{-1}$的NaOH才开始有$Mg(OH)_2$沉淀？

5-65 已知$K_{sp}[Mg(OH)_2]=1.8\times10^{-11}$，需在100mL $0.20mol\cdot L^{-1}$的$MgCl_2$溶液中加入多少毫升$0.0020mol\cdot L^{-1}$的NaOH溶液才会有$Mg(OH)_2$沉淀产生？

5-66 已知$K_{sp}(CaCO_3)=2.8\times10^{-9}$，$K_{sp}(CaC_2O_4)=4.0\times10^{-9}$，在$CaCO_3$和$CaC_2O_4$混合物的饱和溶液中$[CO_3^{2-}]/[C_2O_4^{2-}]$等于多少？

5-67 已知$K_{sp}(CaCO_3)=2.8\times10^{-9}$，$K_{sp}(CaF_2)=2.7\times10^{-11}$，在$CaCO_3$和$CaF_2$混合物的饱和溶液中$[Ca^{2+}]=1.5\times10^{-7}mol\cdot L^{-1}$，求$[CO_3^{2-}]/[F^-]$等于多少？

5-68 已知$K_{sp}(AgI)=8.3\times10^{-17}$，$K_{sp}(AgBr)=5.0\times10^{-13}$。求反应$AgBr(s)+I^-(aq) \rightleftharpoons AgI(s)+Br^-(aq)$的平衡常数$K$。

5-69 已知$K_{sp}(Ag_2CrO_4)=1.1\times10^{-12}$，$K_{sp}(Ag_2C_2O_4)=3.4\times10^{-11}$。在$Ag_2C_2O_4$饱和溶液中，加入过量$Ag_2CrO_4$固体，平衡后$[C_2O_4^{2-}]$等于多少$mol\cdot L^{-1}$？

5-70 已知$K_{sp}(Ag_2CrO_4)=1.1\times10^{-12}$，$K_{sp}(AgCl)=1.8\times10^{-10}$，在$Ag_2CrO_4$饱和溶液中，加入过量的AgCl固体，平衡后$[CrO_4^{2-}]$等于多少$mol\cdot L^{-1}$？

5-71 已知$K_{sp}(Ag_2CrO_4)=1.1\times10^{-12}$，$K_{sp}(AgCl)=1.8\times10^{-10}$，将AgCl和$Ag_2CrO_4$固体混合制成饱和溶液，平衡后$Ag_2CrO_4$与AgCl的溶解度各等于多少$mol\cdot L^{-1}$？

5-72 反应$2Cl_2(g)+2H_2O(g) \rightleftharpoons 4HCl(g)+O_2(g)$平衡时$O_2$的摩尔分数为0.20，总压为$p$，现外加入原有$O_2$的20%，压力增至原压力的1.1倍，通过计算判断平衡移动方向。

5-73 反应$N_2(g)+3H_2(g) \rightleftharpoons 2NH_3(g)$，1kmol N_2与3kmol H_2反应已达平衡，NH_3占12%（摩尔分数），总压力为35MPa，求平衡常数K_p。

5-74 反应$C_2H_6 \rightleftharpoons C_2H_4+H_2$，开始阶段反应级数近似为3/2级，910K时的速率常数为$1.13L^{0.5}\cdot mol^{-0.5}\cdot s^{-1}$。试计算$C_2H_6(g)$的压力为$1.33\times10^4Pa$时，起始分解速率$v_0$（以$[C_2H_4]$的变化表示）。

5-75 295K时，反应$2NO+Cl_2 \rightleftharpoons 2NOCl$的反应物浓度与反应速率关系的数据如下：

$c(NO)/mol \cdot L^{-1}$	$c(Cl_2)/mol \cdot L^{-1}$	$v/mol \cdot L^{-1} \cdot s^{-1}$
0.200	0.200	6.4×10^{-2}
0.600	0.400	1.15
0.400	0.500	6.4×10^{-1}

写出反应的速率常数和速率方程。

5-76 295K 时，反应 $2NO+Cl_2 \rightleftharpoons 2NOCl$ 的反应物浓度与反应速率关系的数据如下：

$c(NO)/mol \cdot L^{-1}$	$c(Cl_2)/mol \cdot L^{-1}$	$v/mol \cdot L^{-1} \cdot s^{-1}$
0.200	0.100	3.2×10^{-2}
0.600	0.200	5.76×10^{-1}
0.400	0.500	6.4×10^{-1}

写出反应的速率常数和速率方程。

5-77 设想有一反应 $aA+bB+cC \longrightarrow$ 产物，如果实验表明 A、B 和 C 的浓度分别增加 1 倍后，整个反应速率增为原反应速率的 64 倍；而若［A］与［B］保持不变，仅［C］增加 1 倍，则反应速率增为原来的 4 倍；而［A］、［B］各单独增大到原来的 4 倍时，其对速率的影响相同。问该反应的反应级数是多少？这个反应是否可能是基元反应？

5-78 一氧化碳与氯气在高温下作用得到光气（$COCl_2$），反应式为 $CO(g)+Cl_2(g) \rightleftharpoons COCl_2$。实验测得反应的速率方程为 $dc(COCl_2)/dt=k[CO][Cl_2]^{3/2}$。有人认为反应机理如下：

$Cl_2 \rightleftharpoons 2Cl\cdot$（快平衡）（正、逆反应速率常数分别为 k_1 和 k_{-1}）

$Cl\cdot+CO \rightleftharpoons COCl$（快平衡）（正逆反应速率常数分别为 k_2 和 k_{-2}）

$COCl+Cl_2 \rightleftharpoons COCl_2+Cl\cdot$（慢反应）（速率常数为 k_3）

试说明这一机理与速率方程是否符合。

5-79 某一级反应 $A \longrightarrow B$，已知 $100mol \cdot L^{-1}$ 的 A 经过 14h，［A］减少了 $6.85mol \cdot L^{-1}$，求当 A 的浓度［A］$=50mol \cdot L^{-1}$ 时，需经过多少小时（h）？A 的浓度下降为［A］$=10mol \cdot L^{-1}$ 时又需多少时间？

5-80 五氧化二氮 N_2O_5 分解反应是一级反应，经过 5.7h，N_2O_5 减少了 50%，求该反应的速率常数 k。经过 15h 后，N_2O_5 的浓度为起始浓度的百分之几？

5-81 在 593K 时，$SO_2Cl_2(g) \rightleftharpoons SO_2(g)+Cl_2(g)$ 的速率常数 $k_1=2.00\times10^{-5}s^{-1}$，求在该温度下反应 2.00h 后 SO_2Cl_2 的分解百分率？

5-82 高温时 NO_2 分解为 NO 和 O_2，其反应速率方程式为 $v(NO_2)=k[NO_2]^2$，在 592K 下，速率常数是 $4.98\times10^{-1}L \cdot mol^{-1} \cdot s^{-1}$，在 656K 时，其值变为 $4.74L \cdot mol^{-1} \cdot s^{-1}$，计算该反应的活化能。

5-83 如果一反应的活化能为 $117.15kJ \cdot mol^{-1}$，问在什么温度时反应的速率常数 k 的值是 400K 时速率常数的 2 倍？

5-84 某化学反应温度 T 与速率常数关系的数据列于下表，求反应的活化能。

T/K	k/s^{-1}	T/K	k/s^{-1}
338	4.87×10^{-3}	308	1.35×10^{-4}
328	1.50×10^{-3}	298	3.46×10^{-5}
318	4.98×10^{-4}	273	7.87×10^{-7}

5-85 $CO(COOH)_2$ 在水溶液中分解成丙酮和二氧化碳，分解反应的速率常数在 283K 时为 $1.08\times10^{-4}mol\cdot L^{-1}\cdot s^{-1}$，333K 时为 $5.48\times10^{-2}mol\cdot L^{-1}\cdot s^{-1}$，试计算在 303K 时分解反应的速率常数。

5-86 某反应在 35℃时的反应速率是 25℃时的 2 倍，求此反应的活化能为何值？

5-87 某反应在 250℃时的反应速率是 200℃时的 2 倍，求此反应的活化能为何值？

5-88 某反应的活化能 $E_a=160kJ\cdot mol^{-1}$，求该反应 550℃时的反应速率是 450℃时反应速率的多少倍？

5-89 A 反应的活化能是 B 反应的活化能的 2 倍，已知 $E_{aB}=15kJ\cdot mol^{-1}$，求反应温度 $T=450K$ 时，B 反应的速率常数是 A 反应的速率常数的多少倍？

5-90 一反应的速率为 $v_1=k_1c_A^2c_B$，活化能为 E_{a1}；另一反应的速率为 $v_2=k_2c_Ac_B^2$，活化能为 $E_{a2}=12kJ\cdot mol^{-1}$。已知 $E_{a1}=2.5E_{a2}$，$c_A=4.0mol\cdot L^{-1}$，$c_B=5.0mol\cdot L^{-1}$，$T=400K$，求 v_2 是 v_1 的多少倍？

5-91 一反应的速率为 $v_1=k_1c_A^2c_B$，活化能为 E_{a1}；另一反应的速率为 $v_2=k_2c_Ac_B^2$，活化能为 E_{a2}。已知 $c_A=4.0mol\cdot L^{-1}$，$c_B=5.0mol\cdot L^{-1}$，$v_2=1.8v_1$，$T=400K$，求 E_{a2} 比 E_{a1} 大多少？

5-92 已知某基元反应 $2A+3B\longrightarrow C$ 的 $\ln k$-$1/T$ 的关系是一条直线，此直线的斜率为 -5.2×10^3，截距 $\ln A=2.00$。求 137℃，$[A]=2mol\cdot L^{-1}$，$[B]=3mol\cdot L^{-1}$时的反应速率 v 等于多少？

第 6 章　酸碱平衡及酸碱滴定法

6-1 酸碱质子理论是由下列哪一位科学家提出的？(　　)

(A) Lewis　(B) Arrhenius　(C) Brönsted　(D) Lowry

6-2 在纯水中加入一些酸，则溶液中(　　)

(A) $[H^+][OH^-]$的乘积增大　(B) $[H^+][OH^-]$的乘积减小

(C) pH 变大　(D) $[H^+]$ 增大

6-3 下面哪些不是共轭酸碱对？(　　)

(A) NH_4^+、NH_3　(B) HF、H_2F^+　(C) NH_3、NH_2^-　(D) H_3^+O、OH^-

6-4 将 pH 为 1.00 和 4.00 的两种 HCl 溶液等体积混合，混合液 pH 为(　　)

(A) 2.50　(B) 1.30　(C) 2.30　(D) 3.00

6-5 测得浓度为 $0.01mol\cdot L^{-1}$的某一元弱酸的钠盐 NaA 溶液的 pH=10.0，则该一元弱酸的离解平衡常数 K_a 为(　　)

(A) 1×10^{-18}　(B) 1×10^{-8}　(C) 1×10^{-12}　(D) 1×10^{-6}

6-6 按照酸碱质子理论，H_2O 是何种性质的物质？(　　)

(A) 酸性物质　(B) 碱性物质　(C) 中性物质　(D) 两性物质

6-7 浓度为 $0.10mol\cdot L^{-1}$的 $NaHCO_3$ 溶液的 $c(H^+)$ 近似等于(　　)。已知 K_{a_1} 和 K_{a_2} 分别代表 H_2CO_3 的一级和二级离解常数。

(A) $\sqrt{K_{a_1}K_{a_2}}$　(B) $\sqrt{0.10K_{a_1}}$　(C) $\sqrt{0.10(K_w/K_{a_1})}$　(D) $\sqrt{0.10K_{a_2}}$

6-8 欲配制 pH=5.1 的缓冲溶液，理论上缓冲体系最好选择(　　)

(A) 一氯乙酸 ($pK_a=2.86$)　(B) 氨水 ($pK_b=4.74$)

(C) 六亚甲基四胺 ($pK_b=8.85$)　(D) 甲酸 ($pK_a=3.74$)

6-9 酸碱恰好中和时（　　）

（A）酸与碱的物质的量一定相等　（B）溶液呈中性

（C）酸与碱的物质的量浓度相等　（D）酸所提供的质子数与碱所得到的质子数相等

6-10 直接滴定法标定 HCl 溶液常用的基准物质是（　　）

（A）无水 Na_2CO_3　（B）$H_2C_2O_4 \cdot 2H_2O$　（C）$CaCO_3$　（D）NaH_2PO_4

6-11 标定 HCl 溶液用的基准物 $Na_2B_4O_7 \cdot 12H_2O$，因保存不当失去了部分结晶水，则标定出的 HCl 溶液浓度（　　）

（A）偏低　（B）偏高　（C）准确　（D）无法确定

6-12 中和相同体积、相同 pH 的 $Ba(OH)_2$、NaOH 和 $NH_3 \cdot H_2O$ 三种溶液，所用相同物质的量浓度的盐酸的体积分别为 V_1、V_2 和 V_3，则三者关系为（　　）

（A）$V_3>V_2>V_1$　（B）$V_3=V_2>V_1$　（C）$V_3>V_2=V_1$　（D）$V_1=V_2>V_3$

6-13 把 pH=3 的 H_2SO_4 和 pH=10 的 KOH 溶液混合，如果混合溶液的 pH=7，则 H_2SO_4 和 KOH 溶液的体积比是（　　）

（A）1∶1　（B）1∶2　（C）1∶10　（D）1∶20

6-14 锥形瓶中盛放 20mL 0.10mol·L^{-1} 的 NH_3（$K_b=1.8\times10^{-5}$）溶液，现以 0.10mol·L^{-1}的 HCl 滴定，当滴入 20mL HCl 时，溶液的 pH 值为（　　）

（A）7.00　（B）8.72　（C）5.28　（D）6.04

6-15 用 0.1mol·L^{-1}的 HCl 溶液滴定 0.1mol·L^{-1}的 NaOH 溶液时 pH 突跃范围是 9.7～4.3，用 1mol·L^{-1}的 HCl 溶液滴定 1mol·L^{-1}的 NaOH 溶液时 pH 突跃范围是（　　）

（A）9.7～4.3　（B）8.7～5.3　（C）10.7～3.3　（D）9.7～2.3

6-16 滴定分析中，一般利用指示剂颜色的突变来判断滴定终点的到达，在指示剂变色时停止滴定。这一点称为（　　）

（A）化学计量点　（B）滴定分析　（C）滴定　（D）滴定终点

6-17 酸碱指示剂中选择指示剂的原则是（　　）

（A）$K_a=K_a(HIn)$

（B）指示剂的变色范围与化学计量点完全符合

（C）指示剂的变色范围与滴定的 pH 突跃范围有交集

（D）指示剂变色范围应完全落在滴定的 pH 突跃范围之内

6-18 用 HCl 滴定某碱，突跃范围为 pH=4.3～3.6，化学计量点的 pH=3.95，且知甲基橙的变色范围为 pH=4.4～3.1（黄→红），酚酞的变色范围为 pH=10.0～8.0（红→无色），下列指示剂的选择及滴定终点的颜色均正确的是（　　）

（A）甲基橙，橙色　（B）甲基橙，红色　（C）酚酞，无色　（D）酚酞，红色

6-19 在下列物质中，能用强碱直接滴定的是（　　）

（A）NH_4Cl（$K_b=1.8\times10^{-5}$）　（B）NH_2OH（$K_a=1.1\times10^{-6}$）

（C）苯酚（$K_a=1.1\times10^{-10}$）　（D）苯胺（$K_b=4.6\times10^{-10}$）

6-20 某碱样为 NaOH 和 Na_2CO_3 的混合液，用盐酸标准溶液滴定。先以酚酞为指示剂，耗去 HCl 溶液 V_1(mL)，继以甲基橙为指示剂，又耗去 HCl 溶液 V_2(mL)。V_1 与 V_2 的关系是（　　）

（A）$V_1=V_2$　（B）$V_1=2V_2$　（C）$V_1<V_2$　（D）$V_1>V_2$

6-21 亚硫酸钠（Na_2SO_3）的 $pK_{b_1}=6.80$，$pK_{b_2}=12.10$，其对应共轭酸的 $pK_{a_2}=$

____，pK_{a_1} = ______。

6-22 同离子效应使弱电解质的离解度__________；盐效应使弱电解质的离解度__________；后一种效应较前一种效应__________得多。

6-23 由醋酸溶液的分布曲线可知，当醋酸溶液中 HAc 和 Ac^- 的存在量各占 50% 时，pH 值即为醋酸的 pK_a 值。当 pH<pK_a 时，溶液中____________为主要存在形式；当 pH>pK_a 时，则__________为主要存在形式。

6-24 写出下列物质的质子条件：HAc 水溶液________；NaH_2PO_4 水溶液________。

6-25 一元弱酸溶液 $[H^+]$ 的最简计算公式为________________。

6-26 已知 H_2S 溶液的 $K_{a_1}=1.32\times10^{-7}$，$K_{a_2}=7.10\times10^{-15}$，则 $0.10mol\cdot L^{-1}$ Na_2S 溶液的 pH=____。

6-27 已知 NH_3 的 $K_b=1.8\times10^{-5}$，$0.36mol\cdot L^{-1}$ 的氨水与等体积 $0.18mol\cdot L^{-1}$ 的 HCl 混合后的溶液的 pH 值为________。

6-28 准确称取基准物质邻苯二甲酸氢钾（只有 1 个氢质子）0.8432g，溶解后标定 NaOH，终点时消耗 NaOH 溶液 26.36mL，则 NaOH 的准确浓度为____________。（邻苯二甲酸氢钾的摩尔质量为 $204.1g\cdot mol^{-1}$）

6-29 酸碱滴定曲线以______________变化为特征。滴定时，酸碱浓度越大，滴定突跃范围________；酸碱离解常数越大，滴定突跃范围________。

6-30 用甲醛法测定铵盐中氮 $[M(N)=14.01g\cdot mol^{-1}]$ 的含量。0.15g 试样消耗 $0.10mol\cdot L^{-1}$ 的 NaOH 溶液 20mL，则试样中 N 的含量约为__________。

6-31 写出下列各碱的共轭酸：

H_2O、NO_3^-、HSO_4^-、S^{2-}、$C_6H_5O^-$、$(CH_2)_6N_4$、R—$NHCH_2COO^-$、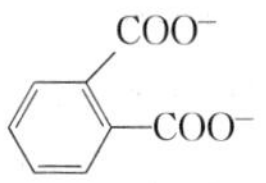

6-32 某多元酸的离解反应如下：

$$H_3A \rightleftharpoons H^+ + H_2A^- \qquad K_{a_1}$$
$$H_2A^- \rightleftharpoons H^+ + HA^{2-} \qquad K_{a_2}$$
$$HA^{2-} \rightleftharpoons H^+ + A^{3-} \qquad K_{a_3}$$

(1) 比较 K_{a_1}、K_{a_2}、K_{a_3} 的大小；(2) 在什么条件下 $[HA^{2-}]=K_{a_2}$？(3) $[A^{3-}]=K_{a_3}$ 是否成立？为什么？

6-33 pH 值大于 7 的溶液一定是氢氧化物的溶液吗？为什么？

6-34 为什么一般都用强酸（碱）溶液作酸（碱）标准溶液滴定剂？为什么酸（碱）标准溶液的浓度不宜太浓或太稀？

6-35 $0.10mol\cdot L^{-1}$ 一氯乙酸（$K_{a_1}=1.4\times10^{-3}$）和 $0.10mol\cdot L^{-1}$ 乙酸（$K_a=1.8\times10^{-5}$）的混合酸能否准确进行分步滴定或分别滴定？为什么？

6-36 某弱碱性指示剂的离解常数 $K(In^-)=1.6\times10^{-6}$，此指示剂的理论变色范围约为多少？

6-37 有一种三元酸，其 $pK_{a_1}=2.0$，$pK_{a_2}=6.0$，$pK_{a_3}=12.0$。用氢氧化钠溶液滴定时，第一和第二化学计量点的 pH 分别为多少？两个化学计量点附近有无 pH 突跃？可选用什么指示剂？能否直接滴定至酸的质子全部被作用？

6-38 已知 H_3PO_4 的 $pK_{a_1}=2.12$，$pK_{a_2}=7.20$，$pK_{a_3}=12.36$，求其共轭碱 PO_4^{3-} 的

pK_{b_1}、HPO_4^{2-} 的 pK_{b_2} 和 $H_2PO_4^-$ pK_{b_3}。

6-39 已知琥珀酸 $[(CH_2COOH)_2]$（以 H_2A 表示）的 $pK_{a_1}=4.19$，$pK_{a_2}=5.57$。试计算在 pH 为 4.88 时 H_2A、HA^-、A^{2-} 的分布系数 δ_0、δ_1、δ_2。

6-40 计算 $0.20mol \cdot L^{-1}$ $NH_3 \cdot H_2O$ 的 $[OH^-]$ 及离解度。已知 $K_b(NH_3 \cdot H_2O)=1.74\times10^{-5}$。

6-41 计算 $0.010mol \cdot L^{-1}$ H_3PO_4 溶液中 HPO_4^{2-}、PO_4^{3-} 的浓度。已知 $K_{a_1}=7.6\times10^{-3}$，$K_{a_2}=6.3\times10^{-8}$，$K_{a_3}=4.4\times10^{-13}$。

6-42 计算 $0.010mol \cdot L^{-1}$氨基乙酸溶液的 pH 值。已知 $pK_{a_1}=2.35$，$pK_{a_2}=9.78$。

6-43 在 90mLHAc($0.10mol \cdot L^{-1}$)-NaAc($0.10mol \cdot L^{-1}$) 缓冲溶液中，加入 10mL $0.010mol \cdot L^{-1}$的 HCl 溶液，比较加入前后溶液的 pH 值变化。加入 10mL $0.010mol \cdot L^{-1}$的 NaOH 溶液，比较加入前后溶液的 pH 值变化。加入 10mL 水，比较加入前后溶液的 pH 值变化。已知 HAc 的 $pK_a=4.75$。

6-44 今有三种酸 $(CH_3)_2AsO_2H$、$ClCH_2COOH$、CH_3COOH，它们的标准离解常数分别为 6.4×10^{-7}、1.4×10^{-5}、1.76×10^{-5}。试问：

(1) 欲配制 pH=6.50 的缓冲溶液，用哪种酸最好？

(2) 欲配制 1.00L 缓冲溶液，使其中酸和它的共轭碱的总浓度等于 $1.00mol \cdot L^{-1}$，需要多少克这种酸和多少克 NaOH？已知：$M[(CH_3)_2AsO_2H]=138g \cdot mol^{-1}$，$M(ClCH_2COOH)=94.55g \cdot mol^{-1}$，$M(CH_3COOH)=60.05g \cdot mol^{-1}$。

6-45 用 0.2036g 无水 Na_2CO_3 作基准物质，以甲基橙为指示剂，标定 HCl 溶液的浓度时，用去 HCl 溶液 36.06mL，计算该 HCl 溶液的浓度。已知 $M(Na_2CO_3)=106.0g \cdot mol^{-1}$。

6-46 用 $0.2000mol \cdot L^{-1}$的 HCl 溶液滴定 $0.2000mol \cdot L^{-1}$的 $NH_3 \cdot H_2O$，计算滴定百分数为 0、40%、50%、100%时溶液的 pH 值。已知 $NH_3 \cdot H_2O$ 的 $K_b=1.8\times10^{-5}$。

6-47 用 $0.2000mol \cdot L^{-1}$的 NaOH 溶液滴定 $0.2000mol \cdot L^{-1}$ HCl 与 $0.0200mol \cdot L^{-1}$ HAc 的混合溶液中的 HCl。求：(1) 化学计量点的 pH 值；(2) 化学计量点前 0.1%的 pH 值；(3) 化学计量点后 0.1%的 pH 值；(4) 此混合酸能否被 NaOH 分别滴定？

6-48 二元酸 H_2B 在 pH=1.50 时，$\delta(H_2B)=\delta(HB^-)$；pH=6.50 时，$\delta(HB^-)=\delta(B^{2-})$。(1) 求 H_2B 的 K_{a_1} 和 K_{a_2}；(2) 能否以 $0.1000mol \cdot L^{-1}$的 NaOH 分步滴定 $0.10mol \cdot L^{-1}$的 H_2B？

6-49 取 25.00mL 苯甲酸溶液，用 $0.1000mol \cdot L^{-1}$ 的 NaOH 溶液滴定，消耗 20.70mL。求：(1) 苯甲酸溶液的浓度；(2) 化学计量点的 pH 值；(3) 选择哪种指示剂？已知苯甲酸的 $K_a=6.2\times10^{-5}$。

6-50 称取 0.1750g 基准纯 $CaCO_3$ 溶于过量的 40.00mL HCl 溶液中，反应完全后，用 NaOH 溶液滴定过量的 HCl，消耗 3.05mL NaOH 溶液。已知 20.00mL 该 NaOH 溶液相当于 22.06mL HCl 溶液，计算此 HCl 溶液和 NaOH 溶液的浓度。

6-51 某试样中仅含 NaOH 和 Na_2CO_3。称取 0.3120g 试样用水溶解后，以酚酞为指示剂，用 $0.1500mol \cdot L^{-1}$的 HCl 溶液滴定，消耗 30.36mL，问还需多少毫升 HCl 溶液才能达到甲基橙的变色点？已知 $M(NaOH)=40.01g \cdot mol^{-1}$，$M(Na_2CO_3)=105.99g \cdot mol^{-1}$。

6-52 称取含惰性杂质的混合碱试样 0.7626g，加酚酞指示剂，用 $0.2573mol \cdot L^{-1}$的 HCl 标准溶液滴定至终点，消耗 20.45mL。再加甲基橙指示剂，达终点时，又消耗 HCl 溶液 22.08mL。确定组成后，计算各成分的百分含量。已知 $M(Na_2CO_3)=106.0g \cdot mol^{-1}$，$M(NaHCO_3)=84.01g \cdot mol^{-1}$，$M(NaOH)=40.01g \cdot mol^{-1}$。

6-53 测定蛋白质的含氮量，称取粗蛋白试样 1.658g，将试样中的氮转变为 NH_3 并以 25.00mL 0.2018mol·L^{-1}的 HCl 标准溶液吸收，剩余的 HCl 以 0.1600mol·L^{-1}的 NaOH 标准溶液返滴定，用去 NaOH 溶液 9.15mL，计算此粗蛋白试样中氮的质量分数。已知 $M(N)=14.01g\cdot mol^{-1}$。

6-54 称取钢样 1.000g 溶解后，将其中的磷沉淀为磷钼酸铵。用 0.1000mol·L^{-1}的 NaOH 溶液 20.00mL 溶解沉淀，过量的 NaOH 用 0.2000mol·L^{-1}的 HNO_3 滴定至酚酞刚好褪色，消耗硝酸 7.50mL。计算钢样中 P 和 P_2O_5 的质量分数。已知 $M(P)=30.97g\cdot mol^{-1}$，$M(P_2O_5)=141.95g\cdot mol^{-1}$。

第 7 章　配位化学与配位滴定法

7-1 根据晶体场理论，形成高自旋配合物的理论判据是（　　）

（A）晶体场分裂能＞电子成对能　　（B）电离能＞电子成对能

（C）晶体场分裂能＞成键能　　（D）电子成对能＞晶体场分裂能

7-2 晶体场理论认为，八面体场中，因场强不同可能产生高自旋与低自旋的电子组态是（　　）

（A）d^2　（B）d^3　（C）d^6　（D）d^8

7-3 配位化合物的内界，若有多种无机配体和有机配体，其命名顺序为（　　）

（A）无机阴离子—无机分子—有机配体　　（B）无机分子—无机阴离子—有机配体

（C）有机配体—无机分子—无机阴离子　　（D）有机配体—无机阴离子—无机分子

7-4 在用 EDTA 标准溶液滴定 Al^{3+} 时采用返滴定法，即先加入过量的 EDTA，然后用其他金属离子回滴剩余的 EDTA，这是因为（　　）

（A）Al^{3+} 没有合适的指示剂　　（B）Al^{3+} 与 EDTA 的反应速率太慢

（C）Al^{3+} 与 EDTA 的配合物稳定常数太大　（D）Al^{3+} 与 EDTA 的配合物稳定常数太小

7-5 在 EDTA 配位滴定中，下列有关酸效应的叙述中，正确的是（　　）

（A）酸效应系数愈大，配合物的稳定性愈大

（B）酸效应系数愈小，配合物的稳定性愈大

（C）pH 愈大，酸效应系数愈大

（D）pH 愈大，配位滴定曲线的 pM 突跃范围愈小

7-6 配合物的空间构型和配位数之间有着密切的关系，配位数为 4 的配合物的空间构型可能是（　　）

（A）正四面体　（B）正八面体　（C）直线型　（D）三角形

7-7 配离子 $[Ni(CN)_4]^{2-}$ 的磁矩等于 $0.0\mu_B$，其空间构型和中心离子 Ni^{2+} 的杂化轨道类型为（　　）

（A）正四面体和 sp^3 杂化　　（B）平面正方形和 dsp^2 杂化

（C）八面体和 sp^3d^2 杂化　　（D）八面体和 d^2sp^3 杂化

7-8 已知螯合物 $[Fe(C_2O_4)_3]^{3-}$ 的磁矩等于 $5.75\mu_B$，则其空间构型和中心离子 Fe^{3+} 的杂化轨道类型是（　　）

（A）八面体和 sp^3d^2 杂化　　（B）八面体和 d^2sp^3 杂化

（C）三角双锥型和 sp^3d^1 杂化　　（D）三角形和 sp^2 杂化

7-9 在 Fe^{3+}、Al^{3+}、Ca^{2+}、Mg^{2+} 混合液中，用 EDTA 法测定 Fe^{3+}、Al^{3+} 的含量时，为了消除 Ca^{2+}、Mg^{2+} 的干扰，最简便的方法是（　　）

（A）沉淀分离法　　（B）控制酸度法　　（C）配位掩蔽法　　（D）溶剂萃取法

7-10 在金属离子 M 和 N 等浓度的混合液中，用 EDTA 标准溶液直接滴定其中的 M，若要求 N 不干扰对 M 的测定，则要求（　　）

（A）$\lg K_{MY}-\lg K_{NY}\geqslant 5$　　（B）$\lg K'_{MY}-\lg K'_{NY}\geqslant 5$

（C）$pH=pK'_{MY}$　　（D）指示剂与 M、N 配合物的颜色有明显的差别

7-11 用 EDTA 滴定 Ca^{2+}、Mg^{2+}，若溶液中存在少量 Fe^{3+}，将对测定有干扰。消除干扰的方法是（　　）

（A）加 NaF　　（B）加入抗坏血酸　　（C）加 NaOH　　（D）加入三乙醇胺

7-12 用 EDTA 滴定 Cu^{2+} 时，以 PAN 作指示剂，需要加热，其主要目的是（　　）

（A）提高反应速率　　（B）克服指示剂僵化

（C）克服封闭现象　　（D）增大 EDTA 的溶解度

7-13 当 0.01mol 氯化铬（Ⅲ）（$CrCl_3\cdot 6H_2O$）在水溶液中用过量的硝酸银处理时，有 0.02mol 氯化银沉淀析出，此样品的配离子的表示式为（　　）

（A）$[Cr(H_2O)_6]^{3+}$　　（B）$[CrCl(H_2O)_5]^{2+}$

（C）$[CrCl_2(H_2O)_4]^{+}$　　（D）$[CrCl_3(H_2O)_3]$

7-14 取 Zn^{2+}-EDTA 配合物的溶液两份，分别用 pH=10 的 NaOH 溶液（A）和pH=10 的氨缓冲溶液（B）调节溶液的 pH 为 6.4，条件稳定常数分别记作 $K'_{ZnY,A}$ 和 $K'_{ZnY,B}$。以下正确的是（　　）

（A）$K'_{ZnY,A}=K'_{ZnY,B}$　　（B）$K'_{ZnY,A}>K'_{ZnY,B}$

（C）$K'_{ZnY,A}<K'_{ZnY,B}$　　（D）无法确定

7-15 若配制 EDTA 溶液时所用的水中含有 Ca^{2+}，则以 $CaCO_3$ 为基准物质标定 EDTA 溶液，然后用此标准溶液在 pH=2 左右滴定试样中的 Fe^{3+}，以磺基水杨酸作指示剂，结果（　　）

（A）偏高　　（B）偏低　　（C）正常　　（D）不确定

7-16 已知 $\lg K_{MY}=16.5$，在 pH=10 的氨缓冲溶液中，$\alpha_{Y(H)}=10^{0.5}$，$\alpha_{M(NH_3)}=10^{4.5}$，$\alpha_{M(OH)}=10^{2.4}$，则在此条件下，$\lg K'_{MY}$ 为（　　）

（A）9.1　　（B）9.6　　（C）11.5　　（D）13.6

7-17 在 $[Co(C_2O_4)_2(en)]^-$ 中，中心离子 Co^{3+} 的配位数为（　　）

（A）3　　（B）4　　（C）5　　（D）6

7-18 在 $0.01mol\cdot L^{-1}$ 的 $K[Ag(CN)_2]$ 溶液中，加入固体 KCl，使 Cl^- 的浓度为 $0.01mol\cdot L^{-1}$，可发生下列何种现象？已知 $K_{sp}(AgCl)=1.8\times 10^{-10}$，$[Ag(CN)_2]^-$ 的稳定常数 $K_{[Ag(CN)_2]^-}=1\times 10^{21}$。（　　）

（A）有沉淀生成　　（B）无现象　　（C）有气体生成　　（D）先有沉淀然后溶解

7-19 已知 Al-EDTA（无色）、Cu-EDTA（蓝色）、Cu-PAN（红色）、PAN（黄色）。在 pH=4～5 下测定 Al^{3+}，加入过量的 EDTA，加热煮沸 5min 后，加入指示剂 PAN，然后用 Cu^{2+} 标准溶液返滴定多余的 EDTA。终点时，溶液的颜色如何突变？（　　）

（A）无色→红色　　（B）黄色→红色　　（C）绿色→紫色　　（D）蓝色→红色

7-20 EDTA 与金属离子配位时，一分子的 EDTA 可提供的配位原子数是（　　）

(A) 2　　(B) 4　　(C) 6　　(D) 8

7-21　在配位化合物中，提供孤对电子的负离子或分子称为________，接受孤对电子的原子或离子称为__________，它们之间以__________键结合。

7-22　配合物 $[Cu(NH_3)_4]SO_4$ 中，内界为________，外界为__________，内界与外界之间以__________键结合。

7-23　配合物 $[NiCl_2(NH_3)_4]Cl$ 的名称是__________，内界是__________，外界是__________，配位体为__________，配位原子为__________，配位数为__________。

7-24　$[CoF_6]^{3-}$ 的空间构型是____________，测得 Co^{3+} 的电子成对能 $E_p = 21000cm^{-1}$，F^- 的配位场分裂能 $\Delta_o = 13000cm^{-1}$，$[CoF_6]^{3-}$ 的中心离子的 d 电子处于________（高自旋或低自旋）状态；按价键理论，$[CoF_6]^{3-}$ 配离子的轨道杂化类型为__________（内轨型或外轨型）。

7-25　在下列各对配离子中，比较 Δ 的大小（用“＞”或“＜”表示），并简要说明理由。

$[Co(NH_3)_6]^{2+}$__________$[Co(NH_3)_6]^{3+}$，其理由为__________________________。

$[Co(NH_3)_6]^{2+}$__________$[Co(CN)_6]^{4-}$，其理由为__________________________。

$[PdCl_4]^{2-}$__________$[PtCl_4]^{2-}$，其理由为_______________________________。

7-26　由多齿配位体与中心离子形成的环状配合物称为__________。

7-27　含有 Zn^{2+} 和 Al^{3+} 的酸性混合液，欲在 pH＝5～5.5 的条件下，用 EDTA 标准溶液滴定其中的 Zn^{2+}，需加入一定量的六亚甲基四胺和 NH_4F。加入六亚甲基四胺的作用是__________，加入 NH_4F 的作用是__________。

7-28　配合物 $K_3[FeF_6]$ 的系统命名是__________________。实验测得 $[FeF_6]^{3-}$ 的磁矩 $\mu = 5.88\mu_B$，则中心离子的轨道杂化类型是________________，配离子的空间构型是______________。

7-29　同一配离子的 $K_{稳}$ 与 $K_{不稳}$ 的关系为______________。

7-30　含有 $0.010mol \cdot L^{-1}$ Mg^{2+}-EDTA 配合物的 pH＝10 的氨性缓冲溶液中，已知 $\lg K_{MgY} = 8.7$，$\lg\alpha_{Y(H)} = 0.5$，$\lg\alpha_{Mg(OH)} \approx 0$，则 $[Mg^{2+}]$＝__________ $mol \cdot L^{-1}$，$[Y]$＝__________ $mol \cdot L^{-1}$。

7-31　在 Ag^+ 溶液中加入 Cl^-，溶液生成______沉淀；再加入氨水，生成________而使沉淀溶解；再加入 Br^- 溶液，则又出现__________沉淀；再加入 $S_2O_3^{2-}$ 溶液，由于生成__________而使沉淀溶解；再加入 I^-，溶液又出现______________沉淀；再加入 CN^- 溶液，由于生成__________而使沉淀溶解。

7-32　指出下列配合物的内界、外界、中心离子（原子）、配体、配位原子和中心离子（原子）的配位数。

(1) $[Co(en)_3]_2(SO_4)_3$　　(2) $Na_2[SiF_6]$

(3) $K_2[Pt(CN)_4(NO)_2]$　　(4) $[Fe(CO)_5]$

7-33　解释以下化学实验现象：过渡元素的水合离子多数有颜色，而 Sc^{3+}、Ti^{4+}、Cu^+ 及 Zn^{2+} 等的水合离子都是无色的。

7-34　配合物的稳定常数与条件稳定常数有什么不同？两者之间有何关系？配位反应中哪些因素影响条件稳定常数的大小？

7-35　已知配合物 A 和 B 的组成均为 Pd∶Cl∶NH_3＝1∶2∶2（摩尔比），加入 $AgNO_3$

无沉淀产生，加入 NaOH 无气体产生。将 A 与 $Na_2C_2O_4$ 反应，产物的组成为 Pd：$C_2O_4^{2-}$：NH_3＝1：1：2（摩尔比）；将 B 与 $Na_2C_2O_4$ 反应，产物的组成为 Pd：$C_2O_4^{2-}$：Na^+：NH_3＝1：2：2：2（摩尔比）。求 A 和 B 的结构式以及各自与 $Na_2C_2O_4$ 反应后的产物的结构式，并解释上述实验现象。

7-36 写出 Cr^{2+}、Fe^{2+} 和 Ni^{2+} 在八面体强场时 d 电子在 t_{2g} 和 e_g 轨道上的排布，并计算总能量的变化 ΔE（晶体场稳定化能和电子成对能分别以 Dq 和 E_p 表示）。

7-37 写出 Mn^{2+} 和 Co^{2+} 在八面体弱场时 d 电子在 t_{2g} 和 e_g 轨道上的排布，并计算总能量的变化 ΔE（晶体场稳定化能和电子成对能分别以 Dq 和 E_p 表示）。

7-38 已知 $[Co(CN)_6]^{3-}$ 的磁矩为零，试判断该配离子的几何构型和中心离子的杂化方式，并用晶体场理论推测中心离子的 d 电子分布方式和晶体场稳定化能。

7-39 已知 $\lg K_{ZnY}=16.50$，$[Zn(NH_3)_4]^{2+}$ 的 $\lg\beta_1 \sim \lg\beta_4$ 分别为 2.27、4.67、7.01、9.05。试计算 pH＝11、$[NH_3]=0.1mol \cdot L^{-1}$ 时的 K'。已知 pH＝11 时，$\lg\alpha_{Y(H)}=0.07$，$\lg\alpha_{Zn(OH)}=5.4$。

7-40 在 pH＝3.0 的条件下，用 EDTA 标准溶液滴定含 Mg^{2+}（$0.01mol \cdot L^{-1}$）、Al^{3+} 的混合溶液中的 Al^{3+}，求总的 α_Y。已知 EDTA 的 $pK_{a_1} \sim pK_{a_6}$ 分别为 0.9、1.6、2.0、2.7、6.2、10.3，$\lg K_{MgY}=8.6$。

7-41 在 pH＝4.5 时，用 $0.015mol \cdot L^{-1}$ 的 EDTA 滴定 $0.015mol \cdot L^{-1}$ 的 Zn^{2+} 溶液，问能否准确滴定？已知 $\lg K_{ZnY}=16.50$，不同 pH（3、3.5、4、4.5）对应的 $\lg\alpha_{Y(H)}$ 分别为 10.63、9.45、8.44、7.50。

7-42 取一份水样 100.00mL，调节 pH＝10，以铬黑 T 为指示剂，用 $10.00mmol \cdot L^{-1}$ 的 EDTA 滴定至终点，用去 20.40mL；另取一份水样 100.00mL，调节 pH＝12，加钙指示剂，然后以 $10.00mmol \cdot L^{-1}$ 的 EDTA 溶液滴定至终点，消耗 14.25mL。求水样的总硬度（以 $mmol \cdot L^{-1}$ 表示）和 Ca^{2+}、Mg^{2+} 的含量（以 $mg \cdot L^{-1}$ 表示）。

7-43 在 pH＝10.0 的氨性缓冲溶液中，以钙黄绿素为指示剂，用 $0.020mol \cdot L^{-1}$ 的 EDTA 滴定 $0.020mol \cdot L^{-1}$ 的 Ca^{2+} 溶液，计算 $\lg K'_{CaY}$ 和化学计量点的 pCa。已知 $\lg K_{CaY}=10.69$，pH＝10.0 时 $\lg\alpha_{Y(H)}=0.45$。

7-44 某矿样含 56％CaO 和 3.2％Cu，称取样品 0.20g 溶于 HCl 和 H_2O_2 的混合液，稀释后加 $2.0mol \cdot L^{-1}$ 的氨缓冲溶液 5mL，再稀释至 100mL，pH＝10.0。问：(1) Ca^{2+}、Cu^{2+}、NH_3 的浓度？(2) 在 Cu^{2+} 存在下，能否用 EDTA 准确滴定 Ca^{2+}？已知 $M(CaO)=56.0g \cdot mol^{-1}$，$M(Cu)=63.5g \cdot mol^{-1}$，$pK_a(NH_4^+)=9.25$，$\lg K_{CaY}=10.7$，$\lg K_{CuY}=18.8$，$\lg\alpha_{Y(H)}=0.45$，$[Cu(NH_3)_4]^{2+}$ 的 $\lg\beta_1 \sim \lg\beta_4$ 分别为 4.13、7.61、10.48、12.59。

7-45 假设 Ca^{2+} 和 EDTA 的浓度均为 $0.010mol \cdot L^{-1}$，pH＝6 时 Ca 与 EDTA 配合物的条件稳定常数是多少（忽略羟基配合等副反应）？并说明在此 pH 下能否用 EDTA 标准溶液准确滴定 Ca^{2+}。如不能滴定，求其允许的最低 pH。已知 $\lg K_{CaY}=10.69$。

pH	6.0	7.0	8.0	8.5	9.0	9.5	10.0
$\lg\alpha_{Y(H)}$	4.8	3.4	2.3	1.8	1.4	0.83	0.45

7-46 欲用 $0.02000mol \cdot L^{-1}$ 的 EDTA 标准溶液滴定 $0.02mol \cdot L^{-1}$ 的 Fe^{3+}，试计算

滴定的适宜酸度范围。已知 $\lg K(FeY)=25.1$，$K_{sp}[Fe(OH)_3]=10^{-37.4}$。

7-47 取含 Fe^{3+} 和 Al^{3+} 的试液 50.00mL，加缓冲溶液调节 pH=1.8，加入磺基水杨酸作指示剂，用 $0.02045mol\cdot L^{-1}$ 的 EDTA 溶液滴定到红色刚好消失时，用去 EDTA 29.54mL，然后将 50.00mL 上述 EDTA 溶液加入到溶液中，加入 15mL 乙酸-乙酸钠缓冲溶液调节 pH 到 4.0 左右，煮沸 5min，趁热加入 PAN 指示剂，以 $0.02000mol\cdot L^{-1}$ 的硫酸铜标准溶液返滴定过量的 EDTA，用去 24.50mL。计算试液中 Fe^{3+} 和 Al^{3+} 的浓度。

7-48 准确称取水泥熟料样品 0.5134g，充分分解后配制成 250mL 溶液。准确移取 25mL 试样溶液两份：(1) 一份加入三乙醇胺 5mL、钙黄绿素指示剂和 20%氢氧化钾溶液 10mL（pH＞12），用浓度为 $0.01576mol\cdot L^{-1}$ 的 EDTA 标准溶液滴定，消耗体积为 27.77mL；(2) 另一份加入三乙醇胺 5mL、K-B 指示剂和 10mL 氨-氯化铵缓冲溶液（pH=10），用同浓度的 EDTA 标准溶液滴定，消耗体积为 30.36mL；(3) 再准确移取试样溶液 50mL，控制 pH=2.0，用 EDTA 标准溶液滴定，消耗体积为 4.45mL；(4) 然后再向此溶液中准确加入 EDTA 标准溶液 10mL，控制 pH=3.9，用浓度为 $0.01528mol\cdot L^{-1}$ 的 $CuSO_4$ 溶液滴定，消耗体积为 2.69mL。计算水泥中氧化钙、氧化镁、氧化铁、氧化铝的含量。已知 $M(CaO)=56.08g\cdot mol^{-1}$，$M(MgO)=40.30g\cdot mol^{-1}$，$M(Fe_2O_3)=159.69g\cdot mol^{-1}$，$M(Al_2O_3)=101.96g\cdot mol^{-1}$。

第 8 章 氧化还原平衡与氧化还原滴定法

8-1 下列关于氧化还原概念的叙述，错误的是（ ）

(A) 失电子的反应物，由于它的氧化数增加，因此是氧化剂

(B) 氧化数减小的过程，称为被还原

(C) 氧化和还原必须同时发生

(D) 化学反应中反应物共用电子对的偏移，也称氧化还原反应

8-2 影响氧化还原反应平衡常数数值的因素是（ ）

(A) 反应物和产物的浓度 (B) 温度 (C) 催化剂 (D) 溶液的酸度

8-3 下列物质既能作氧化剂又能作还原剂的是（ ）

(A) HNO_3 (B) KI (C) H_2O_2 (D) KIO_4

8-4 下列氧化剂中，当增加反应物的酸度时，氧化剂的电极电位会增大的是（ ）

(A) I_2 (B) KIO_3 (C) $FeCl_3$ (D) $Ce_2(SO_4)_3$

8-5 在 $I^- + Cr_2O_7^{2-} + H^+ \longrightarrow Cr^{3+} + I_2 + H_2O$ 反应式中，I^-、$Cr_2O_7^{2-}$ 的基本计量单元分别等于其摩尔质量除以多少？（ ）

(A) 1、3 (B) 1、6 (C) 2、3 (D) 2、6

8-6 电极电位对判断氧化还原反应的性质很有用，但它不能判断（ ）

(A) 氧化还原的次序 (B) 氧化还原反应的速率

(C) 氧化还原反应的方向 (D) 氧化还原能力的大小

8-7 下列物质能直接配制标准溶液的是（ ）

(A) $KCrO_2$ (B) $KMnO_4$ (C) I_2 (D) $Na_2S_2O_3$

8-8 被 $KMnO_4$ 污染的滴定管应用哪种溶液洗涤？（ ）

(A) 铬酸洗液 (B) Na_2CO_3 (C) 洗衣粉 (D) $H_2C_2O_4$

8-9 已知：$Fe^{3+}+e = Fe^{2+}$　$\varphi^{\ominus}=0.77V$

$Zn^{2+}+2e = Zn$　$\varphi^{\ominus}=-0.76V$

$Fe^{2+}+2e = Fe$　$\varphi^{\ominus}=-0.44V$

$Al^{3+}+3e = Al$　$\varphi^{\ominus}=-1.66V$

则上述物质中还原性最强的是（　）

（A）Zn　（B）Fe^{2+}　（C）Fe　（D）Al

8-10 用 $Na_2C_2O_4$ 标定 $KMnO_4$ 时，滴定速度应控制为（　）

（A）始终缓慢　（B）慢—快—慢　（C）始终较快　（D）慢—快—快

8-11 原电池（－）Zn|$ZnSO_4(c_1)$‖$CuSO_4(c_2)$|Cu（＋），为使此原电池电动势减小，可采取以下哪种措施？（　）

（A）在 $CuSO_4$ 溶液中加入浓氨水　（B）在 $ZnSO_4$ 溶液中加入浓氨水

（C）增加 $CuSO_4$ 溶液的浓度　（D）减小 $ZnSO_4$ 溶液的浓度

8-12 用 $Na_2C_2O_4$ 标定 $KMnO_4$ 时，由于反应速率不够快，因此滴定时要维持足够的酸度和温度，但酸度和温度过高时，又会发生（　）

（A）$H_2C_2O_4$ 分解　（B）$H_2C_2O_4$ 析出

（C）$H_2C_2O_4$ 挥发　（D）$H_2C_2O_4$ 与 O_2 反应

8-13 配制 $Na_2S_2O_3$ 溶液时，要加少许 Na_2CO_3，其目的是（　）

（A）作抗氧剂　（B）除去酸性杂质

（C）增强 $Na_2S_2O_3$ 溶液的还原性　（D）防止微生物生长和 $Na_2S_2O_3$ 的分解

8-14 碘量法滴定时，合适的酸度条件是（　）

（A）强酸性　（B）微酸性　（C）强碱性　（D）弱碱性

8-15 下列测定中需要加热的有（　）

（A）$KMnO_4$ 溶液测定 H_2O_2　（B）$KMnO_4$ 法测定 MnO_2

（C）碘量法测定 Na_2S　（D）溴量法测定苯酚

8-16 $K_2Cr_2O_7$ 法中常用的指示剂为（　）

（A）$Cr_2O_7^{2-}$　（B）CrO_4^{2-}　（C）Cr^{3+}　（D）二苯胺磺酸钠

8-17 原电池（－）Zn|Zn^{2+}（1.0mol·L^{-1}）‖Ag^{+}（1.0mol·L^{-1}）|Ag（＋），已知 $\varphi^{\ominus}(Ag^{+}/Ag)=0.80V$，$\varphi^{\ominus}(Zn^{2+}/Zn)=-0.76V$，在 298.15K 时，该电池的反应平衡常数 $\lg K^{\ominus}$ 为（　）

（A）26.4　（B）52.9　（C）63.3　（D）79.7

8-18 含有 Cl^-、Br^-、I^- 的混合溶液中，加入氧化剂 $Fe_2(SO_4)_3$，已知 $\varphi^{\ominus}(Cl_2/Cl^-)=1.36V$，$\varphi^{\ominus}(Fe^{3+}/Fe^{2+})=0.77V$，$\varphi^{\ominus}(Br_2/Br^-)=1.07V$，$\varphi^{\ominus}(I_2/I^-)=0.535V$，被氧化的离子有（　）

（A）Cl^-　（B）Br^-、I^-　（C）Br^-　（D）I^-

8-19 在 $[H^+]=1.00mol\cdot L^{-1}$ 的溶液中，已知 $\varphi^{\ominus}(MnO_4^-/Mn^{2+})=1.45V$，$\varphi^{\ominus}(Fe^{3+}/Fe^{2+})=0.68V$，以 MnO_4^- 滴定 Fe^{2+}，其化学计量点的电位为（　）

（A）0.77V　（B）1.06V　（C）1.32V　（D）1.45V

8-20 已知 O 元素电位图如下：

酸性介质中　$O_2 \xrightarrow{0.67V} H_2O_2 \xrightarrow{1.77V} H_2O$

碱性介质中 $O_2 \xrightarrow{-0.08V} H_2O_2 \xrightarrow{0.87V} 2OH^-$

下列关于 H_2O_2 的说法正确的是（　　）

（A）在碱性介质中会发生反歧化反应　　（B）只有在酸性介质中才会发生歧化反应

（C）在酸碱性介质中都能发生歧化反应　　（D）在酸碱性介质中都不发生歧化反应

8-21 根据能斯特方程 $\varphi=\varphi^{\ominus}+\frac{0.0592}{n}\lg\frac{c(\text{氧化型})}{c(\text{还原型})}$，有关 $\varphi(Cr_2O_7^{2-}/Cr^{3+})$ 的电极电位的说法不正确的是（　　）

（A）温度应为 298K　　（B）Cr^{3+} 浓度增大则 φ 减小

（C）H^+ 浓度的变化对 φ 无影响　　（D）$Cr_2O_7^{2-}$ 浓度增大，则 φ 增大

8-22 已知下列反应的 $\Delta\varphi^{\ominus}$ 都大于 0，即可自发发生下列反应：

$$Fe+2Ag^+ \xlongequal{} Fe^{2+}+2Ag \qquad Zn+Fe^{2+} \xlongequal{} Fe+Zn^{2+}$$

则在标准状态下，Zn^{2+} 与 Ag 之间的反应是（　　）

（A）非自发的　　（B）处于平衡态　　（C）自发的　　（D）无法判断

8-23 在 $KMnO_4$ 法中，调节溶液酸度使用的是（　　）

（A）HAc　　（B）HCl　　（C）HNO_3　　（D）H_2SO_4

8-24 在酸性溶液中，以 $0.1000mol\cdot L^{-1}$ 的 Ce^{4+} 溶液滴定 $0.1000mol\cdot L^{-1}$ 的 Fe^{2+} 溶液，化学计量点的电位为 1.06V，对此滴定最适宜的指示剂是（　　）

（A）亚甲基蓝（$\varphi^{\ominus}=0.53V$）　　（B）二苯胺磺酸钠（$\varphi^{\ominus}=0.84V$）

（C）邻二氮菲亚铁（$\varphi^{\ominus}=1.06V$）　　（D）硝基邻二氮菲亚铁（$\varphi^{\ominus}=1.25V$）

8-25 在间接碘量法中，加入淀粉指示剂的适宜时间是（　　）

（A）滴定开始时　　（B）滴定近终点时

（C）滴入标准溶液近 30%时　　（D）滴入标准溶液近 50%时

8-26 任何电极电位的绝对值都不能直接测定，在理论上，某电对的标准电极电位 $\varphi^{\ominus}$ 是将其与________电极组成原电池测定该电池的电动势而得到的电极电位的相对值。在实际测定中常以________电极为基准，与待测电极组成原电池测定之。

8-27 已知 $\varphi^{\ominus}(Fe^{3+}/Fe^{2+})=0.77V$，$\varphi^{\ominus}(Br_2/Br^-)=1.1V$，$\varphi^{\ominus}(Cl_2/Cl^-)=1.36V$，则此三电对组合时能自发进行的三个化学反应方程式是____________，________，________。

8-28 根据 Au 元素的电位图 $Au^{3+}\xrightarrow{1.41V}Au^{+}\xrightarrow{1.68V}Au$，写出能够自发进行的离子反应方程式：________________。

8-29 下列 A、B 两个电池，电池反应式为：

A　$Fe(s)+Cl_2(1.00\times10^5Pa) \rightleftharpoons Fe^{2+}(1.0mol\cdot L^{-1})+2Cl^-(1.0mol\cdot L^{-1})$

B　$\frac{1}{2}Fe(s)+\frac{1}{2}Cl_2(1.00\times10^5Pa) \rightleftharpoons \frac{1}{2}Fe^{2+}(1.0mol\cdot L^{-1})+Cl^-(1.0mol\cdot L^{-1})$

它们的电动势之比 $E_A/E_B=$______；$\lg K_A^{\ominus}/\lg K_B^{\ominus}=$________。

8-30 称取含有 $BaCl_2$ 的试样，溶于水后加 KIO_3 将 Ba^{2+} 沉淀为 $Ba(IO_3)_2$，滤去沉淀，洗涤，加入过量 KI 于滤液中并酸化，析出的 I_2 用 $Na_2S_2O_3$ 标准溶液滴定，则 $BaCl_2$ 与 $Na_2S_2O_3$ 的物质的量之比为________。

8-31 用电对 MnO_4^-/Mn^{2+}、Cl_2/Cl^- 组成的原电池，其正极反应为________________，负极反应为________________________，电池的电

动势为________________，电池符号为________________________。已知 $\varphi^{\ominus}(MnO_4^-/Mn^{2+})=1.51V$；$\varphi^{\ominus}(Cl_2/Cl^-)=1.36V$)

8-32 配平下列反应式：

(1) ( )Mn^{2+}+( )PbO_2+( )H^+ ══ ( )MnO_4^-+( )Pb^{2+}+( )H_2O

(2) ( )ClO^-+( )I_2+( )OH^- ══ ( )IO_3^-+( )Cl^-+( )H_2O

8-33 根据 $\varphi^{\ominus}(PbO_2/PbSO_4)>\varphi^{\ominus}(MnO_4^-/Mn^{2+})>\varphi^{\ominus}(Sn^{4+}/Sn^{2+})$，可以判断在组成电对的六种物质中，氧化性最强的是________，还原性最强的是____________。

8-34 在 $Fe+NaNO_2+NaOH+H_2O$ ══ $Na_2FeO_4+NH_3$ 的反应中，氧化剂被还原的半反应是________________。

8-35 根据铬在酸性溶液中的元素电位图可知，$\varphi^{\ominus}(Cr^{2+}/Cr)$ 为____________。

$$Cr^{3+}\xrightarrow{-0.41V}Cr^{2+}\xrightarrow{\qquad}Cr$$
$$\underbrace{\qquad\qquad\qquad\qquad}_{-0.74V}\ (Cr^{3+}\to Cr)$$

8-36 为了提高氧化还原滴定的速度，可采取的措施有________、________、________和________。

8-37 已知 298K 时 $MnO_4^-+8H^++5e$ ══ $Mn^{2+}+4H_2O$ 的 $\varphi^{\ominus}=1.49V$，$SO_4^{2-}+4H^++2e$ ══ $H_2SO_3+H_2O$ 的 $\varphi^{\ominus}=0.20V$，用这两个电对组成原电池，则

(1) 标准态时的电池符号为________________________________；

(2) 电池的标准电动势 $E^{\ominus}=$________；总反应的平衡常数 $K^{\ominus}=$________。

8-38 间接碘量法测定铜矿石含量的基本原理是（写出反应方程式）____________。

8-39 从锰在酸性溶液中的元素电位图

$$MnO_4^-\xrightarrow{0.56V}MnO_4^{2-}\xrightarrow{2.3V}MnO_2\xrightarrow{0.95V}Mn^{3+}\xrightarrow{1.51V}Mn^{2+}\xrightarrow{-1.03V}Mn$$
$$(MnO_4^-\to MnO_2:\ 1.7V)\qquad (MnO_2\to Mn^{2+}:\ 1.2V)$$

可以看出，在酸性介质中会发生歧化反应的物质是____________________。

8-40 氧化还原滴定法测定试样中 Mn^{2+}、Cr^{3+} 的含量时，通常加入的预处理剂为________。

8-41 写出氧化还原滴定中指示剂的类型，各举一例说明。

8-42 写出高锰酸钾在强酸性、中性或弱碱性以及强碱性介质中的还原产物及半反应式。

8-43 为什么在测定 MnO_4^- 时一般不采用 Fe^{2+} 标准溶液直接滴定，而是在 MnO_4^- 试液中加过量 Fe^{2+} 标准溶液，再使用 $KMnO_4$ 标准溶液回滴？

8-44 写出溴酸钾法测定苯酚的有关反应式，并指出此测定中 $Na_2S_2O_3$ 与苯酚的化学计量比。

8-45 配制 NaOH、$KMnO_4$、$Na_2S_2O_3$ 的标准溶液时，均需将水煮沸，试问原因。

8-46 在 Ag-Cu 原电池中 $c(Ag^+)=c(Cu^{2+})=0.5mol\cdot L^{-1}$，$T=298.15K$。写出电池符号，求出电动势。已知 $\varphi^{\ominus}(Ag^+/Ag)=0.799V$，$\varphi^{\ominus}(Cu^{2+}/Cu)=0.340V$。

8-47 在 298K 时，下列半反应的电极电位为：

$$In^{3+}+3e\rightleftharpoons In\qquad \varphi^{\ominus}=-0.346V$$
$$Zn^{2+}+2e\rightleftharpoons Zn\qquad \varphi^{\ominus}=-0.760V$$

(1) 标准态下判断反应 $3Zn+2In^{3+}$ ══ $3Zn^{2+}+2In$ 能否进行？

(2) 求该反应在 298K 时的平衡常数 $K^{\ominus}$。

8-48 计算 0.100mol·L^{-1}的 $KMnO_4$ 和 0.100mol·L^{-1}的 $K_2Cr_2O_7$ 溶液在 $[H^+]=$ 1.00mol·L^{-1} 的酸性条件下还原一半时的电位。已知 $\varphi^{\ominus}(MnO_4^-/Mn^{2+})=1.45V$，$\varphi^{\ominus}(Cr_2O_7^{2-}/Cr^{3+})=1.02V$。

8-49 已知电池 (−)Cd|Cd^{2+}(? mol·L^{-1})‖Ni^{2+}(2.00mol·L^{-1})|Ni(+) 的电动势 E 为 0.200V，$\varphi^{\ominus}(Cd^{2+}/Cd)=-0.402V$，$\varphi^{\ominus}(Ni^{2+}/Ni)=-0.230V$，求电池中 Cd^{2+} 的浓度。

8-50 设有两个电池 A、B，A 为 (−)Cu|$Cu^{2+}(c_2)$‖$Cu^{2+}(c_1)$|Cu(+)，电池电动势为 E_A；B 为 (−)Pt|$Cu^{2+}(c_2)$，$Cu^+(c_3)$‖$Cu^{2+}(c_1)$，$Cu^+(c_3)$|Pt(+)，电池电动势为 E_B。求 E_A 与 E_B 的关系。

8-51 已知 $\varphi^{\ominus}(Cu^{2+}/Cu)=0.340V$，$\varphi^{\ominus}(Cu^+/Cu)=0.522V$，反应 $2Cl^-+Cu^+ \rightleftharpoons [CuCl_2]^-$ 的稳定常数 $K_{稳}=3.16\times10^5$。求反应 $Cu^{2+}+Cu+4Cl^- \rightleftharpoons 2[CuCl_2]^-$ 的平衡常数 $K^{\ominus}$。

8-52 将 0.20mol·L^{-1}的 Sn^{2+} 溶液和 0.40mol·L^{-1}的 Fe^{3+} 溶液等体积混合，将发生什么反应？求该反应的平衡常数以及平衡时 Sn^{2+} 和 Fe^{3+} 的浓度。已知 $\varphi^{\ominus}(Fe^{3+}/Fe^{2+})=0.77V$，$\varphi^{\ominus}(Sn^{4+}/Sn^{2+})=0.15V$。

8-53 在 1mol·L^{-1}的 HCl 溶液中，用 Fe^{3+} 滴定 Sn^{2+}。计算下列滴定百分数分别为 50%、100%、150%时溶液的电位。已知 $\varphi^{\ominus}(Fe^{3+}/Fe^{2+})=0.77V$，$\varphi^{\ominus}(Sn^{4+}/Sn^{2+})=0.15V$。

8-54 称取 Na_2HAsO_3、As_2O_5 和其他惰性物质的混合物 0.2000g，溶解后在 $NaHCO_3$ 溶液中，用 0.05000mol·L^{-1}的 I_2 标准溶液滴定，终点时，用去 I_2 标准溶液 13.55mL。再将溶液酸化后加入过量 KI，析出的 I_2 用 0.1007mol·L^{-1}的 $Na_2S_2O_3$ 标准溶液滴定，终点时，用去 $Na_2S_2O_3$ 标准溶液 20.05mL。计算试样中 Na_2HAsO_3、As_2O_5 的含量。已知 $M(Na_2HAsO_3)=169.9g\cdot mol^{-1}$，$M(As_2O_5)=229.84g\cdot mol^{-1}$。

8-55 将纯 $KMnO_4$ 和 $K_2Cr_2O_7$ 的混合物 0.2400g 与过量的 KI 在酸性介质中反应。析出的 I_2 以 0.2000mol·L^{-1} 的 $Na_2S_2O_3$ 溶液滴定，终点时耗去 30.00mL。求混合物中 $KMnO_4$ 和 $K_2Cr_2O_7$ 的质量百分数。已知 $M(KMnO_4)=158.0g\cdot mol^{-1}$，$M(K_2Cr_2O_7)=294.2g\cdot mol^{-1}$。

8-56 将 1.000g 钢样中的铬氧化成 $Cr_2O_7^{2-}$，加入 0.1000mol·L^{-1}的 $FeSO_4$ 标准溶液 25.00mL，然后用 0.01800mol·L^{-1}的 $KMnO_4$ 标准溶液回滴过量的 $FeSO_4$，终点时消耗 7.00mL。计算钢样中铬的百分含量。已知$M(Cr)=51.9961g\cdot mol^{-1}$。

8-57 用碘量法测定 Cu 含量时，需先标定 $Na_2S_2O_3$ 标准溶液，称取 0.5903g 纯 $KBrO_3$，加入 KBr 2.5g，以水溶解后定量转移至 250mL 容量瓶并稀释至刻度，移取 25.00mL 于碘量瓶中，酸化后加入过量 KI，以 $Na_2S_2O_3$ 滴定至终点时消耗 21.45mL，则 $Na_2S_2O_3$ 的浓度是多少？称取铜合金试样 0.2000g，处理成溶液后加入过量的 KI，然后用上述 $Na_2S_2O_3$ 标准溶液滴定至终点时消耗 25.13mL，计算试样中铜的百分含量。已知 $M(KBrO_3)=167.01g\cdot mol^{-1}$，$M(Cu)=63.55g\cdot mol^{-1}$。

8-58 称取含 KBr 和 KI 的混合试样 1.000g，溶解并定容至 200.00mL 后，作如下测定：(1) 移取 50.00mL 溶液，在近中性条件下，以溴水充分处理，此时 I^- 转变为 IO_3^-。将溴驱尽，加入过量 KI 溶液，酸化，生成的 I_2 用 0.1000mol·L^{-1} 的 $Na_2S_2O_3$ 溶液滴定，以淀粉作指示剂滴至终点时，消耗 30.00mL。(2) 另取 50.00mL 试液，用 H_2SO_4 酸化，

加入足量 $K_2Cr_2O_7$ 溶液处理，将生成的 I_2 和 Br_2 蒸馏并收集在含有过量 KI 的弱酸性溶液中，待反应完全后，以 $0.1000mol \cdot L^{-1}$ 的 $Na_2S_2O_3$ 溶液滴定 I_2，至终点时，消耗 15.00mL。计算混合试样中 KI 和 KBr 的质量百分数。已知 $M(KI)=166.0g \cdot mol^{-1}$，$M(KBr)=119.0g \cdot mol^{-1}$。

8-59 称取含甲酸的试样 0.2040g，溶解于碱性溶液中后加入 $0.02610mol \cdot L^{-1}$ 的 $KMnO_4$ 溶液 25.00mL，待反应完全后，酸化，加入过量的 KI 还原过剩的 MnO_4^- 以及 MnO_4^{2-} 歧化生成的 MnO_4^- 和 MnO_2，最后用 $0.1002mol \cdot L^{-1}$ 的 $Na_2S_2O_3$ 标准溶液滴定析出的 I_2，消耗 $Na_2S_2O_3$ 溶液 3.02mL。计算试样中甲酸的含量。已知 $M(HCOOH)=46.03g \cdot mol^{-1}$。

8-60 称取含 KI 的试样 0.5000g，溶于水加 $0.05000mol \cdot L^{-1}$ 的 KIO_3 溶液 10.00mL，反应后煮沸驱尽所生成的 I_2；冷却，加过量 KI 与剩余的 KIO_3 反应，析出的 I_2 用 $0.1008mol \cdot L^{-1}$ 的 $Na_2S_2O_3$ 溶液滴定，消耗 21.14mL。求试样中 KI 的含量。已知 $M(KI)=166.0g \cdot mol^{-1}$。

第 9 章　沉淀平衡及其在分析中的应用

9-1 晶型沉淀陈化的目的是（　　）

(A) 增大沉淀的溶解度　　(B) 小颗粒长大，使沉淀更纯净

(C) 避免后沉淀现象　　(D) 形成非晶型沉淀

9-2 下列叙述正确的是（　　）

(A) 溶解度小的沉淀总是向溶解度大的沉淀转化

(B) 盐效应使沉淀的溶解度减小

(C) 酸效应使沉淀的溶解度增大

(D) 对水稀释后仍含有 AgCl(s) 的溶液来说，稀释前后的溶解度和溶度积均不变

9-3 欲使 $BaCO_3$ 在水溶液中的溶解度增大，可采用的方法是（　　）

(A) 加入 $1.0mol \cdot L^{-1}$ 的 NaOH 溶液　　(B) 加入 $1.0mol \cdot L^{-1}$ 的 Na_2CO_3 溶液

(C) 加入 $0.10mol \cdot L^{-1}$ 的 $BaCl_2$ 溶液　　(D) 降低溶液的 pH

9-4 25℃时，$K_{sp}(Ag_2SO_4)=1.2\times10^{-5}$，$K_{sp}(AgCl)=1.8\times10^{-10}$，$K_{sp}(BaSO_4)=1.1\times10^{-10}$，将浓度 $0.0010mol \cdot L^{-1}$ 的 Ag_2SO_4 与浓度为 $2.0\times10^{-6}mol \cdot L^{-1}$ 的 $BaCl_2$ 溶液等体积混合，将会有（　　）

(A) 只生成 Ag_2SO_4 沉淀　　(B) 只生成 AgCl 沉淀

(C) 只生成 $BaSO_4$ 沉淀　　(D) 同时生成 $BaSO_4$ 和 AgCl 沉淀

9-5 某温度下，CaF_2 饱和溶液的浓度为 $3.0\times10^{-4}mol \cdot L^{-1}$，该温度下 CaF_2 的溶度积为（　　）

(A) 6.0×10^{-12}　　(B) 2.7×10^{-11}　　(C) 1.1×10^{-10}　　(D) 1.8×10^{-11}

9-6 现有一含有 $CaF_2(s)$（$K_{sp}=1.1\times10^{-10}$）与 $CaSO_4(s)$（$K_{sp}=7.1\times10^{-5}$）的饱和溶液，其中 $c(F^-)=1.6\times10^{-4}mol \cdot L^{-1}$，则 $c(SO_4^{2-})=$（　　）$mol \cdot L^{-1}$。

(A) 1.2×10^{-3}　　(B) 75.7　　(C) 1.65×10^{-2}　　(D) 5.86×10^{-3}

9-7 已知 $Ca(OH)_2$ 的 $K_{sp}=5.5\times10^{-8}$，则其饱和溶液的 pH 为（　　）

(A) 2.43　　(B) 2.62　　(C) 11.38　　(D) 11.68

9-8 Ag_2CO_3（$K_{sp}=8.1\times10^{-12}$）全部转化为 Ag_2CrO_4（$K_{sp}=1.1\times10^{-12}$），$\frac{c(CrO_4^{2-})}{c(CO_3^{2-})}$ 为（　　）

（A）>0.014　　（B）<0.014　　（C）不确定　　（D）>0.14

9-9 在 0.010mol·L^{-1}的 Fe^{2+} 溶液中通入 H_2S 至饱和（0.10mol·L^{-1}），欲使 FeS 不沉淀，应控制溶液的 pH 为（　　）。已知 $K_{sp}(FeS)=6.0\times10^{-18}$，$H_2S$ 的 $K_{a_1}=1.3\times10^{-7}$，$K_{a_2}=7.1\times10^{-13}$。

（A）pH≤4.59　　（B）pH>4.59　　（C）pH≤3.41　　（D）pH≥3.41

9-10 在 $CaCO_3$（$K_{sp}=4.9\times10^{-9}$）、CaF_2（$K_{sp}=1.5\times10^{-10}$）、$Ca_3(PO_4)_2$（$K_{sp}=2.1\times10^{-33}$）的饱和溶液中，Ca^{2+} 浓度由大到小的顺序是（　　）

（A）$CaF_2>CaCO_3>Ca_3(PO_4)_2$　　（B）$CaF_2>Ca_3(PO_4)_2>CaCO_3$

（C）$CaCO_3>CaF_2>Ca_3(PO_4)_2$　　（D）$Ca_3(PO_4)_2>CaF_2>CaCO_3$

9-11 有关沉淀的洗涤，下列说法错误的是（　　）

（A）洗涤应采用少量多次的原则

（B）胶溶的无定型沉淀用冷的电解质溶液洗涤

（C）溶解度较大的沉淀先用稀沉淀剂洗涤

（D）溶解度小的沉淀用蒸馏水洗涤即可

9-12 下列说法正确的是（　　）

（A）重量分析法也需要基准物才能保证结果的可靠性和准确性

（B）选择的沉淀形式要性质稳定，不与空气中的 CO_2 和 O_2 反应

（C）应选择摩尔质量较小的物质作为称量形式

（D）重量分析法操作步骤多、繁琐，速度慢

9-13 pH=3.5 时用莫尔法测定 Cl^- 的含量，则测定结果（　　）

（A）偏高　　（B）偏低　　（C）无影响　　（D）不确定

9-14 下列条件中适于采用福尔哈德法的是（　　）

（A）滴定酸度在中性或弱酸性条件下　　（B）以荧光黄为指示剂

（C）滴定酸度为 0.1～1.0mol·L^{-1}　　（D）以 K_2CrO_4 为指示剂

9-15 准确移取 0.1000mol·L^{-1}的 Zn^{2+} 标准溶液 25.00mL，以二苯胺-Fe^{3+} 为指示剂，用 $K_4[Fe(CN)_6]$ 溶液滴定，形成 $Zn_2[Fe(CN)_6]$ 沉淀，终点时耗去 28.50mL，则 $K_4[Fe(CN)_6]$ 溶液的浓度为（　　）。

（A）0.02192mol·L^{-1}　　（B）0.04386mol·L^{-1}

（C）0.08771mol·L^{-1}　　（D）0.1315mol·L^{-1}

9-16 沉淀的形成过程包括________和________两个部分。

9-17 在进行沉淀反应时，某些可溶性杂质同时沉淀下来的现象叫________现象，其产生原因有表面吸附、吸留和________。

9-18 一般来讲，同离子效应使难溶电解质的溶解度________，盐效应使难溶电解质的溶解度________，而同离子效应比盐效应______。

9-19 难溶电解质 $MgNH_4PO_4$ 和 $Ca_3(PO_4)_2$ 的溶度积表达式分别是________________，________________。

9-20 当溶液的 pH 减小时，$BaCO_3$(s) 的溶解度将________，$BaSO_4$(s) 的溶解

度将________。

9-21 已知 CaF_2 的溶度积为 1.1×10^{-10}，则在 CaF_2 的饱和溶液中，$[F^-]=$______ $mol\cdot L^{-1}$，CaF_2 的溶解度为____________ $mol\cdot L^{-1}$。

9-22 沉淀滴定法中，莫尔法用的指示剂是________，滴定 pH 条件是_________，用该法测定 Cl^-，终点时沉淀颜色从_____色变为_____色。

9-23 沉淀滴定法中，用福尔哈德法测定 Cl^- 时，所用的指示剂是__________，滴定剂是_________；为了保护 AgCl 沉淀不被转化，需加入的包裹剂是__________。

9-24 沉淀滴定法中，法扬司法最常用的指示剂是_________。

9-25 福尔哈德法的滴定终点，在实际中因为 AgSCN 沉淀吸附 Ag^+，常使终点____到达。

9-26 用 $K_{sp}(Ag_2CrO_4)$ 和 $K_{sp}(AgCl)$ 表示 Ag_2CrO_4 转化为 AgCl 的平衡常数为______________。

9-27 已知 $K_{sp}(MnS)=2.5\times10^{-10}$，$K_{sp}(ZnS)=2.5\times10^{-22}$，$K_{sp}(FeS)=6.3\times10^{-18}$，在生产硫酸锰时，利用生成硫化物沉淀的方法来净化 $MnSO_4$ 溶液。若 $[Mn^{2+}]=0.73mol\cdot L^{-1}$，当 MnS 沉淀析出时，溶液中的 $[Zn^{2+}]=$_____________ $mol\cdot L^{-1}$，$[Fe^{2+}]=$_____________ $mol\cdot L^{-1}$。

9-28 已知 $BaSO_4$ 的 $K_{sp}=1.1\times10^{-10}$，H_2SO_4 的 $K_{a_2}=1.02\times10^{-2}$，则 $BaSO_4$ 在纯水中的溶解度是__________ $mol\cdot L^{-1}$，在 $0.10mol\cdot L^{-1}$ 的 $BaCl_2$ 溶液中的溶解度是____________ $mol\cdot L^{-1}$。

9-29 为什么 $BaSO_4$ 沉淀需要陈化，而 $Fe_2O_3\cdot nH_2O$ 沉淀不需要陈化？当用过量的 H_2SO_4 沉淀 Ba^{2+} 时，K^+、Na^+ 均能被共沉淀。哪个离子的共沉淀严重？已知离子半径（r）为：$r(K^+)=133pm$，$r(Na^+)=95pm$，$r(Ba^{2+})=135pm$。

9-30 为什么 $BaSO_4$ 沉淀可以用水洗涤，而 AgCl 沉淀要用稀 HNO_3 洗涤？

9-31 写出莫尔法、福尔哈德法和法扬司法测定 Cl^- 的主要反应，并指出各种方法选用的指示剂和酸度条件。

9-32 试简述离心机在使用时应注意哪些问题。

9-33 在下列情况下，测定结果是偏高、偏低，还是无影响？并说明其原因。

(1) 在 pH=4 的条件下，用莫尔法测定 Cl^-。

(2) 用福尔哈德法测定 Cl^-，既没有将 AgCl 沉淀滤去，也没有加有机包裹剂。

(3) 在 (2) 的条件下测定 Br^-。

9-34 沉淀发生转化的条件是什么？试解释在实验中为何砖红色沉淀 Ag_2CrO_4 向白色沉淀 AgCl 转化？已知 $K_{sp}(AgCl)=1.56\times10^{-10}$，$K_{sp}(Ag_2CrO_4)=9.0\times10^{-12}$。

9-35 用何种银量法测定下列试样？为什么？

(1) KSCN　　(2) K_2CO_3+KCl　　(3) KBr

9-36 根据已知条件求溶度积常数。

(1) $FeCO_3$ 在 1L 水中能溶解 0.65mg。

(2) AgI 在 $0.010mol\cdot L^{-1}$ $AgNO_3$ 溶液中的溶解度为 $1.5\times10^{-14}mol\cdot L^{-1}$。

9-37 假设 Ag^+ 与 A^-、B^{2-} 两离子都可形成沉淀，$K_{sp}(AgA)=1.56\times10^{-10}$，$K_{sp}(Ag_2B)=8.1\times10^{-12}$，当在 A^- 和 B^{2-} 的浓度都是 $0.100mol\cdot L^{-1}$ 的混合溶液中逐滴加入 $AgNO_3$ 溶液（忽略体积改变）时，AgA 和 Ag_2B 哪一种先沉淀？当 Ag_2B 开始沉淀时，溶液中 A^- 的浓度是多少？

9-38 已知某金属氢氧化物 $M(OH)_2$ 的 $K_{sp}=5\times10^{-16}$，向 0.10mol·L^{-1}的 M^{2+}溶液中加入 NaOH，忽略体积变化和各种氢氧基配合物，分别计算当 M^{2+}有 1%沉淀、50%沉淀、99%沉淀时溶液的 pH。

9-39 0.05mol·L^{-1} Sr^{2+} 和 0.10mol·L^{-1} Ca^{2+} 的混合溶液用固体 Na_2CO_3 处理，$SrCO_3$首先沉淀。当 $CaCO_3$ 开始沉淀时，Sr 沉淀的百分数为多少？已知 $K_{sp}(CaCO_3)=2.8\times10^{-9}$，$K_{sp}(SrCO_3)=1.1\times10^{-10}$。

9-40 计算当 0.010mol·L^{-1}的 $Ca(NO_3)_2$ 溶液与 0.010mol·L^{-1}的 NH_4HF_2 溶液等体积混合后有无沉淀生成。已知 $K_{sp}(CaF_2)=2.7\times10^{-11}$。

9-41 混合溶液中含有 0.010mol·L^{-1}的 Pb^{2+} 和 0.10mol·L^{-1}的 Ba^{2+}，问能否用 K_2CrO_4 溶液将 Pb^{2+}和 Ba^{2+}有效分离？已知 $K_{sp}(PbCrO_4)=2.8\times10^{-13}$，$K_{sp}(BaCrO_4)=1.2\times10^{-10}$。

9-42 如果 $BaCO_3$ 沉淀中含有 0.020mol $BaSO_4$，则问向 1L 该沉淀的饱和溶液中加入多少摩尔的 Na_2CO_3 才能使 0.020mol $BaSO_4$ 完全转化为 $BaCO_3$？$K_{sp}(BaCO_3)=8.1\times10^{-9}$，$K_{sp}(BaSO_4)=1.1\times10^{-10}$。

9-43 灼烧过的 $BaSO_4$ 沉淀为 0.5013g，其中有少量 BaS，用 H_2SO_4 润湿，过量的 H_2SO_4 蒸发除去。再灼烧，称得沉淀的质量为 0.5121g，求 $BaSO_4$ 沉淀中 BaS 的质量分数。

9-44 称取 CaC_2O_4 和 MgC_2O_4 的混合试样 0.6240g，在 500℃下加热，定量转化为 $CaCO_3$ 和 $MgCO_3$ 后，称得质量为 0.4830g。(1) 计算试样中 CaC_2O_4 和 MgC_2O_4 的质量分数；(2) 若在 900℃加热该混合物，定量转化为 CaO 和 MgO 的质量为多少克？

9-45 为了测定长石中 K、Na 的含量，称取试样 0.4588g。首先使其中的 K、Na 定量转化为 KCl 和 NaCl，质量为 0.1208g，然后溶解于水，再用 $AgNO_3$ 溶液处理，得到 AgCl 沉淀 0.2513g。计算长石中 K_2O 和 Na_2O 的质量分数。

9-46 于 100mL 含 0.1000g Ba^{2+} 的溶液中，加入 0.010mol·L^{-1}的 H_2SO_4 溶液 50mL。问溶液中还剩余多少克 Ba^{2+}？如沉淀用 100mL 纯水或 100mL 0.010mol·L^{-1}的 H_2SO_4 溶液 100mL 洗涤，假设洗涤时达到了沉淀平衡，问各损失 $BaSO_4$ 多少毫克？

9-47 称取 NaCl 试液 20.00mL，加入 K_2CrO_4 指示剂，用 0.1023mol·L^{-1}的 $AgNO_3$ 标准溶液滴定，用去 27.00mL，求每升溶液中含 NaCl 多少克？

9-48 称取可溶性氯化物试样 0.2266g，用水溶解后，加入 0.1121mol·L^{-1}的 $AgNO_3$ 标准溶液 30.00mL。过量的 Ag^+ 用 0.1185mol·L^{-1}的 NH_4SCN 标准溶液滴定，用去 6.50mL，计算试样中氯的质量分数。

9-49 称取含砷试样 0.5000g，溶解后在弱碱性介质中将砷处理为 AsO_4^{3-}，然后沉淀为 Ag_3AsO_4。将沉淀过滤、洗涤，最后将沉淀溶于酸中，用 0.1000mol·L^{-1}的 NH_4SCN 溶液滴定其中的 Ag^+ 至终点，消耗 45.45mL。计算试样中砷的质量分数。

9-50 称取含有 NaCl 和 NaBr 的试样 0.6360g，溶解后用 $AgNO_3$ 溶液处理，得到干燥的 AgCl 和 AgBr 沉淀 0.5064g。另称取相同质量的试样 1 份，用 0.1050mol·L^{-1}的$AgNO_3$ 溶液滴定至终点，消耗 28.34mL。计算试样中 NaCl 和 NaBr 的质量分数。

第10章　s区元素

10-1 下列各对元素中化学性质最相似的是（　）

(A) H、Li　(B) Na、Mg　(C) Al、Be　(D) Al、Si

10-2　第ⅠA 族的金属与过量水反应的产物，最恰当的表示是（　）

(A) MOH 和 H_2　(B) M^+(aq)、OH^-(aq) 和 H_2

(C) MOH 和 H_2O　(D) M_2O 和 H_2

10-3　和水反应得不到 H_2O_2 的是（　）

(A) K_2O_2　(B) Na_2O_2　(C) KO_2　(D) KO_3

10-4　下列物质中，碱性最强的是（　）

(A) LiOH　(B) $Mg(OH)_2$　(C) $Be(OH)_2$　(D) $Ca(OH)_2$

10-5　下列碳酸盐中加热时最易分解为氧化物的是（　）

(A) $MgCO_3$　(B) $CaCO_3$　(C) $BaCO_3$　(D) $SrCO_3$

10-6　金属钙在空气中燃烧生成（　）

(A) CaO　(B) CaC_2　(C) CaO_2　(D) CaO 及少量 Ca_3N_2

10-7　在下列卤化物中，共价性最强的是（　）

(A) 氟化钾　(B) 氯化钠　(C) 碘化锂　(D) 碘化铍

10-8　在下列各组化合物中，均难溶于水的是（　）

(A) $BaCrO_4$、LiF　(B) $Mg(OH)_2$、$Ba(OH)_2$

(C) $MgCl_2$、$BaCO_3$　(D) $SrCl_2$、$CaCl_2$

10-9　下列化合物用煤气灯火焰加热时，其分解产物不是氧化物、二氧化氮和氧气的是（　）

(A) KNO_3　(B) $Mg(NO_3)_2$　(C) $Pb(NO_3)_2$　(D) $LiNO_3$

10-10　下列哪种原子的半径最大？（　）

(A) Na　(B) Al　(C) Ca　(D) K

10-11　下列物质中，晶格能最大的是（　）

(A) MgO　(B) BaO　(C) SrO　(D) CaO

10-12　下列碳酸盐中，溶解度最小的是（　）

(A) K_2CO_3　(B) $NaHCO_3$　(C) Li_2CO_3　(D) Na_2CO_3

10-13　重晶石的化学组成是（　）

(A) $SrCO_3$　(B) $SrSO_4$　(C) $BaSO_4$　(D) $CaSO_4 \cdot 2H_2O$

10-14　金属钠在空气（无 CO_2）中燃烧生成（　）

(A) Na_2O_3　(B) Na_2O　(C) Na_2O_2　(D) NaO_2

10-15　白云石的化学组成是（　）

(A) $CaCO_3$　(B) $MgCO_3$　(C) $CaSO_4 \cdot 2H_2O$　(D) $CaCO_3 \cdot MgCO_3$

10-16　关于 s 区元素的性质，下列叙述中不正确的是（　）

(A) 由于 s 区元素的电负性小，所以都形成典型的离子型化合物

(B) Be 和 Mg 因表面形成致密的氧化物保护膜而对水较稳定

(C) s 区元素的单质都有很强的还原性

(D) 除 Be 和 Mg 外，其他 s 区元素的硝酸盐或氯酸盐都可作焰火材料

10-17　关于 Mg、Ca、Sr、Ba 及其化合物的性质，下列叙述中不正确的是（　）

(A) 单质都可以在氮气中燃烧成氮化物 M_3N_2

(B) 单质都易与水、水蒸气反应得到氢气

(C) $M(HCO_3)_2$ 在水中的溶解度大于 MCO_3 的溶解度

(D) 这些元素几乎总是生成+2 价离子

10-18 下列物质中，在水中溶解度最小的是（　　）

(A) LiF　　(B) NaF　　(C) KF　　(D) CsF

10-19 氢与碱金属元素生成的氢化物是（　　）

(A) 盐型氢化物　　(B) 共价型氢化物　　(C) 过渡型氢化物　　(D) 金属型氢化物

10-20 1L 水中含氧化钙 130mg，含氧化镁 50mg，则水的硬度为（　　）

(A) 180°　　(B) 36°　　(C) 20°　　(D) 18°

10-21 在碱金属元素的氢氧化物中，溶解度最小的是________________。

10-22 具有对角线关系的主族元素分别是________；________；________。

10-23 Ba^{2+} 具有毒性，但 $BaSO_4$ 却可作为消化道 X 射线检查疾病时的造影剂，原因是________________和________________。

10-24 金属钠、锂、钙的氢化物、氮化物性质的相似点是__________和__________。

10-25 将 $LiNO_3$ 加热到 773K 以上时，其分解物是________、________和________。

10-26 碱金属与氧反应生成__________、__________、__________和__________。

10-27 在碱金属氧化物中，最重要且最常用的氧化剂是__________。

10-28 在实验室熔化碱金属氢氧化物时用__________坩埚为最好。

10-29 盛 $Ba(OH)_2$ 的试剂瓶在空气中放置一段时间后，瓶内壁出现的一层白膜是__________。

10-30 $Be(OH)_2$ 和 $Mg(OH)_2$ 在性质上的最大差异是__________________________。

10-31 氢氧化钠溶液常用__________瓶盛放；若采用玻璃瓶盛放，则必须用__________塞。

10-32 在过氧化物 K_2O_2 中 O 的氧化数为______，在超氧化物 KO_2 中 O 的氧化数为__________。

10-33 有一白色固体混合物，其中含有 $MgSO_4$、KCl、$BaCl_2$、$CaCO_3$ 中的若干种，试根据下列实验现象判断混合物中有哪几种化合物。

(1) 混合物溶于水，得到透明澄清溶液；

(2) 经过焰色反应，火焰呈紫色；

(3) 向溶液中加碱，产生白色胶状沉淀。

10-34 完成并配平下列反应式。

(1) $KO_2 + H_2O \longrightarrow$

(2) $Sr(NO_3)_2 \xrightarrow{加热}$

(3) $CaH_2 + H_2O \longrightarrow$

(4) $Na_2O_2 + CO_2 \longrightarrow$

(5) $NaCl + H_2O \xrightarrow{电解}$

10-35 除去 0.10mol·L^{-1} $MgCl_2$ 溶液中的少量 Fe^{3+} 杂质时，往往加入氨水调节 pH=7～8 并加热至沸。问为什么调 pH 到 7～8 能除去 Fe^{3+}？pH 太大时有何影响？已知 $K_{sp}[Fe(OH)_3]=1.1\times10^{-36}$，$K_{sp}[Mg(OH)_2]=1.2\times10^{-11}$。

10-36 完成并配平下列反应式。

(1) $Li+N_2 \longrightarrow$　　(2) $Li+O_2 \longrightarrow$　　(3) $Na+O_2 \longrightarrow$

10-37 写出并配平下列过程的反应式。

(1) 由 NaCl 制备 NaOH　　(2) 由 NaCl 制备 Na

10-38 锂盐的哪些性质和其他的碱金属盐有显著的区别？

10-39 已知 A、B、C 均为碱金属的化合物。A 的水溶液和 B 作用生成 C，加热 B 时可得到气体 D 和物质 C，D 和 C 的水溶液作用又生成化合物 B。根据不同条件，D 和 A 反应生成 B 或 C。A、B、C 的火焰颜色都是紫色。问 A、B、C 和 D 各是什么物质？写出有关化学反应方程式。

10-40 根据以下数据判断 $Mg(OH)_2$ 及 $Fe(OH)_3$ 在 NH_4Cl 溶液中的溶解性。已知 $K_{sp}[Fe(OH)_3]=4\times10^{-38}$，$K_{sp}[Mg(OH)_2]=1.8\times10^{-11}$，$NH_3 \cdot H_2O$ 的 $K_b=1.8\times10^{-5}$。

10-41 为什么锂盐一般都是水合的，而其他碱金属离子的盐通常都是无水的？

10-42 锂的电极电位比碱金属中其他元素都高（与铯相同），为什么它与水反应不如其他碱金属元素剧烈？

10-43 根据碱金属的第一电离能及标准电极电位回答下列问题：为什么锂的电离能最大，而标准电极电位最小？

10-44 市售的 NaOH 中为什么常含有 Na_2CO_3 杂质？如何配制不含 Na_2CO_3 杂质的 NaOH 稀溶液？

10-45 (1) 若 $[CO_3^{2-}]=0.077mol \cdot L^{-1}$，计算 $MgCO_3$ 沉淀后溶液中 Mg^{2+} 的浓度。(2) 当溶液体积蒸发为原来的 1/5 时，计算沉淀 $Mg(OH)_2$ 所需的 OH^- 浓度。

10-46 利用 $SrCO_3$ 和 $SrSO_4$ 的溶度积常数，计算将 $SrSO_4$ 转变为 $SrCO_3$ 反应的平衡常数，并说明反应进行的可能性。

第 11 章　p 区 元 素

11-1 硼的氢化物称为硼烷，最简单的硼烷是（　）

(A) BH_3　　(B) B_2H_6　　(C) BH_4^-　　(D) BH_4

11-2 硼酸的分子式常写成 H_3BO_3，它是（　）

(A) 二元弱酸　　(B) 一元弱酸　　(C) 三元弱酸　　(D) 强酸

11-3 H_3BO_3 与水反应后的含硼生成物是（　）

(A) B_2O_3　　(B) B_2H_6　　(C) $[B(OH)_4]^-$　　(D) $(HO)_2BO^-$

11-4 在最简单的硼氢化合物 B_2H_6 中，连接两个 B 之间的化学键是（　）

(A) 氢键　　(B) 氢桥　　(C) 共价键　　(D) 配位键

11-5 关于乙硼烷的结构，下列叙述中错误的是（　）

(A) B 原子采用 sp^3 杂化　　(B) 含有 B—B 键

(C) 4 个 B—H 键共平面　　(D) 有 2 个三中心二电子键

11-6 BCl_3 是一种（　）

(A) 离子型化合物　　(B) 高熔点化合物　　(C) 缺电子化合物　　(D) 路易斯碱

11-7 下列试剂中，与铝盐溶液混合后无沉淀生成的是（　）

(A) Na_2CO_3 溶液　　(B) 过量的氨水　　(C) 过量的 NaOH 溶液　　(D) Na_2S 溶液

11-8 下列反应中能用来制取无水氯化铝的是（　）

(A) Al^{3+}(aq)+Cl^-(aq)　　(B) $Al(NO_3)_3$+HCl

(C) Al(s)+盐酸　　(D) Al+HCl(g)

11-9　下列化合物中偶极矩不为零的分子是（　　）

(A) CO_2　　(B) CCl_4　　(C) CS_2　　(D) CO

11-10　石墨中层与层之间的结合力是（　　）

(A) 共价键　　(B) 自由电子　　(C) 范德华力　　(D) 大 π 键

11-11　下列叙述中错误的是（　　）

(A) 活性炭可用来净化某些气体　　(B) 二氧化碳可用来灭火

(C) 一氧化碳可用作冶炼金属的还原剂　　(D) 石墨可用作绝缘材料

11-12　下列物质中难与玻璃起反应的是（　　）

(A) HF　　(B) $HClO_4$　　(C) NaOH　　(D) Na_2CO_3

11-13　下列化合物中不含有 π 键的是（　　）

(A) H_2CCl_2　　(B) HCN　　(C) C_2H_2　　(D) CO_2

11-14　下列碳酸盐中，在加热时最易分解的是（　　）

(A) $(NH_4)_2CO_3$　　(B) $CaCO_3$　　(C) NH_4HCO_3　　(D) K_2CO_3

11-15　硅酸盐的热稳定性主要取决于（　　）

(A) 硅-氧间能形成链状结构　　(B) 硅酸盐是离子型化合物

(C) 硅—氧键的强度大　　(D) 硅—硅键的强度大

11-16　有三种氧化物 GeO_2、SnO_2、PbO_2，其中能与浓盐酸反应放出气体并使碘化钾淀粉试纸变蓝的是（　　）

(A) GeO_2　　(B) SnO_2　　(C) PbO_2　　(D) 三种氧化物都可以

11-17　将被稀 HNO_3 酸化的 Mn^{2+} 溶液与下列固体氧化物加热后，滤去悬浮物，得到一紫色溶液。则该氧化物是（　　）

(A) SnO_2　　(B) PbO_2　　(C) SiO_2　　(D) MnO_2

11-18　$NaNO_3$ 受热分解的产物是（　　）

(A) Na_2O、NO_2、O_2　　(B) $NaNO_2$、O_2

(C) $NaNO_2$、NO_2、O_2　　(D) Na_2O、NO、O_2

11-19　下列哪种氧化物在熔融硼砂中显蓝色？（　　）

(A) 氧化铁　　(B) 氧化钴　　(C) 氧化镍　　(D) 氧化锰

11-20　叠氮酸的分子式为（　　）

(A) N_2H_4　　(B) H_3N　　(C) HN_3　　(D) NH_2OH

11-21　下列离子或分子中含三中心四电子的大 π 键的是（　　）

(A) N_2O_3　　(B) NO_3^-　　(C) HNO_2　　(D) NO_2

11-22　在实验中要制得干燥的氨气，需要选用的干燥剂是（　　）

(A) 五氧化二磷　　(B) 碱石灰　　(C) 无水氯化钙　　(D) 浓硫酸

11-23　下列叙述中错误的是（　　）

(A) 自然界中只存在单质氧而没有单质硫

(B) 氧既有负氧化值的化合物，也有正氧化值的化合物

(C) 由 ^2H（可写作“D”）和 O 组成的水叫重水

(D) O_2 和 O_3 是同素异形体

11-24 下列氢化物在水溶液中，酸性最强的是（ ）

(A) H_2O (B) H_2S (C) H_2Se (D) H_2Te

11-25 $Na_2S_2O_3$ 作照相定影剂时，它是一种（ ）

(A) 氧化剂 (B) 还原剂 (C) 配位剂 (D) 漂白剂

11-26 下列各组硫化物中，都难溶于 $0.3mol\cdot L^{-1}$ 的 HCl 而能溶于浓 HCl 的是（ ）

(A) Bi_2S_3 和 CdS (B) ZnS 和 PbS (C) CuS 和 Sb_2S_3 (D) As_2S_3 和 HgS

11-27 氢卤酸中最强的酸是（ ）

(A) HF (B) HCl (C) HBr (D) HI

11-28 氯的含氧酸中，酸性最强的是（ ）

(A) HClO (B) $HClO_2$ (C) $HClO_3$ (D) $HClO_4$

11-29 下列生成 $Cl_2(g)$ 的反应中，必须用浓 HCl 的是（ ）

(A) $KMnO_4+HCl$ (B) PbO_2+HCl (C) MnO_2+HCl (D) Co_2O_3+HCl

11-30 把氯水和四氯化碳加到碘化钾的水溶液里摇动，溶液分层后，四氯化碳层呈现的颜色是（ ）

(A) 紫色 (B) 黄色 (C) 红色 (D) 橙色

11-31 为什么说乙硼烷是缺电子化合物？指出它与乙烷结构之间的区别。

11-32 谈谈氢键与氢桥键的区别。

11-33 请解释何谓硼砂珠试验。

11-34 硼酸的分子式为 H_3BO_3，为什么不是一个三元酸，而是一元弱酸？

11-35 写出下列转化所对应的化学方程式：

$$H_3BO_3 \longrightarrow B_4O_7^{2-} \longrightarrow BO_2^-$$

11-36 试阐明气态氯化铝为什么通常以二聚体形式存在？

11-37 铝矾土中常含有氧化铁杂质，现将铝矾土和氢氧化钠共熔（$NaAlO_2$ 为生成物之一），用水溶解熔块后过滤，在滤液中通入二氧化碳后生成沉淀。再次过滤后将沉淀灼烧，便得到较纯的氧化铝。试写出各步反应的方程式。

11-38 写出工业上制备纯铝的简单原理。

11-39 写出下列转变过程所对应的化学方程式：

$$Al_2O_3 \rightarrow Al \rightarrow NaAlO_2 \rightarrow Al(OH)_3 \rightarrow NaAl(OH)_4 \rightarrow Al(OH)_3 \rightarrow Al_2(SO_4)_3$$

11-40 碳和硅都是第ⅣA 元素，为什么硅的化合物种类远没有碳的化合物那么多样？

11-41 根据碳的同素异形体的不同燃烧值（金刚石为 $394.09kJ\cdot mol^{-1}$，石墨为 $396.26kJ\cdot mol^{-1}$，无定形碳为 $356.09kJ\cdot mol^{-1}$），比较它们的稳定性大小次序。

11-42 比较二氧化碳和二氧化硅的性质和结构。

11-43 如何正确地配制 $SnCl_2$ 溶液？写出相关化学反应方程式。

11-44 为什么 Sn 和 HCl(aq) 作用生成 $SnCl_2$，而 Sn 和 Cl_2 作用却生成 $SnCl_4$？

11-45 简述变色硅胶的变色原理。

11-46 完成并配平下列化学反应方程式：

(1) $CaCO_3+CO_2+H_2O \longrightarrow$

(2) $(NH_4)_2CO_3 \xrightarrow{\triangle}$

(3) $SiO_2+Na_2CO_3 \xrightarrow{\triangle}$

(4) $SiO_2 + 4HF \longrightarrow$

(5) $Na_2SiO_3 + NH_4Cl \longrightarrow$

(6) $SiCl_4 + H_2O \longrightarrow$

11-47 完成并配平下列化学反应方程式：

(1) $Cu + HNO_3$(浓)$\longrightarrow$

(2) $Cu + HNO_3$(稀)$\longrightarrow$

(3) $Zn + HNO_3$(稀)$\longrightarrow$

(4) $KNO_3 \xrightarrow{\triangle}$

(5) $Zn(NO_3)_2 \xrightarrow{\triangle}$

(6) $AgNO_3 \xrightarrow{\triangle}$

(7) $NH_4NO_3 \xrightarrow{\triangle}$

11-48 为何金、铂不能溶于硝酸中，却能溶于王水中？写出相关的反应方程式。

11-49 解释下列事实，并写出相关反应方程式。

(1) 可用浓氨水检查氯气管道的漏气

(2) NH_4HCO_3 俗称“气肥”，储存时要密闭

(3) 用 $Pb(NO_3)_2$ 热分解来制取 NO_2 而不用 $NaNO_3$

11-50 如何除去 NH_3 中的水汽？如何除去液氨中微量的水？

11-51 次磷酸（H_3PO_2）、亚磷酸（H_3PO_3）、磷酸（H_3PO_4）、焦磷酸（$H_4P_2O_7$）各为几元酸？试从结构上加以说明。

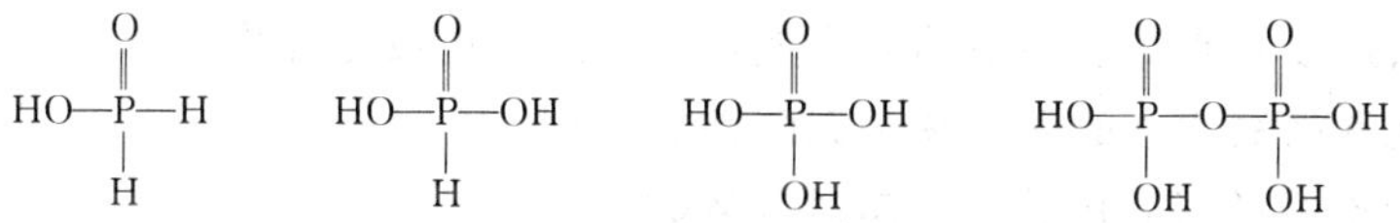

11-52 请写出下列物质所对应的化学式：胆矾、绿矾、皓矾、摩尔盐、明矾、芒硝、焦硫酸钠、连二硫酸钠（保险粉）、海波。

11-53 SO_2 和 Cl_2 的漂白机理有何不同？

11-54 在常温下，为什么能用铁、铝容器盛放浓硫酸，而不能盛放稀硫酸？

11-55 完成并配平下列反应方程式：

(1) $MnO_4^- + H_2O_2 + H^+ \longrightarrow$

(2) $H_2O_2 + NaOH \longrightarrow$

(3) $Cu + H_2SO_4$(浓)$\longrightarrow$

(4) $C + H_2SO_4$(浓)$\longrightarrow$

(5) $S_2O_3^{2-} + I_2 \longrightarrow$

(6) $AgBr + S_2O_3^{2-} \longrightarrow$

11-56 硫化氢具有臭鸡蛋气味，并且有毒，在实验室中经常采用硫代乙酰胺作为替代品，请简述基本原理。

11-57 比较下列物质的性质。

(1) 酸性：$H_2S(aq)$ ________ H_2O　　(2) 碱性：$Na_2S(aq)$ ________ Na_2O

(3) 还原性：H_2S ________ H_2O　　(4) 氧化性：Na_2S_2 ________ Na_2O_2

11-58 完成并配平以下反应方程式：

(1) $F_2+H_2O \longrightarrow$

(2) $Cl_2+H_2O \longrightarrow$

(3) $Ca(OH)_2+Cl_2 \longrightarrow$

(4) $SiO_2+HF \longrightarrow$

(5) $IF_5+H_2O \longrightarrow$

(6) $KClO_3 \xrightarrow{\triangle}$

(7) $Br^-+BrO_3^-+H^+ \longrightarrow$

11-59 I_2 在水中的溶解度不大，可以采用什么方法增大 I_2 的溶解度？

11-60 根据价层电子对互斥理论，填写下表：

分子	中心原子杂化轨道类型	分子的价电子构型	分子几何构型
ClF_3			
BrF_5			
IF_7			

第12章 d区元素

12-1 关于过渡元素的说法错误的是（　　）

(A) 所有过渡元素都有两种或两种以上的氧化态

(B) 同一族过渡元素从上到下趋向形成稳定的高氧化数化合物

(C) 过渡元素高氧化态的氧化物是偏酸性氧化物

(D) 过渡元素的最高氧化数可以超过其族数

12-2 工业上五氧化二钒的主要用途是作（　　）

(A) 吸附剂　(B) 表面活性剂　(C) 催化剂　(D) 氧化剂

12-3 关于钛的说法错误的是（　　）

(A) TiO_2 是两性氧化物　(B) 金红石的主要成分是 TiO_2

(C) Ti 易形成氧化数为+4 的化合物　(D) TiO^{2+} 能溶于过量氨水

12-4 下列有关铬的说法错误的是（　　）

(A) 六价铬的毒性强于三价铬　(B) 酸性条件下 Cr^{3+} 处于稳定态

(C) 铬绿的主要成分是 CrO_3　(D) 常用重铬酸钾测定污水中的化学耗氧量

12-5 下列氢氧化物不属于两性的是（　　）

(A) $Cr(OH)_3$　(B) $Fe(OH)_3$　(C) $Ni(OH)_2$　(D) $Co(OH)_2$

12-6 下列物质不能氧化浓盐酸得到氯气的是（　　）

(A) $Ni(OH)_3$　(B) $Fe(OH)_3$　(C) $Co(OH)_3$　(D) MnO_2

12-7 实验室用来洗涤玻璃仪器的洗液组成是（　　）

(A) 浓盐酸和硝酸　(B) 浓硫酸和重铬酸钾

(C) 硝酸和重铬酸钾　(D) 硝酸和硫酸

12-8 锰形成多种氧化态的化合物，其中最稳定的是（　　）

(A) 酸性介质中的 Mn(Ⅱ)　　(B) 酸性介质中的 Mn(Ⅶ)

(C) 中性介质中的 Mn(Ⅳ)　　(D) 中性介质中的 Mn(Ⅵ)

12-9 下列物质不会被空气氧化的是（　　）

(A) $Mn(OH)_2$　　(B) $Fe(OH)_2$　　(C) $[Co(NH_3)_6]^{2+}$　　(D) $[Ni(NH_3)_6]^{2+}$

12-10 下列物质能共存于同一溶液的是（　　）

(A) Fe^{3+} 和 I^-　　(B) Fe^{3+} 和 Fe^{2+}　　(C) MnO_4^{2-} 和 H^+　　(D) Fe^{3+} 和 CO_3^{2-}

12-11 在酸性 CrO_4^{2-} 溶液中，加入 H_2O_2，溶液变为（　　）

(A) 橙色　　(B) 黄色　　(C) 绿色　　(D) 蓝色

12-12 下列混合离子能用氨水分离的是（　　）

(A) Cr^{3+} 和 Mg^{2+}　　(B) Cu^{2+} 和 Zn^{2+}

(C) Fe^{3+} 和 Cr^{3+}　　(D) Cr^{3+} 和 Zn^{2+}

12-13 下列离子在酸性水溶液中能稳定存在的是（　　）

(A) CrO_4^{2-}　　(B) WO_4^{2-}　　(C) MnO_4^{2-}　　(D) $[Co(CN)_6]^{3-}$

12-14 要配制 Fe^{2+} 的标准溶液，较好的方法是（　　）

(A) $FeCl_2$ 溶于水　　(B) 亚铁铵矾溶于水

(C) $FeCl_3$ 溶液加铁屑还原　　(D) 铁屑溶于稀酸

12-15 写出下列离子的颜色：(1) $Cr_2O_7^{2-}$ ____；(2) CrO_4^{2-} ____；(3) MnO_4^- ____；(4) MnO_4^{2-} ______；(5) Mn^{2+} ______。

12-16 写出下列离子的颜色：(1) $[Fe(H_2O)_6]^{2+}$ ____；(2) $[Ni(H_2O)_6]^{2+}$ ______；(3) $[Ni(NH_3)_6]^{2+}$ ______；(4) $[Co(NH_3)_6]^{2+}$ ______；(5) $[Co(H_2O)_6]^{2+}$ ______。

12-17 写出下列物质的颜色：(1) $TiCl_4$ ____；(2) V_2O_5 ______；(3) Cr_2O_3 ______；(4) $Cr(OH)_3$ ______；(5) CrO_3 ______；(6) MnO_2 ______；(7) FeO ________；(8) CoO ______；(9) NiO ____；(10) $Co(OH)_2$ ____；(11) $Ni(OH)_2$ ____；(12) $Co(OH)_3$ ____；(13) $Fe(OH)_3$ ____。

12-18 在所有过渡金属中，硬度最大的是______；熔点最高的是________；导电性最好的是________。

12-19 现有三瓶绿色溶液，分别含 Ni(Ⅱ)、Cr(Ⅲ)、MnO_4^{2-}。

(1) 加入过量酸性 Na_2SO_3 溶液后，变为无色的是____________。

(2) 加入适量 NaOH 溶液有沉淀生成，NaOH 过量时沉淀溶解，又得到绿色溶液的是____。

(3) 加入适量氨水有绿色沉淀生成，氨水过量时得到蓝色溶液的是____________。

12-20 Ti、Fe、P、W、Mo、Mn 中能形成多酸的有______________。

12-21 用硝酸酸化的钼酸铵溶液加热，再加入 Na_2HPO_4 溶液，可得到________色晶状沉淀，其化学式为__________________。

12-22 硅胶干燥剂中含有 $CoCl_2$，硅胶吸水后，逐渐由________色变为________色，指示硅胶吸水已达饱和。

12-23 在配制 Fe^{2+} 的溶液时，一般需要加入足够浓度的酸和一些铁钉，其目的是____________、____________。

12-24 碱性 $BaCl_2$ 溶液与 $K_2Cr_2O_7$ 溶液混合生成______色的______沉淀；然后加入稀 HCl 则沉淀溶解，溶液呈______色；再加入 NaOH 溶液则生成______色的______。

12-25 完成并配平下列反应方程式。

(1) $TiO^{2+} + Zn + H^{+} \longrightarrow$ (2) $Cr^{3+} + S_2O_8^{2-} + H_2O \longrightarrow$

(3) $Cr_2O_7^{2-} + H^{+} + H_2S \longrightarrow$ (4) $Cr^{3+} + H_2O_2 + OH^{-} \longrightarrow$

(5) $Mn^{2+} + NaBiO_3 + H^{+} \longrightarrow$ (6) $MnO_4^{-} + Mn^{2+} + H_2O \longrightarrow$

(7) $C_2O_4^{2-} + MnO_4^{-} + H^{+} \longrightarrow$ (8) $Fe^{3+} + [Fe(CN)_6]^{4-} \longrightarrow$

(9) $Ni(OH)_2 + OH^{-} + Br_2 \longrightarrow$ (10) $[Co(NH_3)_6]^{2+} + O_2 + H_2O \longrightarrow$

12-26 解释下列现象，并写出相关反应方程式。

(1) $TiCl_4$ 在潮湿的空气中产生剧烈的烟雾。

(2) 在酸性介质中，用 Zn 还原 $Cr_2O_7^{2-}$ 时，溶液颜色由橙色经绿色变成蓝色，放置后又变成绿色。

(3) 在 $MnCl_2$ 溶液中加入适量的 HNO_3，再加入少量 $NaBiO_3$，溶液出现紫红色后又消失。说明原因写出有关反应方程式。

(4) $CoCl_2$ 与 NaOH 溶液作用所得的沉淀久置后用盐酸酸化时，有刺激性气体产生。

(5) 在 Fe^{3+} 溶液中加入 KSCN 时出现血红色，若加入少许 NH_4F 固体则红色消失。

12-27 试解释为什么实验室常用 $KMnO_4$ 和 $K_2Cr_2O_7$ 作试剂，而极少用 $NaMnO_4$ 和 $Na_2Cr_2O_7$ 作试剂。

12-28 酸化的 Fe^{2+} 溶液中加入橙红色溶液 A，反应后得绿色溶液，在绿色溶液中加入过量的 NaOH 溶液，得到红棕色沉淀 B 和绿色溶液 C，在 C 中加入 H_2O_2 溶液，微热，生成黄色溶液 D，在 D 中加入 $Pb(NO_3)_2$ 溶液，生成黄色沉淀 E。如在 E 中加入 HNO_3，沉淀溶解，得橙红色溶液 A。写出 A、B、C、D、E 各为什么物质，并写出以上转化过程的反应方程式。

12-29 碘量法测定水中溶解氧的方法为：在水样中加入硫酸锰和碱性碘化钾溶液，固定溶解氧，然后加酸反应析出游离的碘，再以硫代硫酸钠溶液滴定析出的碘单质，计算溶解氧的含量。写出相关的反应方程式。

12-30 分别向酸性、碱性、中性高锰酸钾溶液中加亚硫酸钠溶液，各得到什么还原产物？写出有关的反应方程式。说明高锰酸钾溶液在何种条件下氧化性最强。

12-31 完成下列反应方程式。

(1) 钛溶于氢氟酸中；

(2) 偏钒酸铵加热分解；

(3) 向重铬酸钾溶液中滴加硝酸银溶液；

(4) $FeCl_3$ 溶液中通入 H_2S，有乳白色沉淀析出；

(5) 向 K_2MnO_4 溶液中加入 HNO_3 溶液，溶液颜色由绿色转变成紫红色，并有沉淀析出。

12-32 某氧化物 A 呈黑色，溶于浓盐酸得溶液 B 和气体 C，C 通入 KI 溶液后用 CCl_4 萃取生成物，CCl_4 层出现紫色。B 加 KOH 溶液后析出绿色沉淀 D，暴露在空气中无变化。如在 B 中加入氨水调至碱性，再加入丁二酮肟溶液可形成鲜红色沉淀。判断 A 是什么氧化物，写出 A 溶于浓盐酸的反应式。

12-33 某氯化物 A 在潮湿的空气中会由蓝色转为粉红色，将 A 溶于水加入 KOH 溶液后析出桃红色沉淀。A 遇过量氨水得土黄色溶液，放置后变为红褐色。A 中加入 KSCN 及少量丙酮时生成宝石蓝溶液。判断该物质是什么，写出有关反应式。

12-34 分别向含有 $FeSO_4$、$CoCl_2$、$NiSO_4$ 的溶液中加入稀盐酸酸化，加入 H_2S 饱和溶液都无沉淀产生；然后各滴加氨水，都有硫化物沉淀生成，在各沉淀中加入稀盐酸，只有硫化亚铁溶解。试解释之。

12-35 某晶体 A 常用作标准物，呈蓝紫色，将其溶于水后加入烧碱溶液，得到红棕色沉淀 B 和溶液 C。将 B 和 C 离心分离，加热分离后的溶液 C 可放出无色气体 D，D 能使红色湿润的石蕊试纸变蓝。沉淀 B 溶于盐酸得黄色溶液 E，向 E 中加入 KSCN 溶液得到红色溶液 F。向 F 中滴加 $SnCl_2$ 溶液则红色褪去，再滴加赤血盐溶液有蓝色沉淀 G 生成。向 A 的水溶液中滴加 $BaCl_2$，溶液生成白色沉淀 H，H 不溶于稀硝酸。请判断 A、D、C、D、E、F、G、H 各为何物，并写出有关的化学反应方程式。

12-36 解释现象：将浓氨水滴加至含 NH_4Cl 的 $CrCl_3$ 溶液中，观察到溶液颜色从紫色→紫红→浅红→橙红→橙黄→黄色的变化。

12-37 制订分离 Ag^+、Fe^{3+}、Al^{3+}、Cr^{3+} 和 Ni^{2+} 的实验方案。

第 13 章　ds 区元素

13-1 下列不溶于 $Na_2S_2O_3$ 溶液的是（　　）

（A）AgI　（B）AgBr　（C）AgCl　（D）AgF

13-2 下列各硫化物中，不溶于水的白色沉淀为（　　）

（A）PbS　（B）ZnS　（C）Ag_2S　（D）As_2S_3

13-3 下列物质中既非蓝色也非绿色的是（　　）

（A）$[Cu(H_2O)_4]^{2+}$　（B）$[Cu(NH_3)_4]^{2+}$

（C）$[CuCl_4]^{2-}$　（D）$Cu(NO_3)_2 \cdot 3H_2O$

13-4 下列离子能与 I^- 发生氧化还原反应的有（　　）

（A）Pb^{2+}　（B）Hg^{2+}　（C）Cu^{2+}　（D）Sn^{4+}

13-5 向 $HgCl_2$ 中加入过量的氨水后生成（　　）

（A）$[Hg(OH)_4]^{2-}$　（B）$HgNH_2Cl$

（C）$[Hg(NH_3)_4]^{2-}$　（D）$Hg+HgNH_2Cl$

13-6 下列化合物不能稳定存在的是（　　）

（A）CuF_2　（B）$CuCl_2$　（C）$CuBr_2$　（D）CuI_2

13-7 与铜反应不能生成氢气的是（　　）

（A）$HCl+H_2O_2$　（B）NaCN　（C）浓 HCl　（D）氨水

13-8 下述物质不是两性氢氧化物的是（　　）

（A）$Zn(OH)_2$　（B）$Cd(OH)_2$　（C）$Cu(OH)_2$　（D）AgOH 或 Ag_2O

13-9 下列卤化物固体的颜色不是白色的是（　　）

（A）CuCl　（B）AgCl　（C）AgBr　（D）CuBr

13-10 下列化合物中经常用于气体分析吸收 CO 的试剂是（　　）

（A）CuCl　（B）$CaCl_2$　（C）$CuCl_2$　（D）金属钯

13-11 在酸度较大的水溶液中也不溶解的盐是（　　）

（A）Ag_2SO_4　（B）Ag_3PO_4　（C）Ag_2CO_3　（D）Ag_2S

13-12 组成黄铜合金的两种主要金属是（ ）

（A）铜和锡 （B）铜和锌 （C）铅和铜 （D）镍和铜

13-13 要从含有少量 Cu^{2+} 的 $ZnSO_4$ 溶液中除去 Cu^{2+} 最好的试剂是（ ）

（A）Na_2CO_3 （B）NaOH （C）HCl （D）Zn

13-14 能共存于溶液中的一对离子是（ ）

（A）Fe^{3+} 和 I^- （B）Pb^{2+} 和 Sn^{2+} （C）Ag^+ 和 PO_4^{3-} （D）Fe^{3+} 和 SCN^-

13-15 Hg_2^{2+} 中汞原子之间的化学键为（ ）

（A）离子键 （B）σ 共价键 （C）π 共价键 （D）配位键

13-16 下列物质中，与过量氨水反应后仍然有沉淀存在的是（ ）

（A）AgCl （B）Hg_2Cl_2 （C）$Cd(OH)_2$ （D）$Cu_2(OH)_2SO_4$

13-17 向 $Hg_2(NO_3)_2$ 溶液中加入 NaOH 溶液，产生的沉淀是（ ）

（A）HgO+Hg （B）HgOH （C）Hg_2O （D）$Hg(OH)_2$+Hg

13-18 向 $Hg(NO_3)_2$ 溶液中加入 KI 溶液，开始生成________色的________沉淀，当加入过量的 KI 溶液时，沉淀溶解生成________配离子。

13-19 在 $HgCl_2$ 中，Hg 原子采用______轨道与______成键，分子构型为______。

13-20 电解法精炼铜的过程中，粗铜（阳极）中的铜溶解，纯铜在阴极上沉淀出来，但粗铜中的 Ag、Au、Pt 等杂质则不溶解而沉于电解槽底部形成阳极泥，Ni、Fe、Zn 等杂质与铜一起溶解，但并不在阴极上沉积出来，为什么？

13-21 请扼要列出照相术中的化学反应。

13-22 解释下列实验现象：

（1）焊接铁皮时，常先用浓 $ZnCl_2$ 溶液处理铁皮表面。

（2）过量的 Hg 与冷 HNO_3 反应的产物是 $Hg_2(NO_3)_2$。

13-23 解释下列实验现象：

（1）铜器在潮湿空气中会慢慢生成一层绿色物质。

（2）金能溶于王水。

13-24 解释下列实验现象：

（1）当 SO_2 通入 $CuSO_4$ 与 NaCl 的浓溶液中时析出白色沉淀。

（2）向 $AgNO_3$ 溶液中滴加 KCN 溶液时，先生成白色沉淀而后溶解，再加入 NaCl 溶液时并无 AgCl 沉淀生成，但加入少许 Na_2S 溶液时却析出黑色 Ag_2S 沉淀。

13-25 解释下列实验现象：

（1）Hg_2Cl_2 是利尿剂，为什么有时服用含 Hg_2Cl_2 的药剂后反而会中毒？

（2）为什么 $AgNO_3$ 要用棕色瓶来储存？

13-26 完成并配平下列反应方程式。

（1）$Au+NaCN+H_2O+O_2 \longrightarrow$ （2）$Zn+HNO_3$(极稀)$\longrightarrow NH_3$

（3）$CdS+HNO_3 \xrightarrow{\triangle} S\downarrow$ （4）$Hg^{2+}+KI \longrightarrow$

第 14 章 f 区 元 素

14-1 描述从镧到镥的金属活泼性及氢氧化物的碱性的变化规律。

14-2 稀土元素为什么要保存在煤油中?

14-3 在将稀土元素从其他金属元素中分离出来时，为什么要用草酸?

14-4 试述^{238}U和^{235}U的分离方法和原理。

14-5 下列各组元素的性质都有些相似，不是因镧系收缩引起性质相似的一组元素是(　　)

(A) Zr 和 Hf　　(B) Co 和 Ni　　(C) Mo 和 W　　(D) Tc 和 Re

14-6 被称为镧系元素的下列说法中，正确的是(　　)

(A) 从 51 到 70 号元素　　(B) 从 56 到 70 号元素

(C) 从 57 到 71 号元素　　(D) 从 58 到 72 号元素

14-7 镧系元素原子的价层电子构型可用通式________表示，其中 La 的价层电子构型是________，另外在 5d 轨道上有一个电子的三种镧系元素是_______、_______和_______。

14-8 镧系元素和锕系元素分属于__________周期和__________周期，它们统称为_______元素。

14-9 在容量分析中，采用含有Ce^{4+}的盐溶液作氧化剂有何好处?

第 15 章　化学中的分离方法

15-1 下列说法中错误的是(　　)

(A) 可以利用难溶性的金属氧化物来控制溶液的 pH

(B) 用氨-氯化铵缓冲溶液可以将Fe^{3+}和Co^{2+}分离开来

(C) 对于所有的氢氧化物，pH 越高就越容易生成沉淀

(D) 溶液中加入沉淀剂可以使一些干扰组分形成沉淀，达到分离的目的

15-2 能用 pH=9 的氨缓冲溶液分离的混合离子是(　　)

(A) Ca^{2+}、Cu^{2+}　　(B) Fe^{3+}、Ni^{2+}　　(C) Cd^{2+}、Ag^{+}　　(D) Ag^{+}、Mg^{2+}

15-3 已知$Ca(OH)_2$的$K_{sp}^{\ominus}=5.5\times10^{-8}$，则其饱和溶液的 pH 为(　　)

(A) 2.43　　(B) 2.62　　(C) 11.38　　(D) 11.57

15-4 用等体积萃取并要求一次萃取率大于 95%，则分配比最小为(　　)

(A) 38　　(B) 19　　(C) 9.5　　(D) 1

15-5 有关萃取，下列说法不正确的是(　　)

(A) 萃取的本质就是利用不同物质在不同溶剂中溶解度的不同来分离的

(B) 萃取效率取决于相比和分配比两个量

(C) 减小相比可以大大提高萃取效率

(D) 对于分配比小的物质应采取少量多次的原则进行萃取

15-6 对于无机金属化合物，在水溶液中离解成离子，此时向溶液中加入萃取剂进行萃取的本质是(　　)

(A) 金属离子形成螯合物的过程　　(B) 金属离子形成缔合物的过程

(C) 配合物进入有机相的过程　　(D) 将物质由亲水性转变为疏水性的过程

15-7 含 0.010g Fe^{3+}的强酸溶液，用乙醚萃取时，已知其分配比是 99，则等体积萃取一次后，水相中残存的Fe^{3+}量为(　　)

(A) 0.010mg　(B) 0.10mg　(C) 1.0mg　(D) 1.01mg

15-8 用薄层色谱法以苯-乙酸乙酯为展开剂分离黄连素时，测得溶剂前沿离斑点中心的距离为14.6cm，溶剂前沿离原点的距离为23.2cm，则其比移值为（　）

(A) 0.37　(B) 0.59　(C) 0.63　(D) 2.7

15-9 用薄层色谱法以苯-乙酸乙酯为展开剂分离黄连素时，已知比移值为0.41，溶剂前沿离原点的距离为24.5cm，则斑点中心至原点的距离为（　）

(A) 14.5cm　(B) 10.0cm　(C) 10.3cm　(D) 无法确定

15-10 下列不属于阴离子交换树脂的是（　）

(A) RNH_3OH　(B) RNH_2CH_3OH　(C) ROH　(D) $RN(CH_3)_3OH$

15-11 当含有Mg^{2+}、Na^+、Ag^+、Zn^{2+}的混合液流过阳离子交换树脂时，最先流出和最后流出的离子分别是（　）

(A) Na^+、Mg^{2+}　(B) Na^+、Zn^{2+}　(C) Ag^+、Zn^{2+}　(D) Ag^+、Mg^{2+}

15-12 有一含有CaF_2(s)（$K_{sp}=1.5\times10^{-10}$）与$CaSO_4$(s)（$K_{sp}=7.1\times10^{-5}$）的饱和溶液，其中$[F^-]=1.3\times10^{-4}mol\cdot L^{-1}$，则$[SO_4^{2-}]$=（　）$mol\cdot L^{-1}$。

(A) 8.4×10^{-4}　(B) 0.017　(C) 8.0×10^{-3}　(D) 0.032

15-13 用六亚甲基四胺（$pK_b=8.85$）可控制溶液的pH是________。

15-14 ZnO悬浊液可控制溶液的pH是________。已知$K_{sp}[Zn(OH)_2]=1.2\times10^{-17}$。

15-15 萃取是利用物质在________来实现分离的。

15-16 点样后的纸和薄层板需在________中用适当的溶剂展开，使欲分离的组分彼此分开。

15-17 按结合的基团不同，离子交换树脂可分为________和________。

15-18 离子交换树脂的交联度是________。

15-19 在常温下，阳离子交换树脂H^+、Li^+、Al^{3+}、K^+、Ca^{2+}、Ba^{2+}等离子的亲和力大小顺序（由小到大排列）为________。

15-20 离子交换分离法的操作包括________、________、________、________四个步骤，操作时必须按步骤操作执行，否则将达不到预定的分离目的。

15-21 采用有机沉淀剂进行沉淀分离有何优点？

15-22 萃取分离法中，分配系数和分配比有何不同？

15-23 用色谱法分离极性物质和非极性物质时选用的展开剂和吸附剂有何不同？

15-24 样品在薄层色谱上展开，10min后有一R_f值，则继续展开20min时的展开结果是下列情况的哪一种？为什么？(1) R_f值加倍；(2) R_f值不变；(3) 样品移行距离加倍；(4) 样品移行距离增加，但小于2倍；(5) 样品移行距离增加，但大于2倍。

15-25 用上行法纸色谱分离A、B两物质时，得到$R_f(A)=0.32$，$R_f(B)=0.70$。欲使A、B两物质分开后，两斑点中心的距离为4.0cm，问色谱用纸条的长度最短为多少？

15-26 已知分配比$D=99$。萃取10mg Fe^{3+}时，问用等体积溶剂萃取一次、两次后，水相中剩余的Fe^{3+}分别为多少？若萃取两次后，分出有机相，用等体积水洗一次，将损失Fe^{3+}多少？

15-27 弱酸HA在水相和有机相中的分配系数$K_D=30$，HA在水中的离解常数$K_a=2\times10^{-3}$，假设A^-不被萃取，如果50mL水相用10mL有机相连续萃取三次，问在$pH=pK_a$时萃取百分数为多少？

15-28 某实际水溶液 50mL，若有 99%的有效成分萃取到苯中。问：(1) 用等体积苯萃取一次，分配比 D 需多少才行？(2) 每次用 25.0mL 苯萃取两次，D 又为多少？

15-29 已知强酸性阳离子交换树脂的交换容量为每克干树脂 4.70mmol，问 2.50g 干树脂可吸附多少毫克 Ca^{2+} 和多少毫克 Na^+？已知 $M(Ca)=40.08g \cdot mol^{-1}$，$M(Na)=22.996g \cdot mol^{-1}$。

15-30 称取 0.2000g KBr 和 NaCl 的纯混合样，溶解，通过氢型强酸性阳离子交换树脂，流出液耗去 $0.1000mol \cdot L^{-1}$ 的 NaOH 溶液 22.04mL，求 KBr 和 NaCl 的质量分数 (%)。已知 $M(NaCl)=55.85g \cdot mol^{-1}$，$M(KBr)=119.0g \cdot mol^{-1}$。

综合练习题解答

第1章　绪论与数据处理

1-1　砝码腐蚀和读数总偏低是系统误差，读错体积是过失误差。选（C）。

1-2　液体溅出是过失误差，(B)、(D) 属于偶然误差。选（C）。

1-3　精密度高不能排除系统误差，(B)、(C) 均不对，(D) 将因果关系颠倒了。选（A）。

1-4　偶然误差是由不可重复的实验条件引起的，所以对结果的影响也不是固定的。选（B）。

1-5　系统误差基本上是固定的，不存在所谓“分布”。选（C）。

1-6　因为 $pH=-lg[H^+]$，pH 值小数点前的整数是对数值的首数，只表示 10 的多少次方，不表示数据的精密度。$[H^+]=1.0\times10^{-4}$有 2 位有效数字。选（C）。

1-7　此题的滴定计算是乘除运算，而数据中有效数字最短的是 0.108，只有 3 位有效数字，计算结果也应是 3 位有效数字。选（B）。

1-8　测定结果平均值与真值进行比较，属于误差范围，是绝对误差。选（C）。

1-9　要求只有 3 位有效数字，（A）可修约为 99.0%；（B）的 98.96% 和（D）的 98.95%根据“四舍六入五成双”的原则，均可修约为 99.0%，符合要求；而（C）只能修约为 98.9%，不符合要求。选（C）。

1-10　根据“四舍六入五成双”的原则，选（D）。

1-11　(1) 2 位；(2) 3 位；(3) 2 位；(4) 2 位（注意：这是 pH!）。

1-12　根据“四舍六入五成双”的原则，0.2050 中“5”之前的“0”是偶数，若进位，前一位成奇数，所以为 0.20；因只要修约为 2 位有效数字，只能考察第 3 个数字，所以 4.549 修约为 4.5；4.451 的“5”后有不为 0 的数字，原则上进位，4.451 修约为 4.5；7.55 中第三位的“5”前是奇数，进位后成“双”，所以 7.55 修约为 7.6。

1-13　系统误差（可预见、可克服的误差）；随机误差。

1-14　从 t 值表看，n 增加、相同置信度时，t 变小；n 增加，标准偏差 S 变小并趋于稳定，置信区间$\pm tS/\sqrt{n}$将变小（窄）。测定次数一定时，标准偏差 S 不变，提高置信度，从 t 值表看，t 变小，置信区间$\pm tS/\sqrt{n}$将变大（宽）。

1-15　影响分析结果准确度的肯定是系统误差，例如测试方法的局限性、仪器的优劣、试剂纯度等级等。影响分析结果精密度的主要原因不可能是偶然误差，虽然理论上说，大的偶然误差也是可能出现的，但那是小概率事件，在少数次测试中实际上不可能出现，精密度不好的主要原因是操作不慎或操作不熟悉等过失误差引起的。

1-16　分析结果的准确度是指分析结果与真值之差，用误差度量；常用相对误差表示，也有用绝对误差表示的。分析结果的精密度指每个测量值与平均值之差，用偏差度量；常用平均偏差或标准偏差表示。

1-17　Q 检验法。

1-18　四舍六入五成双。所谓“五成双”，即 5 的前一位数是奇数就进位成偶数，否则不进位。

1-19 测定结果的重现性很好，说明每次测量值离平均值很近，分析精密度高；但准确度不一定好，因为不能排除测定系统中没有系统误差。

1-20 解：(1) 因为三个数据中，2.45 在小数点后最短，计算结果小数点后只能保留 2 位，10.04；(2) $6.78\times10^{-7}=0.678\times10^{-6}\approx0.68\times10^{-6}$，$1.05\times10^{-6}$ 小数点后只有 2 位，计算结果小数点后只能保留 2 位，$0.68\times10^{-6}+1.05\times10^{-6}=1.73\times10^{-6}$；(3) $13.94-4.52=9.42$，首位为“9”，可看作 4 位有效数字，分母 $15.8078-15.4576=0.3502$，也是 4 位有效数字，0.2045 也是 4 位有效数字，乘除后也应为 4 位有效数字，5.501；(4) 分母只有 2 位有效数字，所以结果也应为 2 位有效数字，1.6×10^{-2}。

1-21 解：滴定体积为 2.00mL、20.00mL、40.00mL 时的相对误差分别为

$$\frac{\pm0.01}{2.00}\times100\%=\pm0.5\% \qquad \frac{\pm0.01}{20.00}\times100\%=\pm0.05\% \qquad \frac{\pm0.01}{40.00}\times100\%=\pm0.02\%$$

1-22 判断结果的准确度应将测定结果的平均值与标准值进行比较，判断精密度应比较标准偏差。(A) 的 S 很大，表明其精密度不好，很可能存在过失误差；且准确度也很差。(C) 的 S 很小，表明其精密度很好；但准确度不好，表明该方法存在系统误差。因此三种方法中，结果准确度和精密度最好的方法是 (B)。

1-23 解：$\bar{x}=\frac{1}{2}\times(28.53\%+28.48\%)=28.50\%$

绝对误差 $28.50\%-28.55\%=-0.05\%$

相对误差 $\frac{-0.05\%}{28.55\%}\times100\%=-0.2\%$

1-24 解：平均值 $\bar{x}=\frac{1}{5}\times(0.67\%+0.65\%+0.66\%+0.68\%+0.67\%)=0.67\%$

标准偏差 $S=\sqrt{\frac{\sum(x_i-\bar{x})^2}{n-1}}=0.01\%$

1-25 解：甲结果的平均值 $\bar{x}=\frac{1}{3}\times(17.12+17.15+17.18)=17.15(g\cdot L^{-1})$

相对误差 $\frac{17.15-17.16}{17.16}\times100\%=-0.06\%$

标准偏差 $S=\sqrt{\frac{\sum(x_i-\bar{x})^2}{n-1}}=0.03g\cdot L^{-1}$

乙结果的平均值 $\bar{x}=\frac{1}{3}\times(17.18+17.23+17.25)=17.22(g\cdot L^{-1})$

相对误差 $\frac{17.22-17.16}{17.16}\times100\%=0.3\%$

标准偏差 $S=\sqrt{\frac{\sum(x_i-\bar{x})^2}{n-1}}=0.04g\cdot L^{-1}$

判断结果的准确度应将测定结果的平均值与标准值进行比较，判断精密度应比较标准偏差。因此甲分析结果的精密度和准确度均高于乙。

1-26 解：平均值 $\bar{x}=\frac{1}{5}\times(0.01501+0.01498+0.01497+0.01503+0.01500)=0.01500(mol\cdot L^{-1})$

平均偏差 $\bar{d}=\frac{1}{5}\sum|x_i-\bar{x}|=0.00002\text{mol}\cdot\text{L}^{-1}$

相对平均偏差 $\frac{\bar{d}}{\bar{x}}\times100\%=\frac{0.00002}{0.01500}\times100\%=0.1\%$

标准偏差 $S=\sqrt{\frac{\sum(x_i-\bar{x})^2}{n-1}}=2\times10^{-5}\text{mol}\cdot\text{L}^{-1}$

变异系数 $CV=\frac{S}{\bar{x}}\times100\%=0.1\%$

1-27 解：测定结果由小到大排序为 36.78%、36.87%、36.93%、36.98%、36.99%、37.01%、37.11%、37.12%、37.20%、37.37%。

因为 37.37%−37.20%>36.87%−36.78%，所以首先检验 37.37%：

$$q=\frac{37.37\%-37.20\%}{37.37\%-36.78\%}=0.29<Q_{0.90,10}=0.41$$，因此无可疑数据舍去。

1-28 解：乙醇的物质的量浓度为$\frac{0.790\times10^3\times99.5\%}{46.73}=16.8(\text{mol}\cdot\text{L}^{-1})$。因为 0.790 只有 3 位有效数字，所以结果也只能保留 3 位有效数字。

1-29 解：测定结果由小到大排序为 0.1997、0.1998、0.1999、0.2002、0.2003、0.2004、0.2008。

因为 0.2008−0.2004>0.1998−0.1997，所以首先检验 0.2008：

$$q=\frac{0.2008-0.2004}{0.2008-0.1997}=0.36<Q_{0.90,7}=0.51$$，因此无可疑数据舍去。

平均值 $\bar{x}=\frac{1}{7}\times(0.1997+0.1998+0.1999+0.2002+0.2003+0.2004+0.2008)=0.2002(\text{mol}\cdot\text{L}^{-1})$

标准偏差 $S=\sqrt{\frac{\sum(x_i-\bar{x})^2}{n-1}}=4\times10^{-4}\text{mol}\cdot\text{L}^{-1}$

$n=7$，置信度为 0.90 时的 $t=1.943$

平均值的置信区间 $\mu=\bar{x}\pm\frac{tS}{\sqrt{n}}=0.2002\pm0.0003(\text{mol}\cdot\text{L}^{-1})$

第2章 原子结构

2-1 电子轨道不是固定的、机械的。电子出现几率最大处离核的距离叫玻尔半径，选（D）。

2-2 H 原子中只有一个电子，在 4s 和 4p 轨道上没有电子，就没有核内质子对 4s 和 4p 的作用，不存在能量大小；若 H 原子的电子跃迁，将不存在屏蔽作用，能量大小由主量子数 n 决定。n 相同的轨道的能量相同，因而 4s 和 4p 轨道的能量相等。选（C）。

2-3 （D）的最外层 $3d^44s^2$ 的能量比符合洪德规则的排布 $3d^54s^1$ 的能量高，因为后者的 d 电子半充满，能量更低。所以（D）是不正确的，选（D）。

2-4 元素（D）的最后 1 个电子排布在 d 轨道或 d 轨道充满后的 4s 轨道上，而其他 3 种元素最后 1 个电子排布在 p 轨道上，是 p 区元素。选（D）。

2-5 价电子为 $3d^54s^2$，有 d 电子，为副族元素，有 7 个价电子，为第ⅦB 族元素。选（C）。

2-6 四个量子数中要求 $l<n$，而（B）中的 $l>n$。选（B）。

2-7 虽然 O 的电负性比 N 大，但 N 上的 2p 电子半充满，能量更低，更稳定，更不易失去电子，第一电离能更大。选（C）。

2-8 左上角标是原子质量数（核内质子与中子之和），左下角标是核内质子数（或原子序数），右上角标是离子的电荷数。选（B）。

2-9 角量子数 $l=2$ 的轨道是 d 轨道，共有 5 条，半充满表明失去 3 个电子后＋3 价离子有 5 个 d 电子，该元素原单质有 8 个价电子，有 d 电子，其应为第ⅧB 族元素。选（D）。

2-10 四种元素均为第三周期元素，Al→Si→P→S，电负性应该依次增加，但由于 P 元素 3p 轨道半充满，更稳定，第一电离能最大。选（C）。

2-11 4p 轨道的主量子数 $n=4$，角量子数 $l=1$，而磁量子数 $m=0,\pm1$。选（A）。

2-12 四个量子数要求 $l<n$，（A）中 $l=n$；四个量子数要求 $|m|\leqslant l$，（B）和（C）中，$m>l$。选（D）。

2-13 该元素失去 3 个电子后＋3 价离子有 5 个 d 电子，该元素原单质应有 8 个价电子，有 d 电子，其应为第ⅧB 族元素。选（C）。

2-14 铝是第三周期第ⅢA 族元素，最外层价电子应由 3s 和 3p 电子组成，总和为 3。选（B）。

2-15 该元素应为第三周期第ⅠA 族元素。选（A）。

2-16 硫是第三周期第ⅥA 族元素，没有 d 电子，（C）不符合；（A）和（D）的次外层只有 2 个电子，应为第二周期元素，也不符合。选（B）。

2-17 波函数原为空间变量 x、y、z 等的函数，经过变量的变换而赋予其物理和化学意义，但变量个数既不增加，也不减少。选（D）。

2-18 d 轨道有 5 条，每条轨道最多可容纳正、反旋转的电子各 1 个。选（C）。

2-19 核外壳层依次表示为 K、L、M、N（即 $n=1$、2、3、4），M 层即第 3 层，$n=3$，角量子数 $l=0$（s）一条轨道、$l=1$（p）三条轨道、$l=2$（d）五条轨道，共九条轨道。选（B）。

2-20 （B）中 4d 没有排布就排入 5p 是不可能的；（C）中 4d 没有排布就排入 4f 也是不可能的；（D）中 5s 没有排满而形成 $4d^2 5s^1$，也是不可能的。选（A）。

2-21 次外层有 8 个电子，最外层 1～2 个 s 电子的碱金属元素、碱土金属元素属于s 区；最后 1 个电子进入 p 轨道的第ⅢA、ⅣA、ⅤA、ⅥA、ⅦA、ⅧA 族元素属于p 区；最后 1 个电子进入 d 轨道的元素属于d 区；次外层 d 轨道充满电子，最外层 1～2 个 s 电子的第ⅠB、ⅡB族元素属于ds 区；最后 1 个电子进入 f 轨道的元素属于f 区。

2-22 轨道表达式的第 1 个数字表示主量子数，n 等于4；为了和主量子数区别，角量子数 l 用小写字母顺序表达 s(0)、p(1)、d(2)、f(3)。角量子数 l 等于2。

2-23 价电子构型是$3d^5 4s^1$（虽然 4s 轨道能量低，但 d 轨道半充满能量更低，不能排布成 $3d^4 4s^2$）。

2-24 因为最外层为 4s，表明其主量子数 $n=4$，则其位于第四周期；价电子有 6 个，并有 d 电子参加，应为副族元素，为第ⅥB 族。元素符号为Cr。

2-25 前四层轨道只差 7 个 f 电子便填充满，所以有 $2\times1^2+2\times2^2+2\times3^2+2\times4^2-7=53$ 个电子，再加 $5s^2 5p^6 5d^1 6s^2$ 共 11 电子，共有 64 个电子，即原子序数是64，有 6s 电子，位于第六周期，价电子有 3 个，即 $5d^1 6s^2$，有 d 电子参加，为副族元素，即第ⅢB 族。

2-26 3($n=3$)；1（p 轨道的 $l=1$）；磁量子数可为+1、0、−1（因为要求磁量子数 $|m|\leqslant l$）。

2-27 Ψ 是描述核外电子运动状态的数学函数式，它和原子轨道是同义词；电子云是核外电子运动在某区域的几率密度，是几率密度的形象化表示。

2-28 $n=3$，$l=2$，$m=0$、±1、±2（任意选 3 个），$m_s=+\frac{1}{2}$或$-\frac{1}{2}$。原子（注意不是 M^{3+}）的核外电子排布是$1s^2 2s^2 2p^6 3s^2 3p^6 3d^5 4s^1$。

2-29 第 29 号元素根据电子排布为 $1s^2 2s^2 2p^6 3s^2 3p^6 3d^{10} 4s^1$，为Cu；有 4s 电子，位于四周期；价电子有 d 电子且充满，并有 s 电子，为 IB 族；外层电子构型为$3d^{10} 4s^1$（因为 Cu^+ 是无色的，d 轨道一定是全充满的）。

2-30 $_5B$ 有 5 个电子，电子排布式为 $1s^2 2s^2 2p^1$，只有1 个 p 电子不成对；$_8O$ 有 8 个电子，排布为 $1s^2 2s^2 2p_x^2 2p_y^1 2p_z^1$，有2 个 p 电子不成对；$_{21}Sc^{3+}$ 有 18 个电子，排布为 $1s^2 2s^2 2p^6 3s^2 3p^6$，只有0 个电子不成对；$_{24}Cr^{3+}$ 有 21 个电子，排布为 $1s^2 2s^2 2p^6 3s^2 3p^6 3d^3$，有3 个 d 电子不成对。

2-31 第一行：因为 $l=3$，l 应小于 n，所以$n\geqslant4$。第二行：因为 $n=2$，l 应小于 n，l 应小于 2；又因为 $m=0$，$|m|\leqslant l$，所以 l 必须$\geqslant1$，l 只能等于1。第三行：$|m|$必须$\leqslant l$，$l=0$，所以 $m=0$。第四行：$m_s=+\frac{1}{2}$或$-\frac{1}{2}$。

2-32 因为离子的 3d 轨道半充满，有 5 个 d 电子，其原子有 8 个价电子，总电子数$=2\times1^2+2\times2^2+2\times3^2-2=26$，为第ⅧB 族，该元素为铁（Fe）。

2-33 由于 3d 轨道的能量与 4s 轨道的能量相差不大，按洪德规则全充满结构的能量下降足以抵消 3d 电子跃迁到 4s 轨道所需的能量，所以 Cu 的价电子构型是 $3d^{10} 4s^1$。实验表明 Cu^+ 是无色的，d 轨道一定是全充满的。

2-34 （1）A、B；(2)K^+ 和 Br^-。

2-35 元素符号为 Cr；它在第四周期第ⅥB 族。

2-36 （1）24；（2）4，7（1s、2s、2p、3s、3p、3d、4s）；（3）6（$3d^5 4s^1$）。

2-37 （1）18（电子数$=2\times1^2+2\times2^2+2+6=18$）；（2）35（电子数$=2\times1^2+2\times2^2+2\times3^2+2+5=35$）。

2-38 （1）符合上述条件的元素有 3 个，原子序数分别为 19、24（5 个 d 电子，半充满）、29；（2）$1s^2 2s^2 2p^6 3s^2 3p^6 4s^1$，$1s^2 2s^2 2p^6 3s^2 3p^6 3d^5 4s^1$，$1s^2 2s^2 2p^6 3s^2 3p^6 3d^{10} 4s^1$。

2-39 （C）（主量子数 n 最小），（B）（主量子数 n 次小），（A）［n 和（D）相同，但角量子数 l 比（D）小］，（D）（主量子数 n 和角量子数 l 都最大）。

2-40 电子排布式为 $1s^2 2s^2 2p^6 3s^2 3p^6 3d^{10} 4s^2 4p^4$，外层价电子排布式为 $4s^2 4p^4$。

2-41 第五周期（有 5s 电子），第ⅦB 族（有 7 个价电子，且价电子中有 d 电子）。

2-42 $1s^2 2s^2 2p^6 3s^2 3p^6 3d^3 4s^2$，钒（V）。

2-43 $1s^2 2s^2 2p^6 3s^2 3p^6 3d^{10} 4s^2 4p^5$，溴（Br），非金属，最高氧化数为+7。

2-44 （1）A 的电子排布式为 $1s^2 2s^2 2p^6 3s^2 3p^6 3d^2 4s^2$；B 的电子排布式为 $1s^2 2s^2 2p^6 3s^2 3p^6 3d^{10} 4s^2 4p^3$。

（2）A 为第四周期第ⅣB 族元素；B 为第四周期第ⅤA 族元素。

2-45 A 为钒（V），电子排布式为 $1s^2 2s^2 2p^6 3s^2 3p^6 3d^3 4s^2$；B 为硒（Se），电子排布式为 $1s^2 2s^2 2p^6 3s^2 3p^6 3d^{10} 4s^2 4p^4$。

2-46 He^+ 中只有一个电子，在 3s 和 3p 轨道上没有电子，就没有核内质子对 3s 和 3p 电子的作用，不存在能量大小；若 He^+ 的电子跃迁，将不存在屏蔽作用，能量大小由主量

子数 n 决定。n 相同的轨道的能量相同，因而 3s 和 3p 轨道的能量相等。而在 Ar^+ 中，3s 和 3p 轨道上有多个电子存在，3s 和 3p 轨道上的电子受到的屏蔽效应不同，即轨道的能量不仅和主量子数 n 有关，而且和角量子数 l 有关，因此，3s 和 3p 轨道的能量不相等。

2-47 S^{2-}：$1s^2 2s^2 2p^6 3s^2 3p^6$。K^+：$1s^2 2s^2 2p^6 3s^2 3p^6$。Mn^{2+}：$[Ar]3d^5$。Ag^+：$[Kr]4d^{10}$。

2-48 根据 $\Delta E=\frac{hc}{\lambda}$

$$\lambda=\frac{hc}{\Delta E}=\frac{6.626\times10^{-34}\times2.998\times10^{8}}{\frac{274\times10^{3}}{6.02\times10^{23}}}=436(\text{nm})$$

2-49 根据 $\Delta E=h\nu$，$\Delta E=12.7\text{eV}$，$1\text{eV}=1.602\times10^{-19}\text{J}$，$h=6.626\times10^{-34}\text{J}\cdot\text{s}$，求得 $\nu=3.07\times10^{-2}\text{s}^{-1}$

根据 $\lambda=\frac{c}{\nu}$，$c=2.998\times10^{8}\text{m}\cdot\text{s}^{-1}$，得 $\lambda=97.7\text{nm}$。

2-50 根据德布罗意关系式

$$\lambda=\frac{h}{mv}=\frac{6.626\times10^{-34}}{9.110\times10^{-31}\times0.5\times3.0\times10^{8}}=4.83\times10^{-12}(\text{nm})$$

第 3 章　化学键与分子结构

3-1 原子之间有各种作用，只有这种作用导致形成分子时才是化学键；金属键、离子键均不一定是由相邻的两个原子间形成的，整体是一个大化学键，不相邻的原子间也可形成化学键；化学键是原子核内质子对其他原子核外电子的吸引及两核内质子、各自的核外电子相互排斥的强烈作用的总和。选（D）。

3-2 离子键是对离子晶体整体而言的，一个正（负）离子对所有负（正）离子都有静电引力，这种静电引力是全方位的，离子键没有方向性；离子键在离子晶体中有许多条（没有准确值），没有饱和性，也就谈不上所谓“键能”。完美的离子键是不存在的，一般认为，两种元素电负性差值大于 1.7 时，形成化合物的化学键是离子键。选（A）。

3-3 SiO_2 只有 Si 与 O 间的共价键；CO_2 只有 C 与 O 间的共价键；NaCl 只有离子键；Na_2SO_4 中 S 与 O 间是共价键，Na^+ 与 SO_4^{2-} 之间是离子键。选（B）。

3-4 SO_2 中的 S 上有 1 对孤对电子，不可能是直线型，应是折线型；$C_2H_5OC_2H_5$ 中的 O 上有 2 对孤对电子，采取不等性 sp^3 杂化，是折线型；H_2O_2（H—O—O—H）中每个氧均是 sp^3 不等性杂化，折线型分子；C_2H_2 中的 C 采取 sp 杂化后，没有孤对电子，H—C—C—H应是直线型。选（A）。

3-5 H_2S 中的 S、H_2O 中的 O 都有 2 对孤对电子；SF_4 中的 S 有 1 对孤对电子；NH_4^+ 中 N 上的 4 个电子全部成对，没有孤对电子。选（D）。

3-6 s 轨道是球状的，没有方向性，不可能形成“肩并肩”的 π 键，只能形成“头碰头”的 σ 键，（A）、（C）都不对；2 个原子间的 sp^n 杂化轨道也不可能有 2 条 sp^n 杂化轨道同时重叠；只有 2 个 p 轨道有可能在其他轨道杂化形成 σ 键的同时“肩并肩”地重叠，形成 π 键。选（B）。

3-7 CH_4 中的 C 采取等性 sp^3 杂化，键角是 109°28′；BF_3 中的 B 采取 sp^2 等性杂化，键角是 120°；NH_3 中的 N 采取不等性 sp^3 杂化，有 1 对孤对电子，压迫三条 N—H 键靠近，键角是 107°18′；H_2O 中的 O 也采取不等性 sp^3 杂化，但有 2 对孤对电子，对 O—H 键的排斥力更大，压迫两条 O—H 键更进一步靠近，键角是 104°45′。选（C）。

3-8 单键一定是沿电子云的轴向重叠，达到最大程度的重叠，一定首先形成 σ 键而不是 π 键，(A) 错。不可能有 π 键而无 σ 键，因为 σ 键的电子云重叠程度大，(D) 错。π 键的键能比 σ 键小得多，因为电子云重叠程度小，键的强度也小，(C) 错；杂化轨道一定保持尽可能大的张角，不可能产生肩并肩的 π 键。选 (B)。

3-9 重叠越大，能量越低，分子越稳定，所以重叠都遵循最大重叠原则；只有波函数符号相同的电子轨道重叠才是有效重叠，才能形成化学键。选 (D)。

3-10 PCl_3 中的 P、NH_3 中的 N 均是第ⅤA 族元素，有 5 个价电子，采取不等性 sp^3 杂化，因为有一对孤对电子；BF_3 中的 B 是第ⅢA 族元素，有 3 个价电子，采取 sp^2 杂化；H_2O 中的 O、H_2S 中的 S 都是第ⅥA 族元素，有 6 个价电子，采取不等性 sp^3 杂化，因为有两对孤对电子；CCl_4 中的 C 是第ⅣA 族元素，有 4 个价电子，没有孤对电子，采取等性 sp^3 杂化；$BeCl_2$ 中的 Be 是第ⅡA 族元素，有 2 个价电子，采取 sp 杂化。选 (A)。

3-11 H_2 中只有 1 个 σ 键，是 2 个 H 各提供 1 个电子成为一对成对电子；Li_2^+ 中的两个 Li 原子都只有 1 个 2s 价电子，只能形成 1 个 σ 键，这个 σ 键只有 1 个电子而不是共用电子对；B_2 采取 sp 杂化，1 个 σ 键和 2 个 π 键的电子都是共用电子对；Be_2^+ 采取 sp 杂化，1 个 σ 键是共用电子对，1 个 π 键是单电子的。选 (B)。

3-12 因为 O 是第ⅥA 族元素，不可能采取 sp 和 sp^2 杂化，只能采取 sp^3 杂化。由于 O 上有 2 对孤对电子，不可能采取等性 sp^3 杂化，实测键角为 97°，而不是等性 sp^3 杂化的 109°28′，这都表明 H_2O_2 分子中的氧原子是不等性 sp^3 杂化。选 (D)。

3-13 轨道杂化的前提是杂化轨道能量级相近，1s 和 3p 轨道的主量子数相差较大，又没有钻穿效应，能量级相差太大，不能杂化；等性 sp^3 杂化轨道成键的分子，其几何构型是正四面体；不等性 sp^3 杂化轨道成键的分子，其几何构型肯定不是正四面体。孤立的原子是不可能发生杂化的，因为杂化是形成共价键的要求；参加杂化的轨道的能量相近，就可满足杂化的要求，如 2s、2p 杂化，3d、4s、4p 杂化等。选 (C)。

3-14 化学键的作用力肯定是最大的，因为没有它就没有分子存在，更谈不上分子间的作用力；氢键是介于化学键与分子间作用力之间的一种特殊的作用力，肯定处在第二位，因此 (B)、(C) 都不对；色散力是所有分子间都存在的力，在分子间作用力中是最重要的；诱导力是瞬间发生的，诱导偶极很小，作用力也最小。选 (D)。

3-15 极性分子正电荷中心与负电荷中心不重叠，产生偶极矩 $\mu=qd$，这是极性分子固有的；极性分子的正 (负) 极也会使其他分子的电荷中心发生移动，产生诱导偶极矩；即使是非极性分子，由于电子的运动，电荷中心也会自动有微小移动，产生瞬间偶极矩。极性分子这三种偶极矩都可能产生。选 (D)。

3-16 CCl_4 采取的是等性 sp^3 杂化，虽然 C—Cl 是极性键，但分子是非极性的；H_2O、H_2S 采取的都不是等性 sp^3 杂化，都有 2 对孤对电子，但 O 比 S 电负性要强，电子更向 O 偏移，H_2O 的极性大于 H_2S 的极性；Na_2S 基本上是离子化合物，电子转移最彻底，极性最强。选 (B)。

3-17 一个水分子中的 O 上有 2 对孤电子对，可以与其他水分子的 2 个 H 形成 2 个氢键，该水分子中的 2 个氢分别可与其他水分子中的 O 各形成 1 个氢键，共可形成 4 个氢键。选 (B)。

3-18 极性分子是指“固有偶极矩”不为零的分子。分子中没有极性键就不可能使正、负电荷中心分开，固有偶极矩等于 0，分子不会有极性；化学键有极性，若多个极性键的空间结构完全对称，合偶极矩也可以为 0，分子无极性；根据逻辑学原理，逆否命题也不成立，即“非极性分子中都是非极性键”也不成立，如 CCl_4、CO_2、BF_3、$CH_2=CH_2$ 等都有极性键，但都是非极性分子；只要固有偶极矩不为零即可，其他化学键不是极性键无关定性，如 H_2O_2 中 O—O 间是非极性键，但 H_2O_2 是极性分子。选（A）。

3-19 B_2 的分子轨道式为 $(\sigma_{1s})^2(\sigma_{1s}^*)^2(\sigma_{2s})^2(\sigma_{2s}^*)^2(\pi_{2p_y})^1(\pi_{2p_z})^1$，键级=1；$O_2^-$ 的分子轨道式为 $(\sigma_{1s})^2(\sigma_{1s}^*)^2(\sigma_{2s})^2(\sigma_{2s}^*)^2(\sigma_{2p_x})^2(\pi_{2p_y})^2(\pi_{2p_z})^2(\pi_{2p_y}^*)^2(\pi_{2p_z}^*)^1$，键级=1.5；$CN^-$ 的分子轨道式为 $(\sigma_{1s})^2(\sigma_{1s}^*)^2(\sigma_{2s})^2(\sigma_{2s}^*)^2(\pi_{2p_y})^2(\pi_{2p_z})^2(\sigma_{2p_x})^2$，键级=3；$H_2^+$ 的分子轨道式为 $(\sigma_{1s})^1$，键级=0.5。选（C）。

3-20 熔化 K 时需克服金属键的静电引力；熔化 H_2O 时除了需克服色散力外，还需克服取向力、诱导力和氢键的作用力；SiC 是原子晶体，熔化它时需克服 σ 共价键的键能；SiF_4 是非极性的分子晶体，熔化时只需克服色散力。选（D）。

3-21 BF_3 中的 B 是 sp^2 杂化，参与成键的不再是原来的 s 或 p 轨道，而是杂化后的 sp^2 杂化轨道。F 的 1 个 2p 轨道上的 1 个电子与 B 的 sp^2 轨道上的电子云重叠。选（A）。

3-22 B_2 的分子轨道式为 $(\sigma_{1s})^2(\sigma_{1s}^*)^2(\sigma_{2s})^2(\sigma_{2s}^*)^2(\pi_{2p_y})^1(\pi_{2p_z})^1$，顺磁性；$O_2$ 的分子轨道式为 $(\sigma_{1s})^2(\sigma_{1s}^*)^2(\sigma_{2s})^2(\sigma_{2s}^*)^2(\sigma_{2p_x})^2(\pi_{2p_y})^2(\pi_{2p_z})^2(\pi_{2p_y}^*)^1(\pi_{2p_z}^*)^1$，顺磁性；$C_2$ 的分子轨道式为 $(\sigma_{1s})^2(\sigma_{1s}^*)^2(\sigma_{2s})^2(\sigma_{2s}^*)^2(\pi_{2p_y})^2(\pi_{2p_z})^2$，电子全成对，反磁性；$He_2^+$ 的分子轨道式为 $(\sigma_{1s})^2(\sigma_{1s}^*)^1$，顺磁性。选（C）。

3-23 Hg 有 2 个 s 电子，进行 sp 杂化后与 Cl 的单电子成键，有2对成键电子，中心原子 Hg 没有孤对电子，是0对，分子构型应该直线型；XeF_4 中，有 4 个 F 各提供 1 个电子成键，有4对成键电子对，Xe 原有 8 个价电子，4 个成键，还有2对孤对电子，分子构型为平面四方形。

3-24 C—C、C—H 间都有 1 个 σ 键，共计9个，第 1 个 C 与第 2 个 C、第 3 个 C 与第 4 个 C 之间各有 1 个 π 键，共计2个。

3-25 H_2 的分子轨道式为 $(\sigma_{1s})^2$，键级是1，具有反磁性。N_2 的分子轨道式为 $(\sigma_{1s})^2(\sigma_{1s}^*)^2(\sigma_{2s})^2(\sigma_{2s}^*)^2(\pi_{2p_y})^2(\pi_{2p_z})^2(\sigma_{2p_x})^2$，键级是3，具有反磁性。NO 的分子轨道式为 $(\sigma_{1s})^2(\sigma_{1s}^*)^2(\sigma_{2s})^2(\sigma_{2s}^*)^2(\pi_{2p_y})^2(\pi_{2p_z})^2(\sigma_{2p_x})^2(\pi_{2p_y}^*)^1$，键级是2.5，具有顺磁性。

3-26 能量最低原理，即电子能排布在低能级轨道上，绝不自动（激发态除外）排布在高能级轨道上；洪德规则，即在同能级的简并轨道上，每个轨道上先排布 1 个电子，只有简并轨道数少于应排布电子数时才成对（因为电子成对有电子成对排斥能，能量增加，违反能量最低原理）；泡利不相容原理，即每 1 条轨道上最多只能排布自旋方向相反的 2 个电子。

3-27 色散力是由瞬间偶极造成的，取向力是由固有偶极造成的，而诱导力是由诱导偶极造成的。一般分子间力多以色散力为主。

3-28 H_2SO_4 分子中的 O 与 H 形成分子间氢键而缔合成的分子比较大，黏度也很大。H_2SO_4 分子与 H_2O 之间也会形成氢键。

3-29 根据相似相溶原理，水和乙醇都是极性分子，水中的 H 与乙醇中的 O 可形成 2 个氢键，2 个乙醇中的 H 又可与水中的氧形成 2 个氢键，这种氢键是双向的，而乙醚中的氧与电负性较大的 2 个 C 相连，其电负性大大减弱，形成氢键的能力也大大减弱，且是单向的，不可任意混溶，而水和乙醇可任意混溶。

3-30 NH_4^+ 中的 N 是等性 sp^3 杂化，空间构型为正四面体；NO_2 中的 N 上有孤对电子，排斥两个 N—O 键，空间构型为折线型；SO_4^{2-} 中 S 的成键电子有 4 对，没有孤对电子，空间构型为四面体。

3-31 Li 的核外电子构型为 $1s^2 2s^1$，n 个 Li 原子形成晶体后，n 条 1s 轨道叠加组成 n 条能级差别非常小的分子轨道，由于 n 很大，这些分子轨道可看成能量几乎连续的能带。同样 n 条 2s 轨道也形成能带。由于原来每个 Li 原子的 1s 轨道上都有 2 个电子，所以 1s 轨道形成的能带是满带；而 Li 原子的 2s 轨道上只有 1 个电子，所以 2s 轨道形成的能带是半满的，由于能带上电子的能量是连续的，所以电子很容易离开原来的位置而进入上方能量稍高的空带中，这样相当于电子在金属晶体中的自由运动，所以能导电。

Mg 的核外电子构型为 $1s^2 2s^2 2p^6 3s^2$，虽然 3s 及能量更低的轨道所形成的能带都是满带，但是 3p 能带是空带，而且与 3s 能带发生了部分重叠，所以 3s 满带上的电子很容易跃迁到空带上，形成电子的自由运动而导电。

3-32 离子键的本质是静电作用力，静电作用力 $f=kq_+q_-/r^2$，其决定因素为电荷数的多少。同为 AB 型的离子晶体，离子所带电荷为两个基本单位的 MgO、BaO，其离子键强度要大于离子电荷为一个基本单位的 NaCl、NaBr。正负离子之间的间距 r 也起一定的影响作用，间距越大，离子键越弱。但是 r 的变化不会有离子所带电荷变化影响那么大，所以在一般情况下，当正负离子所带电荷相同时，才考虑电荷之间距离 r 的影响。同族元素随着周期数的增加，其离子半径相应增加，所以 r(NaBr)＞r(NaCl)，r(BaO)＞r(MgO)。综合以上因素，离子键的强度顺序是 MgO＞BaO＞NaCl＞NaBr。

3-33 （1）SiF_4 中的 Si 有 4 对成键电子，没有孤对电子，是正四面体型；

（2）PCl_3 中的 P 有 3 对成键电子，有 1 对孤对电子，是三角锥型；

（3）PCl_5 中的 P 有 5 对成键电子，没有孤对电子，是三角双锥型；

（4）BF_3 中的 B 有 3 对成键电子，没有孤对电子，其构型是平面三角形；

（5）PO_4^{3-} 中的 P 有 4 对成键电子，没有孤对电子，是正四面体型。

3-34 BF_3 中的 B 有 3 对成键电子，没有孤对电子，所以其构型是平面三角形。NH_3 中的 N 有 3 对成键电子，但有 1 对孤对电子，排斥力比成键电子对要大，N—H 的键角被压缩，所以是三角锥型。

3-35 （1）SiH_4 中的 Si 采取等性 sp^3 杂化，空间构型是正四面体型；

（2）H_2S 中的 S 采取不等性 sp^3 杂化，空间构型是折线型；

（3）$HgCl_2$ 中的 Hg 采取等性 sp 杂化，空间构型是直线型；

（4）NH_3 中的 N 采取不等性 sp^3 杂化，空间构型是三角锥型；

（5）C_2H_2 中的 2 个 C 均采取 sp 杂化，空间构型是直线型。

3-36 （1）O_2^+ 的分子轨道式为 $(\sigma_{1s})^2(\sigma_{1s}^*)^2(\sigma_{2s})^2(\sigma_{2s}^*)^2(\sigma_{2p_x})^2(\pi_{2p_y})^2(\pi_{2p_z})^2(\pi_{2p_y}^*)^1$；键级＝(6－1)/2＝2.5；顺磁性。

（2）O_2 的分子轨道式为 $(\sigma_{1s})^2(\sigma_{1s}^*)^2(\sigma_{2s})^2(\sigma_{2s}^*)^2(\sigma_{2p_x})^2(\pi_{2p_y})^2(\pi_{2p_z})^2(\pi_{2p_y}^*)^1(\pi_{2p_z}^*)^1$；键级＝(6－2)/2＝2；顺磁性。

（3）O_2^- 的分子轨道式为 $(\sigma_{1s})^2(\sigma_{1s}^*)^2(\sigma_{2s})^2(\sigma_{2s}^*)^2(\sigma_{2p_x})^2(\pi_{2p_y})^2(\pi_{2p_z})^2(\pi_{2p_y}^*)^2(\pi_{2p_z}^*)^1$；键级＝(6－3)/2＝1.5；顺磁性。

（4）O_2^{2-} 的分子轨道式为 $(\sigma_{1s})^2(\sigma_{1s}^*)^2(\sigma_{2s})^2(\sigma_{2s}^*)^2(\sigma_{2p_x})^2(\pi_{2p_y})^2(\pi_{2p_z})^2(\pi_{2p_y}^*)^2(\pi_{2p_z}^*)^2$；键级＝(6－4)/2＝1；反磁性。

因此，它们的稳定性顺序为 O_2^+＞O_2＞O_2^-＞O_2^{2-}。

3-37 He_2 若存在的话，分子中有 4 个电子，其分子轨道式应表示为 $(\sigma_{1s})^2(\sigma_{1s}^*)^2$，分子

的键级为 0，不可能存在。

He_2^+ 因为带一个正电荷，只有 3 个电子，因此其分子轨道式表示为 $(\sigma_{1s})^2(\sigma_{1s}^*)^1$，有 2 个电子在成键轨道上，而只有 1 个电子在反键轨道上，键级$=(2-1)/2=0.5$。说明分子形成后能量有所下降，所以 $He_2{}^+$ 是能够存在的。

3-38 (1) 甲醇和水都是极性分子，分子间除了普遍存在的色散力外，还有取向力、诱导力；甲醇中的 O 与水中的 H、水中的 O 与甲醇中的 H 还可形成氢键。

(2) 溴化氢和氯化氢都是极性分子，分子间除了普遍存在的色散力外，还有取向力、诱导力；虽然两者分子中都有 H，但 Br、Cl 的电负性不够大，不能形成氢键。

(3) 二氧化碳的构型为直线型，是非极性分子，当然不可能有取向力和氢键；二氧化硫因 S 上有孤对电子，是极性分子，分子间除了普遍存在的色散力外，二氧化硫还会对二氧化碳诱导，产生诱导偶极，为诱导力。

3-39 (1) NH_3 分子中的 H、N 可分别与其他 NH_3 分子中的 N、H 形成分子间的氢键，沸点升高；分子内不能成环，不会形成分子内氢键。

(2) CH_3OCH_3（甲醚）因为 H 与 C 相接，而 C 的电负性不够大，虽然分子中有电负性很大的 O，但上面没有氢，仍不能形成氢键。

(3) 独立的 HNO_3 分子是不存在的，它只能存在于水溶液中。在水溶液中，HNO_3 完全离解，形成 H_3^+O 和 NO_3^-，若说有氢键，那也是 NO_3^- 中的 O 与水分子中的 H 形成的分子间氢键。实际上，独立的 HNO_3 分子不存在，不可能形成分子间氢键。

(4) C_2H_6 分子中没有电负性很大的 F、O、N 原子之一，其次 H 与 C 相接，而 C 的电负性不够大，不会有氢键存在的可能。

(5) 邻硝基苯酚中硝基（$-NO_2$）中的 O 电负性足够大，可与邻位的羟基（—OH）上的 H 形成六元环，形成分子内氢键；当然也可形成分子间的氢键。

(6) 对羟基苯甲酸中羧基上的 O 可与羟基上的 H 形成氢键，由于两者空间距离太远，不能形成稳定的五元环或六元环，氢键只能是分子间的。

3-40 (1) $CHCl_3$ 中的 C 虽然是等性 sp^3 杂化，其构型为正四面体，但由于 4 个键的极性大小不一样，总偶极矩不为 0，因而分子是极性的。

(2) CO_2 的中心原子是 C，C 是 sp 杂化，虽然 C—O 键是极性的，但是其构型为直线型，分子的偶极对称，总偶极矩为 0，分子是非极性的。

(3) NF_3 中的 N 是非等性 sp^3 杂化，其构型为三角锥型，N 上有 1 对孤对电子，排斥力比其他 3 对成键电子大，不对称，总偶极矩不为 0，分子是极性的。

(4) Br_2 中只有 1 个非极性的 σ 键，分子是非极性的。

(5) CS_2 和 CO_2 相似，中心原子是 C，C 是 sp 杂化，虽然 C—S 键是极性的，但是其构型为直线型，分子的偶极对称，总偶极矩为 0，分子是非极性的。

(6) H_2S 的中心原子是 S，和 H_2O 相似，虽只有 2 个键，但由于 S（水分子为 O）上有 2 对孤对电子，S 是非等性 sp^3 杂化，其构型为折线型，因而分子是极性的。

(7) HCl 中只有 1 个极性的 σ 键，分子是极性的。

(8) NO_2 中的 N 上有孤对电子，其构型为折线型，总偶极矩不为 0，分子是极性的。

(9) $SiCl_4$ 与 CCl_4、CH_4 相似，中心原子 Si 是等性 sp^3 杂化，其构型为正四面体，由于 4 个键的极性大小一样，分子全对称，总偶极矩为 0，分子是非极性的。

3-41 (1) 冰是分子晶体，水分子间除了有范德华力外，还有氢键，融化时必须克服之。

（2）NaCl 是离子晶体，溶于水时需克服离子键引起的静电力。

（3）$CaCO_3$ 中 Ca^{2+} 与 CO_3^{2-} 间是离子键，CO_3^{2-} 中的 C—O 键是共价键，分解过程必须克服这两种化学键形成的吸引力。

3-42 氟、氯、溴、碘四种卤素的单质都是双原子的非极性分子，而非极性分子之间的范德华力只来自色散力。对于同系物来说，元素的原子序数越大，原子半径越大，核外电子的自由度越大，产生瞬间偶极的能力越大，色散力越强。同时，同系物中若无其他原因，分子量越大，熔沸点也越高。所以按照熔沸点的排序应该是 $I_2>Br_2>Cl_2>F_2$。

3-43 （1）F_2 分子中的 F 之间由 1 个 σ 键相连，而 O_2 分子中的 O 之间由 1 个 σ 键和 1 个 π 键相连。

（2）水分子之间存在氢键，而 H_2S 中 S 的电负性不够大，不能形成氢键。

（3）CO 是极性分子，存在取向力、诱导力、色散力三种分子间作用力；N_2 是非极性分子，只存在色散力。

3-44 （1）错。单键都是 σ 键，如乙烷中的 1 个 C 可形成 C—C、C—H 两个 σ 单键，总键能为 σ 单键键能的两倍，但并不是双键。双键是由一个 σ 键和一个 π 键组成的，如乙烯中的 C═C 键，所以双键键能不是 σ 单键键能的两倍。

（2）错。例如 H_2O_2 是极性分子，但是 O—O 键是非极性的。

（3）错。分子的稳定性取决于键能，与分子间力没有联系，键能 H—I<H—Br，所以 HI 没有 HBr 稳定。

（4）错。如 SiO_2 等原子晶体也是全由共价键结合的物质。

3-45 $\frac{154}{2}+\frac{145}{2}=149.5(\text{pm})$

第4章 晶体结构

4-1 Al^{3+}、Mg^{2+}、Na^+、F^- 核外电子数相同，都是 10 个，而原子序数（核内质子数）依次下降，对核外电子吸引力越来越小，造成离子半径有变小趋势，所以选（A）。

4-2 石墨晶体的平面层 C—C 之间以 σ 共价键相连，属于原子晶体范畴，层与层之间由 p 电子形成活动力很大的大 π 键，作用力较弱，属于分子晶体范畴。所以是混合型晶体。选（D）。

4-3 金刚石是原子晶体，每个 C 都会形成 4 个 σ 键，键能很大而且键的数量很多，熔点最高；$CuCl_2$ 是离子晶体，熔点其次；H_2O、H_2S 都是分子晶体，熔点很低，虽然 H_2O 的分子质量比 H_2S 小，但 H_2O 中的 O 电负性很强，形成分子间氢键，缔合成大的分子，熔点比 H_2S 高。选（A）。

4-4 阳离子所带电荷越多、半径越小，吸引力越大，刚性越强，极化作用越强；阴离子所带电荷越多、体积越大，核内质子对核外电子的控制力越小，变形性越大。选（B）。

4-5 阴离子体积越大，核内质子对核外电子的控制力越小，变形性越大，F^-、Cl^-、Br^-、I^- 的离子半径依次增大，变形性依次增大。选（A）。

4-6 四种物质都属于离子型化合物，阴阳离子间作用力 $f=kq_+q_-/r^2$。f 的大小首先决定于电荷的多少，电荷相同时，再比较 r（因为 r 不可能成倍地变化），$AlCl_3$ 电荷数最多，CaO 其次；NaF 和 KCl 电荷数相同，但 KCl 的 r 比 NaF 大。选（C）。

4-7 根据习题 4-6 的原理，Al_2O_3 电荷数最多，熔点最高。选（D）。

4-8 离子化合物晶格能的大小与其熔点的高低有一致性，根据习题 4-6 的原理，选（D）。

4-9 $MgCl_2$、$CaCl_2$ 是离子型化合物，根据习题 4-6 的原理，$MgCl_2 > CaCl_2$；$FeCl_2$、$FeCl_3$ 中的 Fe^{2+}、Fe^{3+} 的最外层电子分别为 12 个和 11 个，对 Cl 的极化作用较强，Cl 变形较大，共价性增加，熔点下降；Fe^{3+} 的核外电子比 Fe^{2+} 少 1 个，体积更小，极化作用更强，Cl 变形更大，熔点更低。选（B）。

4-10 根据习题 4-4 所述的理由，阳离子主要显现极化能力，阴离子主要显现变形性。选（B）。

4-11 NaCl 晶体是面心型立方晶体，配位数是 6。选（C）。

4-12 PH_3 是分子晶体，熔化时只需克服范德华力；Al、KF 熔化时都需克服静电力；SiO_2 是原子晶体，依靠 σ 共价键相连，熔化时需破坏共价键。选（D）。

4-13 SiO_2 是原子晶体，依靠 σ 共价键相连，键能很大而且键的数量很多，熔点最高；N_2、NaCl、Na 的熔点都不如它高。选（D）。

4-14 分子晶体中不仅存在分子间力，还可能存在氢键；有些分子晶体可溶于水，水溶液也导电，如 NH_3；极性分子如 NH_3 或非极性分子 O_2 都可形成分子晶体。选（B）。

4-15 根据离子半径比定则，选（A）。

4-16 根据离子半径比定则和几何计算，选（A）。

4-17 KBr、MgF_2 是离子晶体，晶格结点上粒子间以静电力结合；SiO_2 是原子晶体，依靠 σ 共价键相连；CO_2 是分子晶体，依靠分子间力结合。选（B）。

4-18 密度主要是由质点的堆积情形决定的，和晶格能没有关系。选（D）。

4-19 阳离子所带电荷越多、半径越小，吸引力越大，刚性越强，极化作用越强。Al^{3+} 所带电荷最多，Na、Mg、Al 同在第三周期，Al^{3+} 半径最小，K 在第四周期，离子半径更大。选（A）。

4-20 阴离子所带电荷越多、体积越大。核内质子对核外电子控制力越小，变形性越大。F^- 电荷数最少，离子半径最小，变形性也最小。选（A）。

4-21 根据 $f = kq_+q_-/r^2$，离子的半径越大，f 越小，晶格能<u>越小</u>；离子的电荷数越多，晶格能<u>越大</u>。

4-22 <u>分子晶体</u>、<u>原子晶体</u>、<u>离子晶体</u>、<u>金属晶体</u>。

4-23 NH_3 的熔点比 PH_3 的熔点<u>高</u>；因为<u>NH_3 可形成分子间的氢键</u>。

4-24 粒子为<u>Mg^{2+}</u>和<u>Cl^-</u>；作用力为<u>静电力</u>；晶体类型为<u>离子晶体</u>。

4-25 微粒是<u>$SiCl_4$ 分子</u>；作用力是<u>范德华力</u>；是<u>分子晶体</u>；熔点<u>较低</u>。

4-26 向<u>共价键</u>转化；晶型向<u>分子晶体</u>转化；熔沸点<u>降低</u>；溶解度<u>减小</u>。

4-27 预测 $NaNO_3$ 的熔点比 NaOH 的熔点<u>高</u>；这是因为 NO_3^- 的变形性比 OH^- 的<u>小</u>。

4-28 因为 Cu^+ 的最外层有 18 个电子，极化能力比最外层有 8 个电子的 Na^+ 强，Cl^- 变形大，CuCl 溶解度比 NaCl <u>小</u>；同理，CuBr 的熔点比 NaBr <u>低</u>。

4-29 随阳离子所带电荷增多，核内质子数增多，核内质子对电子的吸引力增大，半径<u>减小</u>；随阴离子所带电荷增多，核内质子数减少，核内质子对核外电子吸引力减小，半径<u>增大</u>。

4-30 需破坏共价键的晶体应是原子晶体，有<u>SiO_2</u>；需克服分子间作用力是分子晶体，有<u>SiF_4、I_2、CS_2</u>。

4-31 因素主要有离子的电荷、离子的电子构型和离子半径。

4-32 变形性越小；其极化作用越强。

4-33 NaCl 型晶胞是面心型立方晶型，配位数为6；ZnS 型晶胞是体心型正四面体，配位数为4；CsCl 型晶胞是体心型立方晶型，配位数为8。

4-34 除了离子电荷、离子半径会影响离子晶体的性质之外，还要考虑离子极化的影响。Cu^{+}（18 电子构型）的极化作用比 Na^{+}（8 电子构型）强得多，使 CuCl 化学键的极性与 NaCl 的相比弱很多，呈现出部分共价性，导致溶解度降低。

4-35 因为 Sn^{4+} 的电荷比 Sn^{2+} 多，半径比 Sn^{2+} 小，与 Cl^{-} 形成化合物时，Sn^{4+} 的极化作用比 Sn^{2+} 强，$SnCl_4$ 的共价性比 $SnCl_2$ 强，因而熔点较低。

4-36 Cl^{-} 的半径比 F^{-} 大，所以 Cl^{-} 的变形性比 F^{-} 大；当与 Ag^{+} 形成化合物时，AgCl 化学键的共价成分比 AgF 多，极性比 AgF 弱。因为水是极性溶剂，所以 AgF 在水中的溶解度比 AgCl 大。

4-37 H_2O_2 的沸点比 H_2O 高。这是因为：①H_2O_2 的分子质量比 H_2O 大；②1 个 H_2O 分子可形成 4 个氢键，而 1 个 H_2O_2 分子可形成 6 个氢键，缔合成的分子更大。

4-38 NH_3 和 $C_2H_5OC_2H_5$ 都是极性物质，由于 C 的电负性比 H 大，所以 NH_3 的极性比 $C_2H_5OC_2H_5$ 强；1 个 NH_3 分子和 1 个 H_2O 分子可形成 4 个氢键，其中 N 与 H_2O 中的 H 形成氢键，3 个 H 与水中的 O 形成氢键，氢键是双向的，更易溶于水。而 $C_2H_5OC_2H_5$ 和水只能形成 2 个极弱的氢键，且全部是 H_2O 中的 H 与 $C_2H_5OC_2H_5$ 中的 O 结合，氢键是单向的。所以 NH_3 在水中的溶解度比 $C_2H_5OC_2H_5$ 大得多。

4-39 AB 型晶体的离子半径比和配位数及晶体结构的关系为：

半径比 r_+/r_-	配位数	晶体结构
0.225～0.414	4	正四面体体心型
0.414～0.732	6	面心型
0.732～1	8	体心型

4-40 因 Ag^{+}（18 电子构型）有较强的极化力和变形性，而 I^{-} 半径比较大，变形性强，所以在 AgI 晶体中 Ag^{+} 与 I^{-} 间有较强的相互极化变形作用而使离子强烈靠近，电子云发生重叠，造成配位数减小，晶型改变。

第 5 章 化学平衡

5-1 因为方程（1）－方程（2）＝方程（3），所以方程（3）的平衡常数应为两者之商。选（D）。

5-2 因为方程（2）＝2×方程（1），所以 $K_2=K_1^2$。当 $K_1>1$ 时，$K_1<K_2$；当 $K_1<1$ 时，$K_1>K_2$。选（D）。

5-3 平衡常数发生变化是化学平衡发生移动的充分条件，而不是必要条件。其他条件，如 T、p、n 等发生变化，也会导致化学平衡发生移动。选（D）。

5-4 加入惰性气体，分两种情况：若是等压过程，加入惰性气体使各物质的摩尔分数变小，相当于减小了反应压力，平衡向左移动；若是等容过程，加入惰性气体后，各物质的 n、V、T 均不改变，所以对平衡不产生影响。本题未讲明是等压过程还是等容过程，选（C）。

5-5 该反应是物质的量减小的反应，增加压力，向右移动；减小 NO_2 的分压，相当于将其转化成其他形式，向右移动；增加 O_2 的分压，即增加 O_2 的量，反应向减小 O_2 的量的方向移动，即向右移动。选（A）。

5-6 恒压下加入惰性气体使各物质的摩尔分数变小，相当于减小了反应压力，平衡向物质的量增加的方向移动。增大转化率，应向正方向移动。反应（A）的正向物质的量增加。选（A）。

5-7 $O_2(g) \rightleftharpoons O_2(aq)$ 是一个体积减小的反应，相当于物质的量减小的反应，加压对正反应有利。高温有助于水中氧的挥发，增加了溶解于水的 O_2 的蒸气压，对正反应不利。选（B）。

5-8 方程式相加，则平衡常数相乘，方程式(1)(2)(3) 相加后，方程式两端消去相同的物质，即为方程式(4)，故 $K_4 = K_1K_2K_3$，选（B）。

5-9 催化剂提高反应速率是因为降低了正反应的活化能。催化剂不会改变平衡常数，也不一定仅增大正反应速率。选（D）。

5-10 催化剂不会改变平衡常数，各物质浓度关系由平衡常数 K 决定，K 不变，转化率也不变。K 决定平衡结果，催化剂决定到达平衡的时间。选（B）。

5-11 方程（2）的逆反应 $\frac{1}{2}N_2(g) + \frac{3}{2}H_2(g) \rightleftharpoons NH_3(g)$ 平衡常数为 $1/K_2$。其为方程（1）÷2，所以 $(1/K_2)^2 = K_1$。选（D）。

5-12 随着温度的升高，平衡向右移动（分解率由 48.5%上升至 97%），根据勒夏特列原理，移动向着温度降低的方向进行，所以反应一定是吸热反应。选（B）。

5-13 催化剂决定到达平衡的时间，即决定反应速率，而反应速率 $v = kc_A^m \cdots$。选（D）。

5-14 从化学平衡常数看，固体物质的浓度定义为 1。反应平衡常数 $K = p(CO_2)$，与 $CaCO_3$ 无关。选（C）。

5-15 正向反应速率 $v = kc(O_2)$，增加氧的分压，即增加氧的浓度，提高正反应速率；减小二氧化碳的分压减小逆向反应速率，但不改变正反应速率；使用催化剂可提高正反应速率；升温增加分子间的碰撞和有效碰撞，增加分子活化程度，对提高正反应速率有利。选（D）。

5-16 平衡常数 K 仅是温度 T 的函数，吸热反应，温度升高 K 增加；放热反应，温度升高 K 降低。选（C）。

5-17 勒夏特列原理是一个通用准则，选（C）。

5-18 $-\frac{dc(N_2O_5)}{dt} = 0.25mol \cdot L^{-1} \cdot min^{-1}$ 是说每分钟反应掉 $0.25mol \cdot L^{-1}$ 的 N_2O_5，当然每分钟生成 $0.50mol \cdot L^{-1}$ 的 NO_2，因此 NO_2 的生成速率 $\frac{dc(NO_2)}{dt}$ 的数值为 0.50。选（C）。

5-19 速率方程中各物质浓度的指数等于反应方程式中的化学计量数，是基元反应的必要条件，并非充分条件。反应速率与反应物浓度的幂乘积成正比。而任何一个反应都可以由若干个基元反应组合而成。选（A）。

5-20 催化剂的作用是能够加快反应的进行；一种催化剂只能催化某些反应，有选择性；加快反应进行当然可缩短到达平衡的时间。转化率是由平衡常数决定的。只有（C）是错误的，选（C）。

5-21 反应速率 $v=-\frac{dc}{dt}=kc^n$，变换得$\frac{dc}{c^n}=k\mathrm{d}t$。右边定积分$=kt=k\,\frac{c_0}{k}=c_0$。

三级反应：左边积分$=\frac{c_0^{-2}}{2}$，左边≠右边。二级反应：左边积分$=c_0^{-1}$，左边≠右边。一级反应：左边积分$=\ln c_0$，左边≠右边。0 级反应：左边积分$=c_0$，左边=右边。选（C）。

5-22 一级反应的速率与 H_2O_2 的浓度成正比，通过计算可知选（B）。

5-23 一级反应的速率与 H_2O_2 成正比，$dc/dt=kc(H_2O_2)$，$dc/c=k\mathrm{d}t$。两边积分，从 $1.0\mathrm{mol\cdot L^{-1}}$ 到 $0.6\mathrm{mol\cdot L^{-1}}$ 时，$\ln(0.6/1.0)=kt_1$；从 $0.6\mathrm{mol\cdot L^{-1}}$ 到 $0.36\mathrm{mol\cdot L^{-1}}$ 时，$\ln(0.36/0.6)=kt_2$。$\ln(0.6/1.0)=\ln(0.36/0.6)$。所以 $t_1=t_2$。选（B）。

5-24 反应速率与作用物浓度有关，而反应速率常数与作用物浓度无关。选（D）。

5-25 从逻辑推论，有沉淀生成，一定是饱和溶液，（A）包括了（C），肯定都不能选，有具体数据，不可能无法判断，只能选（B）。

从计算看，因为是等体积混合，$c(AgNO_3)=0.01\mathrm{mol\cdot L^{-1}}$，$[Ag^+]=0.01\mathrm{mol\cdot L^{-1}}$，$[SO_4^{2-}]=0.01\mathrm{mol\cdot L^{-1}}$，$[Ag^+]^2[SO_4^{2-}]=10^{-6}<K_{sp}$，无沉淀。选（B）。

5-26 $As_2S_3 \Longleftrightarrow 2As^{3+}+3S^{2-}$，$K_{sp}$ 为构晶离子的幂乘积，不能丢掉化学计量数。选（C）。

5-27 AgCl 的浓度幂乘积为 $[Ag^+][Cl^-]$，Ag_2CrO_4 的浓度幂乘积为 $[Ag^+]^2[CrO_4^{2-}]$。$\frac{[Ag^+][Cl^-]}{[Ag^+]^2[CrO_4^{2-}]}=\frac{1.8\times10^{-10}}{1.1\times10^{-12}}=164$，则$\frac{[Cl^-]}{[CrO_4^{2-}]}=164\times[Ag^+]$。因 $[Ag^+]$ 很小，溶在溶液中的 $[Cl^-]<[CrO_4^{2-}]$，故 AgCl 先沉淀。选（A）。

5-28 根据 K_{sp} 的物理意义，选（B）。

5-29 $AB_2 \rightleftharpoons A+2B$，所以 $[A]=s$，$[B]=2s$，$K_{sp}=[A][B]^2=s(2s)^2=4s^3$。选（C）。

5-30 反应体系中各物质的浓度宏观上不随时间变化的状态称为化学平衡。选（D）。

5-31 解：$K_p=\frac{[p(NO)]^2p(Cl_2)}{[p(NOCl)]^2}$

5-32 解：$K_p=p(NH_3)p(HCl)$

5-33 解：$K_p=\frac{p(SO_3)}{p(SO_2)\ [p(O_2)]^{1/2}}$　和　$K_p=\frac{[p(SO_3)]^2}{[p(SO_2)]^2p(O_2)}$

5-34 解：$K_c=\frac{[Mn^{2+}][Fe^{3+}]^5}{[MnO_4^-][Fe^{2+}]^5[H^+]^8}$

5-35 解：$K_c=\frac{[Cr^{3+}]^2}{[Cr_2O_7^{2-}][C_2O_4^{2-}]^3[H^+]^{14}}$

5-36 解：$K_c=\frac{5.8^2}{3.0^2\times2.5}=1.5$

5-37 解：$n(SO_2)+n(O_2)+n(SO_3)=3.8+2.8+5.9=12.5(\mathrm{kmol})$

$p(SO_2)=\frac{150\times3.8}{12.5\times101.3}=0.45(\mathrm{MPa})$，　$p(O_2)=0.33\mathrm{MPa}$，$p(SO_3)=0.70\mathrm{MPa}$。

$$K_p=\frac{[p(SO_3)]^2}{[p(SO_2)]^2p(O_2)}=\frac{\left(\frac{150\times10^3\times5.9}{12.5\times101.3}\right)^2}{\left(\frac{150\times10^3\times3.8}{12.5\times101.3}\right)^2\left(\frac{150\times10^3\times2.8}{12.5\times101.3}\right)}=0.073$$

5-38 解：因为 $n(Hg):n(O_2)=2:1$，所以 $p(Hg)=\frac{110.1\times2}{3}=73.4(kPa)$，$p(O_2)=36.7kPa$。$K_p=\left[\frac{p(Hg)}{101}\right]^2\times\frac{p(O_2)}{101.3}=\left(\frac{73.4}{101}\right)^2\times\frac{36.7}{101.3}=0.19$

5-39 解：$n(Hg):n(O_2)=2:1$，$p(O_2)=\frac{p(Hg)}{2}$，$K_p=\left[\frac{p(Hg)}{101}\right]^2\times\frac{p(Hg)}{2\times101}=0.19$

解得
$$p(Hg)=73.2kPa$$

5-40 解：$n(Hg):n(O_2)=2:1$，$p(O_2)=\frac{p(Hg)}{2}$，$K_p=\left[\frac{p(Hg)}{101}\right]^2\times\frac{p(Hg)}{2\times101}=0.19$

解得 $p(Hg)=73.2kPa$，由 $pV=nRT$，$V=5.0L$，$T=273+420=693(K)$，得

$$73.2\times10^3\times5.0\times10^{-3}=8.314\times693n \qquad 解得\ n=0.0635mol$$

$$未分解\ HgO\ 的质量=20.0-216.6n=6.24(g)$$

5-41 解：设有 $x$mol HI 生成，则平衡时 $n(H_2)=2.00-0.5x$，$n(I_2)=2.00-0.5x$，总物质的量 $n_{总}=(2.00-0.5x)+(2.00-0.5x)+x=4.00(mol)$。

由 $pV=nRT$ 得 $$p=\frac{4.00\times8.314\times699}{4.00\times10^{-3}}=5.8(MPa)$$

则
$$p(H_2)=\frac{5.8\times10^3\times(2.00-x)}{4.00}$$
$$p(I_2)=\frac{5.8\times10^3\times(2.00-x)}{4.00}$$
$$p(HI)=\frac{5.8\times10^3x}{4.00}$$
$$K_p=55.3=\frac{\left(\frac{5.8\times10^3x}{4.00\times101}\right)^2}{\left[\frac{5.8\times10^3\times(2.00-x)}{4.00\times101}\right]^2}$$

解得
$$x=1.76mol$$

5-42 解：$K_c=\frac{[CO_2][H_2]}{[H_2O][CO]}$，$n(H_2O)=2n(CO)$，设 CO 转化率为 x，则

$$K_c=28.3=\frac{x[CO]\cdot x[CO]}{(2-x)[CO]\cdot(1-x)[CO]}$$

解得
$$x=96.8\%$$

5-43 解：$K_c=\frac{[CO_2][H_2]}{[H_2O][CO]}$，$n(H_2O)=3n(CO)$，设 CO 转化率为 x，则

$$K_c=2.6=\frac{x[CO]\cdot x[CO]}{[H_2O]\cdot(1-x)[CO]}=\frac{(x[CO])^2}{(3-x)(1-x)[CO]^2}$$

解得
$$x=86.5\%$$

5-44 解：根据理想气体状态方程式 $pV=nRT$，对于 SO_3，其密度 $d(SO_3)=m/V$，$m=nM$，则

$$p\times\frac{m}{d(SO_3)}=\frac{RTm}{M} \qquad d(SO_3)=\frac{pM}{RT}=\frac{1.00\times10^5\times80.1}{8.314\times900}$$

得 $d(SO_3)=1070g\cdot m^{-3}=1.07g\cdot L^{-1}$ 同理得 $d(SO_2)=0.857g\cdot L^{-1}$，$d(O_2)=0.427g\cdot L^{-1}$

设 SO_3 的分解率为 x，则 $\frac{1-x}{1+0.5x}d(SO_3)+\frac{x}{1+0.5x}d(SO_2)+\frac{0.5x}{1+0.5x}d(O_2)=0.925g\cdot L^{-1}$

即
$$\frac{1-x}{1+0.5x}\times 1.07+\frac{x}{1+0.5x}\times 0.857+\frac{0.5x}{1+0.5x}\times 0.427=0.925$$

解得
$$x=31.4\%$$

5-45 解：设 HI 的初始浓度为 $x$mol·L^{-1}，则平衡时 $[H_2]=[I_2]=\frac{1}{2}(x-0.0100)$ mol·L^{-1}

$$K_c=\frac{[0.5(x-0.0100)]^2}{0.0100^2}=1.82\times 10^{-2}\text{，解得 } x=0.0127$$

5-46 解：设 HI 的转化率为 x，原始浓度为 c，则平衡时有 $[HI]=(1-x)c$，$[HI]=[H_2]=0.5xc$，则 $K_c=\frac{(0.5xc)^2}{[(1-x)c]^2}=1.82\times 10^{-2}$

解得
$$x=21.2\%$$

5-47 解：设 PCl_5 原始压力为 xkPa，则平衡时 $p(PCl_3)=p(Cl_2)=(x-25.33)$kPa

$$K_p=\frac{\left(\frac{x-25.33}{101}\right)^2}{\frac{25.33}{101}}=2.25 \qquad \text{解得 } x=327.85\text{kPa}$$

5-48 解：$[HAc]=\frac{0.10\times 40}{100}=0.040(mol\cdot L^{-1})$，$[H^+]=10^{-3.07}=8.5\times 10^{-4}(mol\cdot L^{-1})$，则

$$K_a=\frac{(8.5\times 10^{-4})^2}{0.040-8.5\times 10^{-4}}=1.8\times 10^{-5}$$

5-49 解：反应 $H_2C_2O_4 \rightleftharpoons 2H^+ + C_2O_4^{2-}$ 的平衡常数 $K=K_1K_2$。

$$[H_2C_2O_4]=0.010mol\cdot L^{-1},\quad K=\frac{[H^+]^2\times\frac{1}{2}[H^+]}{0.010-\frac{1}{2}[H^+]}$$

$$[H^+]=10^{-2.47}=0.00339(mol\cdot L^{-1})$$

$$K=\frac{0.00339^2\times 0.5\times 0.00339}{0.010-0.5\times 0.00339}=2.35\times 10^{-6}$$

则
$$K_2=\frac{K}{K_1}=\frac{2.35\times 10^{-6}}{5.4\times 10^{-2}}=4.4\times 10^{-5}$$

5-50 解：设平衡时 $[H_2]=[CO_2]=0.20mol\cdot L^{-1}$，则

$$[CO]_{反应前}=0.20+0.10=0.30(mol\cdot L^{-1})$$

$$K=\frac{[H_2][CO_2]}{[H_2O][CO]}=\frac{0.20^2}{0.10[H_2O]}=2.2$$

解得 $[H_2O]=0.18mol\cdot L^{-1}$，$[H_2O]_{反应前}=0.18+0.20=0.38(mol\cdot L^{-1})$

5-51 解：方程式（1）+方程式（2）得 $CO_2(g)+H_2(g) \rightleftharpoons CO(g)+H_2O(g)$，即方程式（3）。故

$$K=K_1K_2=1.47\times 0.421=0.619$$

5-52 解：$K=\frac{[H_2O]}{[H_2]}=\frac{V(H_2O)}{V(H_2)}$，由于反应前后气体体积不变，因而

$V(H_2O)+V(H_2)=6.00L$　　CaO 只吸收 H_2O，故 $V(H_2O)=6.00-4.22=1.78(L)$

则
$$K=\frac{V(H_2O)}{V(H_2)}=\frac{1.78}{4.22}=0.421$$

5-53 解：$K=\frac{[H_2O]}{[H_2]}=\frac{V(H_2O)}{V(H_2)}$，因为反应前后气体体积不变，所以

$$V(H_2O)+V(H_2)=6.00L \qquad \text{CaO 只吸收 } H_2O$$

则
$$K=\frac{6-V(H_2)}{V(H_2)}=0.421 \qquad \text{解得 } V(H_2)=4.22L$$

5-54 解：$M(FeO)-M(Fe)=16.0g\cdot mol^{-1}$，则 $n(FeO)=\frac{3.64-2.30}{16.0}=0.0838(mol)$

$n(FeO)=n(CO)=0.0838mol$　设反应前加入了 $x$mol CO_2。平衡时的 $n(CO_2)=x-0.0838$，则 $K=\frac{0.0838}{x-0.0838}=1.97$　　解得 $x=0.126$

5-55 解：设平衡时生成 $x$mol SO_3。平衡时 $n(SO_2)=5.0-x$，$n(O_2)=0.82-0.5x$，则

$$\frac{x^2}{(5.0-x)^2(0.82-0.5x)}=23.1$$

整理得　$x^3-11.55x^2+41.4x-41.0=0$　　$x=\sqrt[3]{11.55x^2-41.4x+41.0}$

迭代：因为 SO_2 过量很多，x 应接近 0.82×2mol，所以设初值 $x_1=1.6$mol，求得 $x_2=1.63$mol，$x_2=1.63$mol，$x_2=1.62$mol，$x_2=1.619$mol，$x_2=1.6195$mol。

得 $x=1.62$mol　　则 SO_2 转化为 SO_3 的转化率$=\frac{1.62}{5.0}\times 100\%=32.4\%$

5-56 解：据题意，$n(SO_3)=5.0\times 0.98=4.90(mol)$，平衡时 $n(SO_2)=5.0-4.90=0.10(mol)$。

设反应前至少要加入 $x$mol 的 O_2。平衡时 $n(O_2)=x-0.5\times 4.90$

$$K=23.1=\frac{4.90^2}{0.10^2\times(x-0.5\times 4.90)} \qquad \text{解得 } x=106.4mol$$

5-57 解：设反应前加入的 SO_2 和 O_2 的摩尔比为 x。平衡时 $n(SO_3)=0.98\times 30.0mol$，$n(O_2)=\frac{30}{x}-0.5\times 0.98\times 30$，$n(SO_2)=0.020\times 30=0.6(mol)$，则

$$K=23.1=\frac{(0.98\times 30)^2}{(0.020\times 30)^2\times\left(\frac{30}{x}-0.5\times 0.98\times 30\right)}$$

解得
$$x=0.25$$

5-58 解：设要加入 $x$mol CH_3CH_2OH。则

$$K=2.03=\frac{3.0\times 0.85}{(3.0-3.0\times 0.85)(x-3.0\times 0.85)}$$

解得
$$x=5.3$$

5-59 解：设反应前 $V(CO)_{反应前}=x$L，则 $V(H_2O)_{反应前}=0.68-x$。

平衡时 $V(H_2O)=0.18L$，$V(H_2)=V(CO_2)=0.68-x-0.18$，

$$V(CO)=x-(0.68-x-0.18)=2x-0.5$$

则
$$K=\frac{(0.68-x-0.18)^2}{0.18\times(2x-0.5)}=2.2$$

解得 $x=0.301L$　则 $V(H_2O)_{反应前}=0.68-0.301=0.379(L)$

故 $$H_2O\text{和}CO\text{的摩尔比}=\frac{0.379}{0.301}=1.26$$

5-60 解：平衡时 $V(H_2O)=V(CO)=1.50L$，$V(CO_2)=3.85-1.50=2.35(L)$，$V(H_2)=2.15-1.50=0.65(L)$，则 $K=\frac{1.50^2}{2.35\times0.65}=1.47$

5-61 解：设反应前 $V(CO_2)_{反应前}=xL$，$V(H_2)_{反应前}=6.0-x$。

平衡时 $V(CO)=V(H_2O)=yL$，$V(CO_2)=2.50-y$，$V(H_2)=6.0-x-y$

则 $$K=1.47=\frac{y^2}{(2.50-y)(6.0-x-y)}$$

消耗 CO_2 的体积 $V(CO_2)=x-(2.50-y)$，消耗 H_2 的体积 $V(H_2)=6.0-x-(6.0-x-y)$，二者应相等。

解联立方程，得 $$x=2.50\quad y=1.60$$

则 $V(CO_2)_{反应前}=2.50L$　　$V(H_2)_{反应前}=6.0-x=3.50(L)$　故反应前 $\frac{n(CO_2)}{n(H_2)}=\frac{2.50}{3.50}=0.71$

5-62 解：设溶解度为 $x\text{mol}\cdot L^{-1}$，则

$$(4x)^4(3x)^3=3.3\times10^{-41}$$

解得 $x=4.7\times10^{-7}\text{mol}\cdot L^{-1}$　　则 $[Fe^{3+}]=1.9\times10^{-6}\text{mol}\cdot L^{-1}$

5-63 解：设 $Fe_4[Fe(CN)_6]_3$ 的溶解度为 x，则 $(4x)^4(3x)^3=3.3\times10^{-41}$

解得 $$x=4.7\times10^{-7}\text{mol}\cdot L^{-1}$$

设 FeS 的溶解度为 y，则 $y^2=6.3\times10^{-18}$。解得 $y=2.5\times10^{-9}\text{mol}\cdot L^{-1}$

$y<x$　　故 $Fe_4[Fe(CN)_6]_3$ 的溶解度比 FeS 高

5-64 解：设加入 xmL 的 NaOH 才开始有 $Mg(OH)_2$ 沉淀。则

$$[Mg^{2+}]=\frac{200\times0.010}{200+x}\qquad[OH^-]=\frac{0.0010x}{200+x}$$

$$[Mg^{2+}][OH^-]^2=\left(200\times\frac{0.010}{200+x}\right)\left(\frac{0.0010x}{200+x}\right)^2=1.8\times10^{-11}$$

解得 $$x=9.0$$

5-65 解：设加入 xmL 的 NaOH 才开始有 $Mg(OH)_2$ 沉淀。则

$$[Mg^{2+}]=\frac{100\times0.20}{100+x}\qquad[OH^-]=\frac{0.0020x}{100+x}$$

$$[Mg^{2+}][OH^-]^2=\left(\frac{100\times0.20}{100+x}\right)\left(\frac{0.0020x}{100+x}\right)^2=1.8\times10^{-11}$$

解得 $$x=0.48\text{mL}$$

5-66 解：$\frac{[CO_3^{2-}]}{[C_2O_4^{2-}]}=\frac{[Ca^{2+}][CO_3^{2-}]}{[Ca^{2+}][C_2O_4^{2-}]}=\frac{2.8\times10^{-9}}{4.0\times10^{-9}}=0.70$

5-67 解：$[Ca^{2+}][CO_3^{2-}]=2.8\times10^{-9}$，则 $[CO_3^{2-}]=\frac{2.8\times10^{-9}}{1.5\times10^{-7}}=1.87\times10^{-2}$

$$[Ca^{2+}][F^-]^2=2.7\times10^{-11}\text{，则}[F^-]=\sqrt{\frac{2.7\times10^{-11}}{1.5\times10^{-7}}}=1.34\times10^{-2}$$

故 $$\frac{[CO_3^{2-}]}{[F^-]}=\frac{1.87\times10^{-2}}{1.34\times10^{-2}}=1.4$$

5-68 解：$K=\frac{[Br^-]}{[I^-]}=\frac{[Ag^+][Br^-]}{[Ag^+][I^-]}=\frac{5.0\times10^{-13}}{8.3\times10^{-17}}=6.0\times10^3$

5-69 解：设 Ag_2CrO_4 的溶解度为 $x$mol·L^{-1}，则 $[CrO_4^{2-}]=x$mol·L^{-1}

设 $Ag_2C_2O_4$ 的溶解度为 $y$mol·L^{-1}，则 $[C_2O_4^{2-}]=y$mol·L^{-1}。故 $[Ag^+]=2(x+y)$mol·L^{-1}

$$x[2(x+y)]^2=1.1\times10^{-12} \qquad y[2(x+y)]^2=3.4\times10^{-11}$$

$$x=3.23\times10^{-2}y \qquad y[2\times(3.23\times10^{-2}y+y)]^2=3.4\times10^{-11}$$

解得 $$y=[C_2O_4^{2-}]=2.0\times10^{-4}\text{mol}\cdot\text{L}^{-1}$$

5-70 解：设 Ag_2CrO_4 的溶解度为 $x$mol·L^{-1}，则 $[CrO_4^{2-}]=x$mol·L^{-1}；设 AgCl 的溶解度为 $y$mol·L^{-1}，则 $[Cl^-]=y$mol·L^{-1}。故 $[Ag^+]=x+y$

$$y(x+y)=1.8\times10^{-10} \qquad x(x+y)^2=1.1\times10^{-12}$$

$$x=3.4\times10^7y^2 \qquad y(3.4\times10^7y^2+y)=1.8\times10^{-10}$$

根据 $K_{sp}(Ag_2CrO_4)=1.1\times10^{-12}$，$K_{sp}(AgCl)=1.8\times10^{-10}$，可判断 $10^{-7}<y<10^{-6}$

$$y=\sqrt[3]{\frac{1.8\times10^{-10}-y^2}{3.4\times10^7}} \quad \text{初值选 } y=10^{-6}$$

迭代解得 $y=1.7\times10^{-6}$ $\qquad x=[CrO_4^{2-}]=3.4\times10^7\times(1.7\times10^{-6})^2=1.0\times10^{-4}$

5-71 解：设 Ag_2CrO_4 的溶解度为 $x$mol·L^{-1}，则 $[CrO_4^{2-}]=x$mol·L^{-1}；设 AgCl 的溶解度为 $y$mol·L^{-1}，则 $[Cl^-]=y$mol·L^{-1}。故 $[Ag^+]=x+y$

$$y(x+y)=1.8\times10^{-10} \qquad x(x+y)^2=1.1\times10^{-12}$$

$$x=3.4\times10^7y^2 \qquad y(3.4\times10^7y^2+y)=1.8\times10^{-10}$$

根据 $K_{sp}(Ag_2CrO_4)=1.1\times10^{-12}$，$K_{sp}(AgCl)=1.8\times10^{-10}$，可判断 $10^{-7}<y<10^{-6}$

$$y=\sqrt[3]{\frac{1.8\times10^{-10}-y^2}{3.4\times10^7}} \quad \text{初值选 } y=10^{-6}$$

迭代解得 $$y=1.7\times10^{-6}\text{mol}\cdot\text{L}^{-1}$$

$$x=3.4\times10^7\times(1.7\times10^{-6})^2=1.0\times10^{-4}(\text{mol}\cdot\text{L}^{-1})$$

5-72 解：设总物质的量为 $n$mol。$K=\dfrac{\left[\dfrac{pn(HCl)}{n}\right]^4\dfrac{pn(O_2)}{n}}{\left[\dfrac{pn(Cl_2)}{n}\right]^2\left[\dfrac{pn(H_2O)}{n}\right]^2}$

增加 O_2 后，总物质的量增加 $0.20\times20\%=0.040$(mol)，总物质的量为 $1.04n$。

$$Q=\frac{\left[\dfrac{1.1pn(HCl)}{1.04n}\right]^4\left[\dfrac{1.1p\times1.2n(O_2)}{1.04n}\right]}{\left[\dfrac{1.1pn(Cl_2)}{1.04n}\right]^2\left[\dfrac{1.1pn(H_2O)}{1.04n}\right]^2}$$

$$=\frac{\left(\dfrac{1.1}{1.04}\right)^4\left(\dfrac{1.1\times1.2}{1.04}\right)}{\left(\dfrac{1.1}{1.04}\right)^2\left(\dfrac{1.1}{1.04}\right)^2}K=1.27K>K \qquad \text{向左移动}$$

5-73 解：设生成 $x$kmol NH_3，则平衡时物质的量为

$$n=(1-0.5x)+x+(3-1.5x)=4-x \qquad \frac{x}{4-x}=0.12$$

解得 $$x=0.429 \qquad \text{则 } n=3.57(\text{kmol})$$

$$p(N_2)=\frac{35\times10^3\times(1-0.5x)}{3.57\times101}=76.24(\text{kPa})$$

$$p(H_2)=\frac{35\times10^3(3-1.5x)}{3.57\times101}=228.7(\text{kPa})$$

$$p(NH_3)=\frac{35\times10^3x}{3.57\times101}=41.64(\text{kPa})$$

$$K_p=\frac{41.64^2}{76.42\times228.7^3}=1.9\times10^{-6}$$

5-74 解：依题意，速率方程为 $v(C_2H_6)=k[C_2H_4]^{3/2}$

$$\frac{dc(C_2H_4)}{dt}=1.13c(C_2H_4)^{3/2}=\frac{dV(C_2H_4)}{dt}$$

$$pV=nRT \qquad c=\frac{n}{V}=\frac{1.33\times10^4}{8.314\times910}=1.76$$

$$\int\frac{dV}{V^{3/2}}=\int1.13dt \qquad \text{即}-2V^{-\frac{1}{2}}=1.13t$$

$$-2V^{-\frac{1}{2}}+2\times0.567^{-\frac{1}{2}}=1.13t \qquad 2.66-2V^{-\frac{1}{2}}=1.13t$$

$$V=\left(\frac{2.66-1.33t}{2}\right)^{-2}=(1.33-0.67t)^{-2}$$

$$v_0=-2\ (1.33-0.67t)^{-3}\times(-0.67)=1.22$$

5-75 解：设速率方程为 $v=k[Cl_2]^a[NO]^b$。

将数据代入，得 $6.4\times10^{-2}=k\times0.200^a\times0.200^b$

$$1.15=k\times0.400^a\times0.600^b$$

$$6.4\times10^{-1}=k\times0.500^a\times0.400^b$$

取对数，得 $\lg(6.4\times10^{-2})=\lg k+a\lg0.200+b\lg0.200$

$$\lg1.15=\lg k+a\lg0.400+b\lg0.600$$

$$\lg(6.4\times10^{-1})=\lg k+a\lg0.500+b\lg0.400$$

解联立方程组，得 $a=1$ $b=2$ $k=8.00\text{mol}^{-2}\cdot\text{L}^2\cdot\text{s}^{-1}$ 速率方程 $v=k[Cl_2][NO]^2$

5-76 解：设速率方程为 $v=k[Cl_2]^a[NO]^b$。

将数据代入，得 $3.2\times10^{-2}=k\times0.100^a\times0.200^b$

$$5.76\times10^{-1}=k\times0.200^a\times0.600^b$$

$$6.4\times10^{-1}=k\times0.500^a\times0.400^b$$

取对数，得 $\lg(3.2\times10^{-2})=\lg k+a\lg0.100+b\lg0.200$

$$\lg(5.76\times10^{-1})=\lg k+a\lg0.200+b\lg0.600$$

$$\lg(6.4\times10^{-1})=\lg k+a\lg0.500+b\lg0.400$$

解联立方程组，得 $a=1$ $b=2$ $k=8.00\text{mol}^{-2}\cdot\text{L}^2\cdot\text{s}^{-1}$ 速率方程 $v=k[Cl_2][NO]^2$

5-77 解：设速率方程为 $v=k[A]^a[B]^b[C]^c$

将数据代入，得 $64v=k(2[A])^a(2[B])^b(2[C])^c$

$$4v=k[A]^a[B]^b(2[C])^c$$

根据题意 $a=b \qquad c=2$

取对数，得 $\lg v=\lg k+a\lg[A]+b\lg[B]+c\lg[C]$

$$\lg(64v)=\lg k+a\lg[A]+b\lg[B]+c\lg[C]+(a+b+c)\lg2$$

$$\lg(4v)=\lg k+a\lg[A]+b\lg[B]+c\lg[C]+c\lg2$$

解联立方程组，得 $a=2$ $b=2$ $c=2$

则速率方程为 $v=k[A]^2[B]^2[C]^2$

所以 A、B 和 C 物质的级数都是 2，总反应级数为 6。反应级数是 6 的基元反应罕见，可能性不大，故该反应不可能是基元反应，而是非基元反应。

5-78 解：慢反应的速率方程为 $v=k[COCl][Cl_2]$

而根据 $Cl_2 \rightleftharpoons 2Cl\cdot$（快平衡） $k_1[Cl_2]=k_{-1}[Cl\cdot]^2$

$Cl\cdot + CO \rightleftharpoons COCl$（快平衡） $k_2[CO][Cl\cdot]=k_{-2}[COCl]$

$$[Cl\cdot]=\left(\frac{k_1}{k_{-1}}[Cl_2]\right)^{1/2} \qquad [COCl]=\frac{k_2 k_1^{1/2}}{k_{-2}k_{-1}^{1/2}}[CO][Cl_2]^{1/2}$$

$$v=k_3[COCl][Cl_2]=\frac{k_3 k_2 k_1^{1/2}}{k_{-2}k_{-1}^{1/2}}[CO][Cl_2]^{3/2}=k[CO][Cl_2]^{3/2}$$

5-79 解：因为是一级反应，所以 $v=k[A]$，即 $\frac{dc(A)}{dt}=kc(A)$

将 $\frac{dc(A)}{c(A)}=kdt$ 积分，左边区间为 [100，93.15]，右边为 [0，14h]，则得

$$\ln 93.15-\ln 100=14k \qquad 解得 k=-0.00507$$

对上式积分，左边区间为 [50，100]，右边为 [t，0]，得

$$\ln 50-\ln 100=-0.00507t \qquad t=136.7h$$

同理得 A 的浓度下降为 $[A]=10mol\cdot L^{-1}$ 时，$t=454.2h$。

5-80 解：因为是一级反应，所以 $v=k[N_2O_5]$，即 $\frac{dc(A)}{dt}=kc(N_2O_5)$

对 $\frac{dc(N_2O_5)}{c(N_2O_5)}=kdt$ 积分，左边区间为 [1，0.5]，右边为 [5.7h，0]，得

$$\ln 0.5-\ln 1=5.7k \qquad k=-0.122$$

对上式积分，左边区间为 [x，1]，右边为 [15h，0]，得

$$\ln x-\ln 1=-0.122\times 15 \qquad 解得 x=16.0\%$$

5-81 解：因为是一级反应，所以 $v=k[N_2O_5]$，即 $\frac{dc(A)}{dt}=kc(A)$

$$\frac{dc(SO_2Cl_2)}{c(SO_2Cl_2)}=-2.00\times 10^{-5}dt$$

积分，左边区间为 [1，1－x]，右边为 [0，7200s]，得

$$\ln(1-x)-\ln 1=-2.00\times 10^{-5}\times 7200 \qquad 1-x=86.6\%$$

解得分解百分率为 $x=13.4\%$

5-82 解：由 $\ln k=\frac{-E_a}{RT}+\ln A$，有

$$\ln 0.498=\frac{-E_a}{8.314\times 592}+\ln A$$

$$\ln 4.74=\frac{-E_a}{8.314\times 656}+\ln A$$

两式相减，得 $\ln 0.498-\ln 4.74=-E_a\left(\frac{1}{8.314\times 592}-\frac{1}{8.314\times 656}\right)$

解得 $E_a=113.7kJ\cdot mol^{-1}$

5-83 解：设温度为 T 时，速率常数 k 的值是 400K 时速率常数的 2 倍。则由

$$\ln k=\frac{-E_a}{RT}+\ln A$$

得 $$\ln k=\frac{-117.15\times10^{3}}{8.314\times673}+\ln A$$

$$\ln(2k)=\frac{-117.15\times10^{3}}{8.314T}+\ln A$$

两式相减，得 $$-\ln2=-117.15\times10^{3}\times\left(\frac{1}{8.314\times673}-\frac{1}{8.314T}\right)$$

解得 $$T=696\text{K}$$

5-84 解：用表中数据可以计算出 $\ln k$ 和 $1/T$，它们的值列于下表。

$\ln k$	$1/T$	$\ln k$	$1/T$
−5.325	2.96×10^{-3}	−8.913	3.25×10^{-3}
−6.504	3.05×10^{-3}	−10.27	3.36×10^{-3}
−7.607	3.14×10^{-3}	−14.06	3.66×10^{-3}

将 $\ln k$ 对 $1/T$ 作图，得到一条直线，直线的斜率为 -1.244×10^{4}。则

$$E_a=-R\times\text{斜率}=-8.314\times(-1.244\times10^{4})=103.43(\text{kJ}\cdot\text{mol}^{-1})$$

5-85 解：由 $\ln k=\frac{-E_a}{RT}+\ln A$ 得

$$\ln(1.08\times10^{-4})=\frac{-E_a}{8.314\times283}+\ln A$$

$$\ln(5.48\times10^{-2})=\frac{-E_a}{8.314\times333}+\ln A$$

两式相减，得 $$\ln(1.08\times10^{-4})-\ln(5.48\times10^{-2})=-E_a\left(\frac{1}{8.314\times283}-\frac{1}{8.314\times333}\right)$$

解得 $$E_a=97.6\text{kJ}\cdot\text{mol}^{-1}$$

设 303K 时分解速率为 k，则

$$\ln k=\frac{-97.6\times10^{3}}{8.314\times303}+\ln A$$

用上两个方程中的 1 个减去此方程，得

$$\ln\frac{1.08\times10^{-4}}{k}=-97.6\times10^{3}\times\left(\frac{1}{8.314\times283}-\frac{1}{8.314\times303}\right)$$

解得 $$k=1.67\times10^{-3}\text{mol}\cdot\text{L}^{-1}\cdot\text{s}^{-1}$$

5-86 解：由 $\ln k=\frac{-E_a}{RT}+\ln A$ 得

$$\ln k=\frac{-E_a}{8.314\times(273+25)}+\ln A$$

$$\ln(2k)=\frac{-E_a}{8.314\times(273+35)}+\ln A$$

两式相减，得 $$-\ln2=-E_a\left(\frac{1}{8.314\times298}-\frac{1}{8.314\times308}\right)$$

解得 $$E_a=52.9\text{kJ}\cdot\text{mol}^{-1}$$

5-87 解：由 $\ln k=\frac{-E_a}{RT}+\ln A$ 得

$$\ln k=\frac{-E_a}{8.314\times(273+200)}+\ln A$$

$$\ln(2k)=\frac{-E_a}{8.314\times(273+250)}+\ln A$$

两式相减，得 $$-\ln 2=-E_a\left(\frac{1}{8.314\times 473}-\frac{1}{8.314\times 523}\right)$$

解得 $$E_a=28.5\mathrm{kJ\cdot mol^{-1}}$$

5-88 解：由 $\ln k=\dfrac{-E_a}{RT}+\ln A$ 得

$$\ln k_1=\frac{-160\times 10^3}{8.314\times(273+450)}+\ln A$$

$$\ln k_2=\frac{-160\times 10^3}{8.314\times(273+550)}+\ln A$$

两式相减，得 $$\ln\frac{k_2}{k_1}=160\times 10^3\left(\frac{1}{8.314\times 723}-\frac{1}{8.314\times 823}\right)$$

则 $$\frac{k_2}{k_1}=25.3$$

5-89 解： $$\ln k_A=\frac{-2E_{aB}}{RT}+\ln A$$

$$\ln k_B=\frac{-E_{aB}}{RT}+\ln A$$

两式相减，得 $$\ln\frac{k_B}{k_A}=\frac{E_{aB}}{RT}$$

则 $$\frac{k_B}{k_A}=\exp\left(\frac{E_{aB}}{RT}\right)=\exp\left(\frac{15\times 10^3}{8.314\times 450}\right)=55$$

5-90 解： $$\ln k_1=\frac{-2.5E_{a2}}{RT}+\ln A$$

$$\ln k_2=\frac{-E_{a2}}{RT}+\ln A$$

两式相减，得 $\ln\dfrac{k_2}{k_1}=\dfrac{1.5E_{a2}}{RT}$　　则 $\dfrac{k_2}{k_1}=224$

$$v_1=\frac{k_2}{224}\times 4.0^2\times 5.0\qquad v_2=k_2\times 4.0\times 5.0^2$$

则 $$\frac{v_2}{v_1}=\frac{224\times 5.0}{4.0}=280$$

5-91 解：$v_1=k_1\times 4.0^2\times 5.0$，$v_2=k_2\times 4.0\times 5.0^2$，则

$$\frac{v_2}{v_1}=\frac{k_2}{k_1}\times\frac{4.0\times 5.0^2}{4.0^2\times 5.0}=1.25\times\frac{k_2}{k_1}=1.8\qquad 解得\frac{k_2}{k_1}=1.44$$

又 $$\ln k_1=\frac{-E_{a1}}{RT}+\ln A$$

$$\ln k_2=\frac{-E_{a2}}{RT}+\ln A$$

两式相减，得 $\ln\dfrac{k_2}{k_1}=-\dfrac{E_{a2}-E_{a1}}{RT}$　　得 $E_{a2}-E_{a1}=-1.21\times 10^3$

5-92 解：由 $\ln k=\frac{-E_a}{RT}+\ln A$ 得

$$\ln k=-5.2\times10^3\times\frac{1}{410}+2.00=-11$$

解得
$$k=1.67\times10^{-5}$$

则
$$v=1.67\times10^{-5}\times2^2\times3^3=1.8\times10^{-3}$$

第6章 酸碱平衡及酸碱滴定法

6-1 Arrhenius 提出了酸碱电离理论，Brönsted 提出了酸碱质子理论，Lewis 提出了 Lewis 酸碱理论。选（C）。

6-2 在一定温度下，水溶液中的 $[H^+][OH^-]=10^{-14}$ 是一个常数，是不会改变的；pH 值定义为 $-\lg[H^+]$，水中加入酸，$[H^+]$ 一定增大，pH 变小。选（D）。

6-3 H_3^+O 失去 1 个 H^+ 不会变为 OH^-，所以 H_3^+O 和 OH^- 不是共轭酸碱对。选（D）。

6-4 pH 为 1.00 的溶液，$[H^+]_1=10^{-1.00}$；pH 为 4.00 的溶液，$[H^+]_2=10^{-4.00}$。因为是等体积混合，$[H^+]_{混合}=\frac{10^{-1.00}}{2}+\frac{10^{-4.00}}{2}=0.050\text{mol}\cdot\text{L}^{-1}$，$\text{pH}=-\lg0.050=1.30$。选（B）。

6-5 $[OH^-]=\frac{K_w}{10^{-10}}=\sqrt{K_bc}$，$K_b=10^{-6}$。而 $K_aK_b=K_w=10^{-14}$，$K_a=1\times10^{-8}$。选（B）。

6-6 按照酸碱质子理论，H_2O 可以失去 1 个 H^+，变为共轭碱 OH^-，也可以得到 1 个 H^+，变为共轭酸 H_3^+O，它是两性物质。选（D）。

6-7 两性物质的 $[H^+]$ 近似等于自身的酸离解常数与其共轭酸的酸离解常数乘积的开方。选（A）。

6-8 缓冲溶液的 $\text{pH}=\text{p}K_a+\text{p}(c_a/c_b)$，此式只有在 c_a、c_b 都不是很小时才成立，因此 c_a/c_b 调节 pH 的作用很小，pH 主要受 K_a 控制，pH 与 $\text{p}K_a$ 越接近越好。又，$\text{p}K_a+\text{p}K_b=14$，选（C）。

6-9 酸碱反应的实质是 H^+ 的转移，恰好中和时，酸提供的 H^+ 一定全部被碱所接受。而此时溶液的 pH 值还要看产物与水的给质子能力大小的比较，产物给质子能力比水强，呈酸性，反之呈碱性。选（D）。

6-10 四种物质都有基准纯物质。$H_2C_2O_4\cdot2H_2O$ 是酸性物质，标定 HCl，必须先标定碱后再间接标定 HCl；NaH_2PO_4、$CaCO_3$ 虽然可呈碱性，但前者 K_b 太小，不能保证 $K_bc\geqslant10^{-8}$，后者是不溶物，与 HCl 是非均相反应，都不能进行准确标定；无水 Na_2CO_3 常用。选（A）。

6-11 计算时，$c(\text{HCl})V(\text{HCl})=\frac{m}{\frac{1}{2}M(Na_2B_4O_7\cdot12H_2O)}$，同质量的基准物，失水后，计量单元变小，上式右边值变大，$V(\text{HCl})$ 也一定增大，$c(\text{HCl})$ 偏低。选（A）。

6-12 酸碱反应的实质是 H^+ 的转移，$Ba(OH)_2$、NaOH 是强碱，pH 相同，$[OH^-]$ 也相同，与 HCl 反应的体积也应相等。$NH_3\cdot H_2O$ 是弱碱，$K_b=1.8\times10^{-5}$，pH 相同，表明离解出的 $[OH^-]$ 与 NaOH 相等，但还有一部分 OH^- 未离解出来，它们也会消耗 HCl。选（C）。

6-13 $c(OH^-)V(OH^-)=c(H^+)V(H^+)$，$c(OH^-)=10^{-4}\text{mol}\cdot\text{L}^{-1}$，$c(H^+)=10^{-3}$

mol · L^{-1}，$V(H^+)/V(OH^-)=c(OH^-)/c(H^+)=1/10$。选（C）。

6-14 此时 $NH_3+H^+ \rightleftharpoons NH_4^+$，$[NH_4^+]=0.10/2=0.050(mol \cdot L^{-1})$，$K_a=K_w/K_b=5.6\times10^{-10}$，此时 NH_4^+ 是酸，$[H^+]=\sqrt{K_a[NH_4^+]}=5.29\times10^{-6}$，pH=5.28。选（C）。

6-15 滴定剂和被滴液浓度各增加10倍，突跃范围两端各伸长1个pH单位。选（C）。

6-16 指示剂颜色的突变并不表明酸碱刚好完全反应，指示剂选择合适，此点与化学计量点间的误差可保证为0.1%～0.2%，只表示可以停止滴定。选（D）。

6-17 指示剂变色点离化学计量点间的距离只要保证要求的误差即可。指示剂的变色范围与滴定的pH突跃范围只要有交集，就可保证误差满足滴定的要求。选（C）。

6-18 指示剂变红时，已经出了突跃范围；酚酞的变色范围与突跃范围没有交集。选（A）。

6-19 苯胺是碱，不能用碱滴定；NH_4Cl 的 $K_a=K_w/K_b=5.6\times10^{-10}$，苯酚的 $K_a=1.1\times10^{-10}$，均不能满足 $cK_a\geqslant10^{-8}$ 直接滴定的要求，只有（B）满足条件，选（B）。

6-20 Na_2CO_3 被滴掉第1个 H^+（酚酞变色）与被滴掉第2个 H^+（从酚酞变色到甲基橙变色）消耗HCl的量应相等，在酚酞变色之前，NaOH还要消耗HCl，而它在酚酞变色后不再消耗HCl，所以，$V_1>V_2$ 但不一定 $V_1=2V_2$。选（D）。

6-21 因为共轭酸碱对的 $pK_a+pK_b=14$，$SO_3^{2-}+H^+ \rightleftharpoons HSO_3^-$，平衡常数为 K_{b_1}，而共轭酸 $HSO_3^- \rightleftharpoons SO_3^{2-}+H^+$，平衡常数为 K_{a_2}，$pK_{a_2}+pK_{b_1}=14$，$pK_{a_2}=\underline{7.20}$；同理 $pK_{a_1}+pK_{b_2}=14$，$pK_{a_1}=\underline{1.90}$。

6-22 $BA \rightleftharpoons B+A$，加入同离子A或B，使平衡左移，BA的离解度<u>变小</u>；盐的浓度增加，离子强度增加，活度系数 γ 减小，离解常数 $K=\dfrac{\gamma[B]\gamma[A]}{\gamma[BA]}=\dfrac{\gamma[B][A]}{[BA]}$，$K$ 为常数，$\gamma<1$，[B]、[A] 必然增大，盐效应使离解度<u>变大</u>；当然，后一种效应较前一种效应<u>小</u>得多。

6-23 $pH<pK_a$ 时，$[H^+]$ 较大，当然以<u>HAc</u>为主；$pH>pK_a$ 时，$[H^+]$ 变小，当然以<u>Ac^-</u>为主。

6-24 以HAc和 H_2O 为零水平物：$\underline{[H^+]=[OH^-]+[Ac^-]}$；以 $H_2PO_4^-$ 和 H_2O 为零水平物：$\underline{[H^+]=[OH^-]+[HPO_4^{2-}]+2[PO_4^{3-}]-[H_3PO_4]}$。

以 $H_2PO_4^-$ 和 H_2O 为零水平物：$\underline{[H^+]=[OH^-]+[HPO_4^{2-}]+2[PO_4^{3-}]-[H_3PO_4]}$。或以 HPO_4^{2-} 和 H_2O 为零水平物：$\underline{[H^+]=[OH^-]-[H_2PO_4^-]+[PO_4^{3-}]-2[H_3PO_4]}$。或以 H_3PO_4 和 H_2O 为零水平物：$\underline{[H^+]=[OH^-]+[H_2PO_4^-]+2[HPO_4^{2-}]+3[PO_4^{3-}]}$。或以 PO_4^{3-} 和 H_2O 为零水平物：$\underline{[H^+]=[OH^-]-[HPO_4^{2-}]-2[H_2PO_4^-]-3[H_3PO_4]}$。

6-25 $\sqrt{K_a c}$

6-26 $K_{b_1}=K_w/K_{a_2}=10^{-14}/(7.10\times10^{-15})=1.41$，因为 $c/K_{b_1}<500$，所以不能用最简式计算 $[OH^-]$。$[OH^-]=\dfrac{-K_{b_1}+\sqrt{K_{b_1}^2+4K_{b_1}c}}{2}=9.4\times10^{-2}$，pH=<u>12.97</u>。

6-27 由于HCl量不足，溶液由 $\frac{1}{2}\times0.18mol \cdot L^{-1}$ 的 NH_4Cl 和等浓度的 NH_3 组成缓冲溶液，由于 $c_a=c_b$，$pOH=pK_b=4.74$，$pH=14-pOH=\underline{9.26}$。

6-28 $\dfrac{0.8432}{204.1}=c(NaOH)\times26.36\times10^{-3}$。$c(NaOH)=\underline{0.1567mol \cdot L^{-1}}$。

6-29 酸碱滴定曲线以<u>溶液的pH值对滴定率（或滴定剂的体积）的变化</u>为特征。酸碱浓度越大，突跃范围<u>越大</u>；酸碱离解常数越大，突跃范围<u>越大</u>。

6-30 $4NH_4^+ + 6HCHO \rightleftharpoons (CH_2)_6N_4 + 4H^+ + 6H_2O$，1 个 N 生成 1 个 H^+，设 N 的含量约为 x，$\frac{0.15x}{14.01} = 0.10 \times 20 \times 10^{-3}$，$x$=N 的含量≈19%。

6-31 $H_2O + H^+ \rightleftharpoons H_3^+O$，共轭酸是 H_3^+O。$NO_3^- + H^+ \rightleftharpoons HNO_3$，共轭酸是 HNO_3。

$HSO_4^- + H^+ \rightleftharpoons H_2SO_4$，共轭酸是 H_2SO_4。$S^{2-} + H^+ \rightleftharpoons HS^-$，共轭酸是 HS^-。

$C_6H_5O^- + H^+ \rightleftharpoons C_6H_5OH$，共轭酸是 C_6H_5OH。

$(CH_2)_6N + H^+ \rightleftharpoons (CH_2)_6N^+H$，共轭酸是 $(CH_2)_6N^+H$。

R—$NHCH_2COO^-$ + $H^+ \rightleftharpoons$ R—$NHCH_2COOH$，共轭酸是 R—$NHCH_2COOH$。

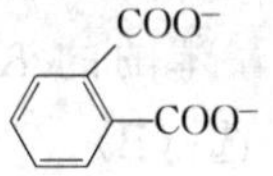

$+ H^+ \rightleftharpoons C_6H_4(COO^-)COOH$，共轭酸是 $C_6H_4(COO^-)COOH$。

6-32 答：(1) 一般来讲，多元酸的离解常数逐级变小，所以 $K_{a_1} > K_{a_2} > K_{a_3}$。

(2) $cK_{a_1} > 20K_w$，$K_{a_1}/K_{a_2} > 10^2$ 时即不考虑水和第二步酸离解，认为溶液中的 $[H^+]$ 只由酸的第一步离解提供时，$[HA^{2-}] = K_{a_2}$。

(3) $[A^{3-}] = K_{a_3}$ 不成立。

因为 $H_3A \rightleftharpoons 3H^+ + A^{3-}$，$K = K_{a_1}K_{a_2}K_{a_3}$

$K = \frac{[H^+]^3[A^{3-}]}{[H_3A]}$，其中 $[H^+] = \sqrt{K_{a_1}[H_3A]}$，故 $[A^{3-}] = K_{a_3}$ 不成立。

6-33 答：不一定是氢氧化物的溶液。pH>7 只能表明该溶液中 $[OH^-] > [H^+]$，溶液呈碱性。使水溶液呈碱性的溶质，可能是氢氧化物，也可能是盐（弱酸强碱盐）。

6-34 答：用强酸（碱）作滴定剂时，加入的是同等量的 $H^+(OH^-)$。若以弱酸（碱）溶液作酸（碱）标准溶液滴定剂，因为弱酸（碱）不会完全离解，加入的 $H^+(OH^-)$ 的量应小于加入的弱酸（碱）的量，会使溶液的 pH 值改变量变小，突跃不明显，易引起测定误差。

酸（碱）标准溶液的浓度太浓时，滴定终点时过量的体积一定，因而误差增大；若太稀，突跃范围缩小，终点时指示剂变色不明显，致使误差增大，若 $cK < 10^{-8}$，便不能准确滴定。故酸（碱）标准溶液的浓度均不宜太浓或太稀。

6-35 不能进行分步滴定或分别滴定。因为两个酸的离解常数相差不大于 10^4，碱和一氯乙酸反应离化学计量点很远时，乙酸已开始和滴定碱反应了，在第一个化学计量点附近不会有突跃。

6-36 解：若以 In^- 表示弱碱，它在水溶液中的离解平衡为

$$\underset{\text{(碱色)}}{In^-} + H_2O \rightleftharpoons \underset{\text{(酸色)}}{HIn} + OH^-$$

已知 $K(In^-) = 1.6 \times 10^{-6}$，$pOH = pK(In^-) = pK_b = 5.80$，$pH = 14 - pOH = 8.20$（理论变色点）。

理论变色点是指 $[In^-] = [HIn]$，变色范围是 $\frac{1}{10} < \frac{[In^-]}{[HIn]} < 10$，故变色范围 pH 为 7.20～9.20。

6-37 解：已知 $K_{a_1} = 10^{-2}$，$K_{a_2} = 10^{-6}$，$K_{a_3} = 10^{-12}$，则

第一化学计量点时 $[H^+] = \sqrt{K_{a_1}K_{a_2}} = \sqrt{10^{-2} \times 10^{-6}} = 10^{-4}$ pH=4

第二化学计量点时 $[H^+] = \sqrt{K_{a_2}K_{a_3}} = \sqrt{10^{-6} \times 10^{-12}} = 10^{-9}$ pH=9

一般情况 $c=0.1\text{mol}\cdot\text{L}^{-1}$，由于 $cK_{a_1}>10^{-8}$，$cK_{a_2}=10^{-7}>10^{-8}$，故两个化学计量点产生 pH 突跃，但第二化学计量点的突跃可能较小，最好用混合指示剂。第一化学计量点用甲基橙，第二化学计量点用百里酚酞-酚酞混合指示剂。

由于 $cK_{a_3}=10^{-13}<10^{-8}$，因而酸的质子不能完全准确定量地被滴定。

6-38 解：共轭碱 PO_4^{3-} 的 $pK_{b_1}=pK_w-pK_{a_3}=14-12.36=1.64$

共轭碱 HPO_4^{2-} 的 $pK_{b_2}=pK_w-pK_{a_2}=14-7.20=6.80$

共轭碱 $H_2PO_4^-$ 的 $pK_{b_3}=pK_w-pK_{a_1}=14-2.12=11.88$

6-39 解：H_2A 的 $\delta_0=\dfrac{[H^+]^2}{[H^+]^2+K_{a_1}[H^+]+K_{a_1}K_{a_2}}$　pH=4.88　则 $[H^+]=1.32\times10^{-5}$

$$\delta_0=\frac{(1.32\times10^{-5})^2}{(1.32\times10^{-5})^2+6.46\times10^{-5}\times1.32\times10^{-5}+6.46\times10^{-5}\times2.69\times10^{-6}}=0.145$$

HA^- 的 $\delta_1=\dfrac{K_{a_1}[H^+]}{[H^+]^2+K_{a_1}[H^+]+K_{a_1}K_{a_2}}$

$$\delta_1=\frac{6.46\times10^{-5}\times1.32\times10^{-5}}{(1.32\times10^{-5})^2+6.46\times10^{-5}\times1.32\times10^{-5}+6.46\times10^{-5}\times2.69\times10^{-6}}=0.710$$

A^{2-} 的 $\delta_2=0.145$

6-40 解：$NH_3\cdot H_2O$ 的 $K_b=1.74\times10^{-5}$，由于 $c_bK_b>20K_w$，$c_b/K_b>500$，故

$$[OH^-]=\sqrt{c_bK_b}$$

得

$$[OH^-]=\sqrt{0.20\times1.74\times10^{-5}}=1.9\times10^{-3}(\text{mol}\cdot\text{L}^{-1})$$

$$\alpha=\frac{[OH^-]}{c_b}=\frac{1.9\times10^{-3}}{0.20}=9.5\times10^{-3}=0.95\%$$

6-41 解：因为 $\sqrt{cK_{a_1}}=\sqrt{0.010\times7.6\times10^{-3}}>40K_{a_2}$　　$K_{a_2}\gg K_{a_3}$

且

$$cK_{a_1}=0.010\times7.6\times10^{-3}>20K_w$$

所以 H_3PO_4 的第二级、第三级离解和水的离解均可被忽略。于是可以按一元酸来处理，又因为 $\dfrac{c}{K_{a_1}}=\dfrac{0.01}{7.6\times10^{-3}}<500$，所以

$$[H^+]=\frac{-K_{a_1}+\sqrt{K_{a_1}^2+4cK_{a_1}}}{2}=\frac{-7.6\times10^{-3}+\sqrt{(7.6\times10^{-3})^2+4\times0.010\times7.6\times10^{-3}}}{2}$$

$$=5.71\times10^{-3}(\text{mol}\cdot\text{L}^{-1})$$

因为第二级、第三级离解可被忽略，所以 $[H_2PO_4^-]\approx[H^+]=5.71\times10^{-3}\text{mol}\cdot\text{L}^{-1}$

则

$$[HPO_4^{2-}]=\frac{[H_2PO_4^-]K_{a_2}}{[H^+]}\approx K_{a_2}=6.3\times10^{-8}(\text{mol}\cdot\text{L}^{-1})$$

$$[PO_4^{3-}]=\frac{[HPO_4^{2-}]K_{a_3}}{[H^+]}\approx\frac{K_{a_2}K_{a_3}}{[H^+]}=\frac{6.3\times10^{-8}\times4.4\times10^{-13}}{5.71\times10^{-3}}=4.85\times10^{-18}(\text{mol}\cdot\text{L}^{-1})$$

6-42 解：$0.010\text{mol}\cdot\text{L}^{-1}$ 氨基乙酸（H_2A^+）：$H_2A^+\underset{pK_{a_1}=2.35}{\rightleftharpoons}HA\underset{pK_{a_2}=9.78}{\rightleftharpoons}A^-$

$$K_{a_2}c(HA)=10^{-9.78}\times0.010=10^{-11.78}>20K_w$$

因为 K_{a_1} 与 K_{a_2} 相差约 10^6，较大，所以 $[HA]\approx c(H_2A^+)$

$$\frac{c(HA)}{K_{a_1}}=\frac{0.010}{10^{-2.35}}=2.2<20$$

所以　$[H^+]=\sqrt{\dfrac{K_{a_2}c(HA)}{1+\dfrac{c(HA)}{K_{a_1}}}}=\sqrt{\dfrac{10^{-9.78}\times 0.010}{1+\dfrac{0.010}{10^{-2.35}}}}=10^{-6.15}$　　$pH=6.15$

6-43　解：加入 HCl 前，有 $pH=pK_a+\lg\dfrac{c_b}{c_a}=4.75+\lg\dfrac{0.10}{0.10}=4.75$

加入 HCl 后溶液总体积为 100mL，HCl 与溶液中的 Ac^- 作用生成 HAc，HAc 浓度略有增大，Ac^- 浓度略有减小：

$$c_a=0.10\times\frac{90}{100}+0.010\times\frac{10}{100}=0.091(mol\cdot L^{-1})$$

$$c_b=0.10\times\frac{90}{100}-0.010\times\frac{10}{100}=0.089(mol\cdot L^{-1})$$

$$pH=4.75+\lg\frac{0.089}{0.091}=4.74$$

加入 NaOH 后溶液总体积为 100mL，HAc 与 OH^- 作用生成 Ac^- 和 H_2O，Ac^- 浓度略有增大，HAc 浓度略有减小：

$$c_a=0.10\times\frac{90}{100}-0.010\times\frac{10}{100}=0.089(mol\cdot L^{-1})$$

$$c_b=0.10\times\frac{90}{100}+0.010\times\frac{10}{100}=0.091(mol\cdot L^{-1})$$

$$pH=4.75+\lg\frac{0.091}{0.089}=4.76$$

加入 10mL H_2O，HAc 与 Ac^- 浓度改变相同：

$$c_a=c_b=\frac{0.10\times 90}{100}=0.090(mol\cdot L^{-1})$$

$$pH=pK_a=4.75$$

6-44　解：（1）$(CH_3)_2AsO_2H$ 的 $pK_a=6.19$，$ClCH_2COOH$ 的 $pK_a=4.85$，CH_3COOH 的 $pK_a=4.75$，配 pH＝6.50 的缓冲溶液选 $(CH_3)_2AsO_2H$ 最好，其 pK_a 与 pH 最为接近。

（2）$pH=pK_a-\lg\dfrac{c_a}{c_b}$，即 $6.50=6.19-\lg\dfrac{c_a}{1.00-c_a}$，解得

$c_a=0.329mol\cdot L^{-1}$　　$c_b=1.00-c_a=1.00-0.329=0.671(mol\cdot L^{-1})$

应加 NaOH 的质量为 $m(NaOH)=1.00\times 0.671\times 40.01=26.8(g)$

因为　$c[(CH_3)_2AsO_2H]+c\{[(CH_3)_2AsO_2]^-\}=1mol\cdot L^{-1}$，所以 $m[(CH_3)_2AsO_2H]=138g$

6-45　解：$2HCl+Na_2CO_3\longrightarrow 2NaCl+H_2O+CO_2\uparrow$

由反应式可知，Na_2CO_3 得到 2 个 H^+，计量单元 $\frac{1}{2}M(Na_2CO_3)=\frac{106.0}{2}=53.00(g\cdot mol^{-1})$

$$\frac{m(Na_2CO_3)}{\frac{1}{2}M(Na_2CO_3)}=c(HCl)V(HCl)$$

$$\frac{0.2036}{53.00}=36.06\times 10^{-3}c(HCl)$$

$$c(HCl)=0.1065mol\cdot L^{-1}$$

6-46　解：滴定百分数为 0 时溶液是 $0.2000mol\cdot L^{-1}$ 的 $NH_3\cdot H_2O$：

$$[OH^-]=\sqrt{cK_b}=\sqrt{1.8\times10^{-5}\times0.2000}=1.90\times10^{-3}$$

$$pOH=2.72 \qquad pH=14-2.72=11.28$$

滴定百分数为 40%时，溶液是由 NH_3 与 NH_4^+ 组成的缓冲溶液，且 $[NH_4^+]/[NH_3]=4/6$，则

$$pOH=pK_b-\lg\frac{0.6}{0.4}=4.74-0.18=4.56 \qquad pH=9.44$$

滴定百分数为 50%时，溶液也是由 NH_3 与 NH_4^+ 组成的缓冲溶液，且 $[NH_4^+]/[NH_3]=5/5=1$，则

$$pOH=pK_b-\lg 1=4.74 \qquad pH=9.26$$

滴定百分数为 100%时，溶液是 NH_4^+ 溶液，且 $[NH_4^+]=\frac{0.2000}{2}=0.1000(mol\cdot L^{-1})$，则

$$[H^+]=\sqrt{K_a[NH_4^+]}=\sqrt{\frac{K_w}{K_b}\times0.1000}=7.4\times10^{-6}$$

$$pH=5.13$$

6-47 解：(1) 化学计量点时 HCl 与 NaOH 完全生成 H_2O，溶液已成为 HAc 溶液。

$$[HAc]=\frac{0.0200}{2}=0.0100(mol\cdot L^{-1})$$

$$[H^+]=\sqrt{K_ac}=\sqrt{1.8\times10^{-5}\times0.0100}=4.2\times10^{-4}(mol\cdot L^{-1}) \qquad pH=3.38$$

(2) 滴至化学计量点前 0.1%，溶液组成为 $\frac{0.2000\times0.1\%}{2}=1.000\times10^{-4}(mol\cdot L^{-1})$ 的 HCl 与 $0.0100mol\cdot L^{-1}$ HAc 的混合液。

质子条件： $[H^+]=[Ac^-]+[OH^-]+c(HCl)$

因溶液呈酸性，故 $[OH^-]$ 可忽略，有

$$[H^+]=[Ac^-]+c(HCl)=\frac{c(HAc)K_a}{K_a+[H^+]}+c(HCl)=\frac{0.0100\times1.8\times10^{-5}}{1.8\times10^{-5}+[H^+]}+1.000\times10^{-4}$$

解得 $[H^+]=4.61\times10^{-4}mol\cdot L^{-1}$ 则 $pH=3.34$

(3) 滴至化学计量点后 0.1%，溶液组成为 $\frac{0.2000\times0.1\%}{2}=1.000\times10^{-4}(mol\cdot L^{-1})$ NaAc 与 $0.0100mol\cdot L^{-1}$ 的 HAc 组成的缓冲溶液。

$[H^+]=K_a\times\frac{c(HAc)-[H^+]+[OH^-]}{c(Ac^-)+[H^+]-[OH^-]}$，因溶液呈酸性，$[OH^-]$ 可忽略，即

$$[H^+]=K_a\times\frac{c(HAc)-[H^+]}{c(Ac^-)+[H^+]}=10^{-4.74}\times\frac{10^{-2}-[H^+]}{10^{-4}+[H^+]} \qquad 则\ pH=3.45$$

(4) 化学计量点前后 0.1%，pH 只变化了 0.11 个单位，突跃小于 0.3，不能分别滴定。

6-48 解：(1) $H_2B \rightleftharpoons HB^-+H^+$ 则 $K_{a_1}=\frac{[H^+][HB^-]}{[H_2B]}$

当 pH=1.50 时 $\delta(H_2B)=\delta(HB^-)$，则 $K_{a_1}=10^{-1.50}=3.2\times10^{-2}$

同理 $HB^- \rightleftharpoons B^{2-}+H^+$ 则 $K_{a_2}=\frac{[H^+][B^{2-}]}{[HB^-]}$

当 pH=6.50 时 $\delta(HB^-)=\delta(B^{2-})$，则 $K_{a_2}=10^{-6.50}=3.2\times10^{-7}$

(2) $cK_{a_1}>10^{-8}$，且 $K_{a_1}/K_{a_2}>10^5$，所以可以用 NaOH 分步滴定 H_2B。

6-49 解：(1) 苯甲酸是一元酸

$$c(\text{苯甲酸})V(\text{苯甲酸})=c(NaOH)V(NaOH)$$

$$c(\text{苯甲酸})=0.1000\times20.70/25.00=0.08280(mol\cdot L^{-1})$$

(2) 化学计量点时，溶液变为苯甲酸钠溶液，因为 $c/K_b>500$，$cK_b>20K_w$，所以

$$[OH^-]=\sqrt{cK_b}=\sqrt{\frac{0.08280\times10^{-14}}{6.2\times10^{-5}}}=3.7\times10^{-6}(mol\cdot L^{-1})$$

$$pOH=5.44 \qquad pH=8.56$$

(3) 酚酞为指示剂。

6-50 解：$CaCO_3$ 得到 2 个 H^+，基本计量单元 $\frac{1}{2}M(CaCO_3)=\frac{100.09}{2}g\cdot mol^{-1}$，在此过程中，酸只有 HCl，碱有 2 个，即 NaOH 和 $CaCO_3$：

$$\frac{m(CaCO_3)}{\frac{100.09}{2}}+c(NaOH)V(NaOH)\times10^{-3}=c(HCl)V(HCl)\times10^{-3}$$

$$\frac{0.1750}{50.045}+c(NaOH)\times3.05\times10^{-3}=c(HCl)\times40.00\times10^{-3}$$

已知 $$20.00c(NaOH)=22.06c(HCl)$$

解联立方程，得 $c(HCl)=0.09545mol\cdot L^{-1}$ $\quad c(NaOH)=0.1053mol\cdot L^{-1}$

6-51 解：设试样中含 NaOH 为 $x$mol，Na_2CO_3 为 $y$mol。

$$x+y=0.03036\times0.1500$$

$$40.01x+105.99y=0.3120$$

解联立方程，得 $y=0.001967$ $\quad y=0.1500V(HCl)\times10^{-3}$

得 $$V(HCl)=13.11mL$$

6-52 解：因为 $0<V_1<V_2$，所以组成为 $NaHCO_3+Na_2CO_3$。

设混合碱样中 Na_2CO_3 含量为 x，$NaHCO_3$ 含量为 y，则

$0.7626x/106.0=0.2573\times20.45\times10^{-3}$ 解得 $x=73.14\%$

$0.7626y/84.01=0.2573\times(22.08-20.45)\times10^{-3}$ 解得 $y=4.620\%$

6-53 解：反应分两步进行。

$$NH_3+HCl=\!=\!=NH_4Cl \qquad HCl+NaOH=\!=\!=NaCl+H_2O$$

此过程中碱是 NaOH 和 NH_3，1 个 N→1 个 NH_3，N 的计量单元为 $M(N)$；酸只有 HCl。

设粗蛋白试样中氮的质量分数为 x，则

$$\frac{1.658x}{14.01}+0.1600\times9.15\times10^{-3}=0.2018\times25.00\times10^{-3}$$

解得 $$x=3.026\%$$

6-54 解：$(NH_4)_2HPO_4\cdot12MoO_3+26OH^-=\!=\!=12MoO_4^{2-}+HPO_4^{2-}+2NH_3\uparrow+14H_2O$

因为以酚酞为指示剂，产物应为 HPO_4^{2-}、NH_3（指示剂不同，产物也不同）。

$P\rightarrow\frac{1}{2}P_2O_5\rightarrow PO_4^{3-}\rightarrow(NH_4)_2HPO_4\cdot12MoO_3\rightarrow26NaOH$，P 的计量单元为 $\frac{1}{26}M(P)$，$\frac{1}{26}M(P)=30.97/26g\cdot mol^{-1}$；$P_2O_5$ 的计量单元为 $\frac{1}{52}M(P_2O_5)$，$\frac{1}{52}M(P_2O_5)=\frac{141.95}{52}g\cdot mol^{-1}$。

设钢样中 P 和 P_2O_5 的质量分数分别为 x 和 y。此滴定中磷钼酸铵、HNO_3 是酸，NaOH 是碱，则

$$\frac{\frac{1.000x}{\frac{30.97}{26}}}{}+0.2000\times7.50\times10^{-3}=0.1000\times20.00\times10^{-3}$$

$$\frac{\frac{1.000y}{\frac{141.95}{52}}}{}+0.2000\times7.50\times10^{-3}=0.1000\times20.00\times10^{-3}$$

解得 $x=0.05956\%$　　$y=0.1365\%$

第7章　配位化学与配位滴定法

7-1　晶体场分裂能>电子成对能，若形成高自旋配合物，能量升高；晶体场理论与电离能、成键能没有必然的关系；电子成对能>晶体场分裂能，若形成高自旋配合物，能量有所降低，配合物更稳定。选（D）。

7-2　八面体场中，能量低于原轨道能量的 t_{2g} 轨道有三条，最多可容纳3个不成对电子（根据洪德规则），d^2、d^3 只能采取低自旋电子组态；当d电子数≥8时，t_{2g} 轨道最多容纳6个电子，另2个电子一定进入能量高于原轨道能量的 e_g 轨道，即必须采取高自旋电子组态；d^4～d^7 除了必有3个电子进入 t_{2g} 轨道外，其余电子可先进入 t_{2g} 轨道，也可进入 e_g 轨道，这决定于电子成对能与晶体场分裂能的关系（见上题）。选（C）。

7-3　根据配合物配位体命名顺序的“先无机，后有机；先离子，后分子，先少齿，后多齿；同类配位，字母为序”的总原则，选（A）。

7-4　必须采用EDTA返滴定法的原因有二：反应速率太慢或没有合适的指示剂，以前者为主。大多数高价阳离子（三价及以上），配合反应速率都很慢，例如 Fe^{3+} 需在加热后才可直接滴定，Bi^{3+} 滴近终点必须加强搅拌和振摇，这都因为反应速率慢。由于 Al^{3+} 更小，配合反应速率太慢，以至不能进行直接滴定。稳定常数越大越有利于EDTA滴定；稳定常数过小，就不能进行EDTA滴定。选（B）。

7-5　酸效应系数 $\alpha_{Y(H)}$ 随pH的增大而减小，与金属离子配合的有效配体 Y^{4-} 的浓度也增大，反应 $M+Y^{4-} \rightleftharpoons MY$ 将向右移动，配合物更稳定，配位滴定曲线的pM突跃范围也会增大。选（B）。

7-6　正八面体有6个顶点，配位数应为6；直线型、三角形分别有2个顶点和3个顶点，配位数应为2和3；配位数为4的配合物的空间构型只能是有4个顶点的正四面体或平面正方形。选（A）。

7-7　配离子中只有4个配体，它不可能是六配位的八面体和 sp^3d^2 杂化、八面体和 d^2sp^3 杂化；因 Ni^{2+} 是副族元素离子，一定有d轨道参与，也不可能是正四面体和 sp^3 杂化；配离子磁矩等于 $0.0\mu_B$，表明其电子全部成对，Ni^{2+} 的d电子有8个，配成4对，占据4条3d轨道，另一条d轨道与 $3d4s4p^2$ 杂化，形成平面正方形。选（B）。

7-8　因为配位 $C_2O_4^{2-}$ 可形成2个配位键，$[Fe(C_2O_4)_3]^{3-}$ 看似为三配位，实质是六配位。它不可能是五配位的三角双锥型和 sp^3d^1 杂化、三配位的三角形和 sp^2 杂化；Fe^{3+} 有5个d电子，根据磁矩计算公式 $\mu=\sqrt{n(n+2)}\mu_B=5.75\mu_B$，$n=5$，5个d电子全部未成对，各占1个内层（第3层）d轨道，形成外轨型的八面体型和 $4s4p^34d^2$ 杂化。选（A）。

7-9　当两个配合物的稳定常数相差 10^5 倍以上时，可采用最简单的控制酸度的方法消除稳定常数小的离子对测定的干扰。$K_{AlY}=10^{16.3}$，$K_{CaY}=10^{10.69}$，满足上述条件。选（B）。

7-10 $\lg K_{MY}-\lg K_{NY}\geqslant 5$ 并不能保证 N 对滴定 M 无干扰，还要看其他配合剂的影响。$\lg K_{MY}-\lg K_{NY}<5$，也可以保证 N 对滴定 M 无干扰。加入另一种配位掩蔽剂，使 α_N 很大，而掩蔽剂不与 M 作用或作用极微，使得 $\lg K'_{MY}-\lg K'_{NY}\geqslant 5$ 即可。所以，对实际问题需用 K' 而不能仅用 K 进行判断。选（B）。

7-11 加 NaF，Fe^{3+} 可形成 $[FeF_6]^{3-}$，但 Ca^{2+} 也形成 CaF_2 沉淀；加抗坏血酸，Fe^{3+} 可还原成 Fe^{2+}，但 Fe^{2+} 与 EDTA 的 $\lg K=14.33$，仍干扰测定；加 NaOH，Fe^{3+} 可形成 $Fe(OH)_3$，其颜色太深，影响对终点的观测，同时 $Fe(OH)_3$ 有很大的比表面积，对 Ca^{2+} 等阳离子也有很强的吸附作用而干扰测定；加入三乙醇胺形成铁的配合物，可掩蔽少量 Fe^{3+}。选（D）。

7-12 加热固然可以提高反应速率、增大 EDTA 溶解度，但常温下 Cu^{2+} 与 EDTA 的反应速率、EDTA 的溶解度已满足滴定的需要，不是主要目的；由于 PAN 是有机物，在水中溶解度很小，指示终点时，产生非均相反应，使变色不敏锐，常常有拖尾现象，即“指示剂僵化”。加热可增大 PAN 的溶解度，使终点变色敏锐。选（B）。

7-13 0.01mol 氯化铬中有 0.03mol Cl^-，若全部以 Cl^- 存在，应有 0.03mol 的 AgCl 沉淀生成，现只生成 0.02mol 的 AgCl 沉淀，另外 0.01mol 的 Cl^- 一定以配位键与 Cr^{3+} 相接；Cr^{3+} 的配合物应是 6 配位的。选（B）。

7-14 pH 相同，$\alpha_{Zn(OH)}$ 相等；在 pH=6.4 时，在 B 液中，根据 $pH=pK_a+p\dfrac{[NH_4^+]}{[NH_3]}$，还有 NH_3 存在，它将与 Zn^{2+} 形成 $[Zn(NH_3)_4]^{2+}$，$\alpha_{Zn(NH_3)}>0$；对于 A 液，$\alpha_{Zn(NH_3)}=0$，$\alpha_{Zn}=\alpha_{Zn(NH_3)}+\alpha_{Zn(OH)}-1$；$\lg K'=\lg K-\lg\alpha_{Zn}-\lg\alpha_{Y(H)}$。所以 $K'_{ZnY,A}>K'_{ZnY,B}$。选（B）。

7-15 在 EDTA 标准溶液中有配合物 Ca－EDTA 存在，标定时，它未与基准样发生反应，相当于不存在。在 pH=2 左右滴定试样中的 Fe^{3+} 时，$\alpha_{Y(H)}$ 变大，K'_{CaY} 变小，即原水中的 Ca-EDTA 离解出 EDTA，这在标定时并未显现，它也会和 Fe^{3+} 形成 Fe-EDTA；与用无 Ca^{2+} 的纯水配制的同浓度 EDTA 相比，对于同浓度的 Fe^{3+} 要少消耗 EDTA，使结果偏低。一般而言，标定时，杂质的 $K'_{标定}>K'_{测定}$，会引起负误差；相反则会引起正误差；$K'_{标定}=K'_{测定}$，没有影响。选（B）。

7-16 因为 $\alpha_M=\alpha_{M(NH_3)}+\alpha_{M(OH)}-1=10^{4.5}+10^{2.4}-1=10^{4.5}$；$\lg K'=\lg K-\lg\alpha_M-\lg\alpha_{Y(H)}=16.5-4.5-0.5=11.5$。选（C）。

7-17 $C_2O_4^{2-}$ 中有两个 O 是配原子，每个 $C_2O_4^{2-}$ 和 Co^{3+} 形成双齿的螯合物，2 个 $C_2O_4^{2-}$ 就是 4 配位。en 是乙二胺 $H_2NCH_2CH_2NH_2$ 的简写，乙二胺中的 2 个 N 也可形成双齿的螯合物，也是 1 个二配位的配体。所以 $[Co(C_2O_4)_2(en)]^-$ 看似 3 配位，实际上是 6 配位。选（D）。

7-18 $Ag^++2CN^-\rightleftharpoons[Ag(CN)_2]^-$，假设 $[Ag^+]$ 为 x，$\dfrac{0.01}{x(2x)^2}=1\times10^{21}$，解得 $[Ag^+]=1.4\times10^{-8}$，$[Ag^+][Cl^-]=1.4\times10^{-8}\times0.01<K_{sp}(AgCl)$，没有沉淀生成；溶液在中性中，不可能有 HCN 气体生成；$[Cl^-]$ 不够大，若 $[Cl^-]>0.1mol\cdot L^{-1}$，就会有 AgCl 沉淀生成；若 $[Cl^-]$ 更大，就会生成 $[AgCl_2]^-$，沉淀又会溶解。选（B）。

7-19 加入指示剂 PAN 未滴入 Cu^{2+} 时，溶液呈指示剂 PAN 的颜色黄色；滴入 Cu^{2+} 后，Cu^{2+} 与多余的 EDTA 形成 Cu-EDTA（蓝色），PAN 仍呈黄色，蓝色与黄色混合，溶液呈绿色；Cu^{2+} 一旦过了化学计量点 0.1%，EDTA 已完全配位，Cu^{2+} 就和弱配位剂即指示剂 PAN 配位，形成 Cu-PAN（红色），原有的 Cu-EDTA 蓝色与红色混合，溶液呈紫色。选（C）。

7-20 EDTA与金属离子配位时，形成正八面体，可形成6配位的配合物。EDTA中有4个O、2个N可形成配位键。选（C）。

7-21 在配位化合物中，提供孤对电子的物质叫配位体（配体），提供空轨道的物质叫中心体（形成体）；以配位键结合。

7-22 内界为 $[Cu(NH_3)_4]^{2+}$，外界为SO_4^{2-}，内界与外界之间以离子键结合。

7-23 名称是氯化二氯·四氨合镍（Ⅲ），内界是$[Ni(NH_3)_4Cl_2]^+$，外界是Cl^-，配位体为Cl^-和 NH_3，配位原子为Cl和N，配位数为6。

7-24 Co^{3+}是6配位的，空间构型是八面体。Co^{3+}最外层有6个d电子，既可采取低自旋，形成3对d电子占据3条t_{2g}轨道，也可采取高自旋，形成1对d电子和2个单d电子占据3条t_{2g}轨道，另外2个d电子占据2条高能量的e_g轨道。由于电子成对能E_p大于配位场分裂能Δ_o，采取高自旋，配合物能量更低。低自旋与内轨型一致，高自旋与外轨型一致，所以 $[CoF_6]^{3-}$配离子的杂化轨道类型是外轨型。

7-25 $[Co(NH_3)_6]^{2+}$的$\Delta \leqslant [Co(NH_3)_6]^{3+}$的$\Delta$，因为$Co^{3+}$的体积小、电荷多，与配体的排斥力更大，分裂能也更大。$[Co(NH_3)_6]^{2+}$的$\Delta \leqslant [Co(CN)_6]^{3-}$的$\Delta$，因为$CN^-$的配位场比$NH_3$强。$[PdCl_4]^{2-}$的$\Delta < [PtCl_4]^{2-}$的$\Delta$，因为同族同价离子d轨道主量子数越大，越易在配体电场作用下改变能量，分裂能Δ越大。

7-26 螯合物。

7-27 六亚甲基四胺 $(CH_2)_6N_4$ 接受1个H^+成为它的共轭酸 $(CH_2)_6N_4H^+$，形成缓冲溶液，$pK_a=5.15$，作用是控制$pH=5\sim5.5$；K_{ZnY}与K_{AlY}相差无几，Al^{3+}干扰对Zn^{2+}的滴定。F^-可与Al^{3+}形成非常稳定的配离子 $[AlF_6]^{3-}$，从而掩蔽Al^{3+}，排除其干扰。

7-28 $K_3[FeF_6]$ 称为六氟合铁（Ⅲ）酸钾，Fe^{3+}有5个d电子，磁矩 $\mu=\sqrt{n(n+2)}\mu_B=5.88\mu_B$，$n=5$。5个d电子全部未成对，各占1个内层（第3层）d轨道，形成$4s4p^34d^2$杂化。$K_3[FeF_6]$ 为六配位配合物，空间构型是八面体。

7-29 $M+L \rightleftharpoons ML$的平衡常数称为配合物的稳定常数$K_{稳}$，$ML \rightleftharpoons M+L$的平衡常数称为配合物的不稳定常数或离解常数$K_{不稳}$，反应互为逆反应，$K_{稳}=1/K_{不稳}$。

7-30 $\lg K'=\lg K_{MgY}-\lg\alpha_{Y(H)}-\lg\alpha_{Mg(OH)}=8.2$。$Mg^{2+}+Y \rightleftharpoons MgY$，$[MgY]\approx 0.010mol\cdot L^{-1}$，$[Mg']=[Y']$，$\dfrac{0.010}{[Mg'][Y']}=10^{8.2}$，$[Mg']=7.9\times10^{-6}\ mol\cdot L^{-1}$，$[Y]=[Y']/\alpha_{Y(H)}$，$[Y]=2.5\times10^{-6}mol\cdot L^{-1}$。

7-31 $Ag+Cl^- \rightleftharpoons AgCl\downarrow$，$AgCl\downarrow+2NH_3 \rightleftharpoons [Ag(NH_3)_2]^++Cl^-$，$[Ag(NH_3)_2]^++Br^- \rightleftharpoons AgBr\downarrow+2NH_3$，$AgBr\downarrow+2S_2O_3^{2-} \rightleftharpoons [Ag(S_2O_3)_2]^{3-}+Br^-$，$[Ag(S_2O_3)_2]^{3-}+I^- \rightleftharpoons AgI\downarrow+2S_2O_3^{2-}$，$AgI\downarrow+2CN^- \rightleftharpoons [Ag(CN)_2]^-+I^-$。

7-32

序　号	内　界	外　界	中心体	配　体	配位原子	配位数
(1)	$[Co(en)_3]^{3+}$	SO_4^{2-}	Co^{3+}	en	N	6
(2)	$[SiF_6]^{2-}$	Na^+	Si^{4+}	F^-	F	6
(3)	$[Pt(CN)_4(NO)_2]^{2-}$	K^+	Pt^{2+}	CN^-,NO	C,N	6
(4)	$[Fe(CO)_5]$	无	Fe	CO	C	5

7-33 多数过渡金属离子为$d^{1\sim9}$构型，其水合离子 $[M(H_2O)_x]^{n+}$在H_2O晶体场作用

下，M^{n+} 的 d 轨道发生能级分裂，由于 H_2O 晶体场较弱，分裂能小于电子成对能，d 电子排列采取高自旋，t_{2g} 轨道有不成对的 d 电子，它可以吸收某波长的可见光，发生 d-d 跃迁，从 t_{2g} 轨道跃迁至 e_g 轨道，而显示其互补色。而 Sc^{3+}、Ti^{4+} 的最外层电子排布为 d^0，d 电子数为 0，谈不上跃迁；Cu^+ 和 Zn^{2+} 的最外层电子排布为 d^{10}，d 轨道电子全充满，不能发生 d-d 跃迁，故不能吸收可见光而显示无色。

7-34 配合物的稳定常数是指 EDTA 全部离解为 Y^{4-}、配位中心全部离解为离子时形成配合物的化学平衡常数，又称作配合物的稳定常数；条件稳定常数是指所有的 EDTA（无论是否为 Y^{4-}）与全部配位中心粒子（无论是否为离子）形成配合物的化学平衡常数，称作配合物的条件稳定常数。条件稳定常数只是为了计算的方便，它可以随实验条件的改变而变，不是化学平衡常数的属性。$\lg K'_{稳} = \lg K_{稳} - \lg \alpha_{Y(H)} - \lg \alpha_M - \lg \alpha_{N(Y)} + \lg \alpha_{M(Y)}$，$\lg K'_{稳}$ 一般小于 $\lg K_{稳}$，因为溶液中可能存在 pH（酸效应）引起的 EDTA 和配位中心的副反应、其他配位剂的副反应（配位效应）、干扰离子的副反应（干扰离子效应）、配合物的副反应等。

7-35 加入 $AgNO_3$ 无沉淀产生，加入 NaOH 无气体产生，表明 Cl^- 和 NH_3 全是配合物内界的配体，无外界，A 和 B 的组成为 $[PdCl_2(NH_3)_2]$。A 与 $Na_2C_2O_4$ 反应后的产物是 1 个 $C_2O_4^{2-}$ 取代 2 个 Cl^- 作内界配体，表明 A 中的 2 个 Cl^- 在同一方向，为顺式结构 $[(NH_3)_2PdCl_2]$，产物结构为 $[(NH_3)_2Pd(C_2O_4)]$。B 与 $Na_2C_2O_4$ 反应后的产物是 2 个 $C_2O_4^{2-}$ 取代 2 个 Cl^- 作内界配体，表明 B 中的 2 个 Cl^- 不在同一方向，而处于四边形的对角

上，为反式结构 $\begin{bmatrix} H_3N & Cl \\ & Pd & \\ Cl & NH_3 \end{bmatrix}$，产物结构为 $Na_2\begin{bmatrix} H_3N & C_2O_4 \\ & Pd & \\ C_2O_4 & NH_3 \end{bmatrix}$。

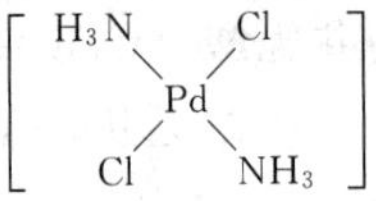

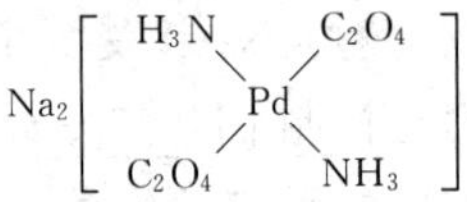

7-36

离子		电子排布	能量的变化 ΔE
$Cr^{2+}(d^4)$	高自旋	$t_{2g}^3 e_g^1$	$\dfrac{-3\times 4}{10}Dq + \dfrac{6}{10}Dq = -0.6Dq$
	低自旋	t_{2g}^4	$\dfrac{-4\times 4}{10}Dq + E_p = -1.6Dq + E_p$
$Fe^{2+}(d^6)$	高自旋	$t_{2g}^4 e_g^2$	$\dfrac{-4\times 4}{10}Dq + \dfrac{2\times 6}{10}Dq = -0.4Dq$
	低自旋	t_{2g}^6	$\dfrac{-6\times 4}{10}Dq + 2E_p = -2.4Dq + 2E_p$
$Ni^{2+}(d^8)$		$t_{2g}^6 e_g^2$	$\dfrac{-6\times 4}{10}Dq + \dfrac{2\times 6}{10}Dq = -1.2Dq$

ΔE 的计算：$Cr^{2+}(d^4)$ 的 4 个 d 电子全不成对，低自旋时，有 1 对成对电子，需加 E_p。$Fe^{2+}(d^6)$ 的 6 个 d 电子中 1 对成对，低自旋时，有 3 对成对电子，需加 $2E_p$。$Ni^{2+}(d^8)$ 的 8 个 d 电子，只能采取高自旋，原状态 3 对电子成对，分裂后仍有 3 对电子成对，无需加或减 E_p。

7-37

离子		电子排布	能量的变化 ΔE
$Mn^{2+}(d^5)$	高自旋	$t_{2g}^3 、 e_g^2$	$\dfrac{-3\times 4}{10}Dq + \dfrac{2\times 6}{10}Dq = -0Dq$
	低自旋	t_{2g}^5	$\dfrac{-5\times 4}{10}Dq + 2E_p = -2Dq + 2E_p$
$Co^{2+}(d^7)$	高自旋	$t_{2g}^5 、 e_g^2$	$\dfrac{-5\times 4}{10}Dq + \dfrac{2\times 6}{10}Dq = -0.8Dq$

低自旋　　$t_{2g}^6e_g^1$　　$\frac{-6\times4}{10}Dq+\frac{6}{10}Dq+E_p=-1.8Dq+E_p$

ΔE 的计算：$Mn^{2+}(d^5)$ 的 5 个 d 电子全不成对，低自旋时，有 2 对成对电子，需加 $2E_p$。$Mn^{2+}(d^5)$ 在高自旋（即弱配位场）时 $\Delta E=0$，表明其弱配位配合物稳定性不好。$Co^{2+}(d^7)$ 的 7 个 d 电子中 2 对成对，低自旋时，有 3 对成对电子，需加 E_p。

7-38 磁矩为零表明配合物的配位中心离子的核外电子全部成对。Co^{3+} 的最外层电子排布为 $3d^6$，中心离子的 d 电子分布为 t_{2g}^6；6 配位，几何构型是八面体；中心离子采取 $3d^24s4p^3$ 杂化；$Co^{3+}(d^6)$ 的 6 个 d 电子有 1 对成对，分裂后有 3 对成对电子，需加 $2E_p$；$\Delta E=\frac{-4\times6}{10}Dq+2E_p=-2.4Dq+2E_p$。

7-39 解：$\alpha_{Zn(NH_3)}=1+\beta_1[NH_3]+\beta_2[NH_3]^2+\beta_3[NH_3]^3+\beta_4[NH_3]^4=1+10^{2.27}\times0.1+10^{4.67}\times0.1^2+10^{7.01}\times0.1^3+10^{9.05}\times0.1^4=10^{5.10}$，$\alpha_{Zn}=\alpha_{Zn(OH)}+\alpha_{Zn(NH_3)}-1=10^{5.58}$，$\lg K'=\lg K-\lg\alpha_{Y(H)}-\lg\alpha_{Zn}=16.50-0.07-5.58=10.85$，$K'=7.08\times10^{10}$。

7-40 解：根据题意 pH＝3.0，则溶液的 $[H^+]=1.0\times10^{-3}mol\cdot L^{-1}$；$Mg^{2+}$（$0.01mol\cdot L^{-1}$）在此体系中是作为干扰离子处理的。

$$\alpha_Y=\alpha_{Y(H)}+\alpha_{Y(N)}-1$$

$$\alpha_{Y(H)}=1+\frac{[H^+]}{K_6}+\frac{[H^+]^2}{K_6K_5}+\frac{[H^+]^3}{K_6K_5K_4}+\frac{[H^+]^4}{K_6K_5K_4K_3}+\frac{[H^+]^5}{K_6K_5K_4K_3K_2}+\frac{[H^+]^6}{K_6K_5K_4K_3K_2K_1}=10^{10.7}$$

$$\alpha_{Y(N)}=1+[N]K_{MgY}=1+0.01\times10^{8.6}=10^{6.6}$$

所以　$\alpha_Y=\alpha_{Y(H)}+\alpha_{Y(N)}-1\approx10^{10.7}$

7-41 解：因为 $\lg K'=\lg K-\lg\alpha_{Y(H)}=16.50-10.63(9.45、8.44、7.50)=5.87(7.05、8.06、9.00)$；$\lg[c(Zn^{2+})K']=4.05(5.23、6.24、7.18)$；能准确滴定要求 $\lg[c(Zn^{2+})K']\geqslant6$，所以 pH＝4、4.5 时能准确滴定，pH＝3、3.5 时不能准确滴定。

7-42 解：pH＝10 时，滴定的是 Mg^{2+} 与 Ca^{2+} 之和，$([Mg^{2+}]+[Ca^{2+}])\times100.00=10.00\times20.40$，总硬度＝$[Mg^{2+}]+[Ca^{2+}]=2.040mmol\cdot L^{-1}$。pH＝12 时，滴定的仅仅是 Ca^{2+}，$[Ca^{2+}]\times100.00=10.00\times14.25$，$[Ca^{2+}]=1.425mmol\cdot L^{-1}$。$Ca^{2+}$ 的含量＝$40.01\times1.425=57.01mg\cdot L^{-1}$；$Mg^{2+}$ 的含量＝$24.31\times(2.040-1.425)=14.95(mg\cdot L^{-1})$。

7-43 解：$\lg K'_{CaY}=\lg K_{CaY}-\lg\alpha_{Y(H)}=10.69-0.45=10.24$

化学计量点时 $[CaY]=0.010mol\cdot L^{-1}$，假设 $[Ca^{2+}]=[Y']=x\,mol\cdot L^{-1}$，则

$$\frac{0.010}{x^2}=10^{10.24}$$

计算得　$x=10^{-6.12}$　　pCa＝6.12

7-44 解：(1)　$[Ca^{2+}]=\frac{0.20\times0.56}{56.0\times0.10}=0.020(mol\cdot L^{-1})$

$$c(Cu^{2+})=\frac{0.20\times0.032}{63.5\times0.10}=0.0010(mol\cdot L^{-1})$$

$$c(NH_3)=\frac{2.0\times5}{100}=0.10(mol\cdot L^{-1})$$

pH＝10 的氨缓冲溶液　　$pH=pK_a+\lg\frac{[NH_3]}{[NH_4^+]}$

$$10.0=9.25+\lg\frac{[NH_3]}{0.10-[NH_3]}\qquad [NH_3]=0.085=10^{-1.07}(mol\cdot L^{-1})$$

先求各副反应系数：$\alpha_{Cu(NH_3)}=1+\beta_1[NH_3]+\beta_2[NH_3]^2+\beta_3[NH_3]^3+\beta_4[NH_3]^4$

$$=1+10^{4.13}\times 0.085+10^{7.61}\times 0.085^2+10^{10.48}\times 0.085^3+10^{12.59}\times 0.085^4=10^{8.35}$$

$$[Cu^{2+}]=0.0010/10^{8.35}=10^{-11.35}(mol\cdot L^{-1})$$

(2) $\alpha_{Y(Cu)}=1+K_{CuY}[Cu^{2+}]=1+10^{18.8}\times 10^{-11.35}=10^{7.45}$

$$\alpha_Y=\alpha_{Y(H)}+\alpha_{Y(Cu)}-1=10^{0.45}+10^{7.45}-1=10^{7.45}$$

$\lg K'_{CaY}=\lg K_{CaY}-\lg\alpha_Y=10.7-7.45=3.25<8$ 用 EDTA 不能准确滴定 Ca^{2+}。

7-45 解：$\lg K'_{CaY}=\lg K_{CaY}-\lg\alpha_{Y(H)}=10.69-4.8=5.89$

$\lg[c(Ca^{2+})K'_{CaY}]=\lg(0.010\times 10^{5.89})=3.89<6$ pH=6 时不能准确滴定 Ca^{2+}。

若要准确滴定 Ca^{2+}，则应有 $\lg[c(Ca^{2+})K'_{CaY}]\geqslant 6$，即 $\lg K'_{CaY}\geqslant 8$

则 $\lg\alpha_{Y(H)}\leqslant 2.69$ 查表知 $pH\geqslant 8.0$

7-46 解：

$$\lg K_{FeY}=25.1$$

$$\lg\alpha_{Y(H)}\leqslant\lg K_{FeY}-8=25.1-8=17.1$$

查表或酸效应曲线可知，$pH\geqslant 1.2$，故滴定时的最高酸度为 1.2。

最低酸度由 $Fe(OH)_3$ 的 K_{sp} 求得。

$$[OH^-]=\sqrt[3]{\frac{K_{sp}[Fe(OH)_3]}{[Fe^{3+}]}}=10^{-11.9}(mol\cdot L^{-1})$$

pOH=11.9 pH=2.1 即滴定的最低酸度为 pH=2.1。

7-47 解：第一次滴定的是 Fe^{3+}：$c(Fe^{3+})V(Fe^{3+})=c(EDTA)V(EDTA)$

$$c(Fe^{3+})=\frac{0.02045\times 29.54}{50.00}=0.01208(mol\cdot L^{-1})$$

第二次滴定的是 Al^{3+}，配位剂是 EDTA，配位中心离子是 Al^{3+} 和 Cu^{2+}：

$$c(Al^{3+})V(Al^{3+})+c(Cu^{2+})V(Cu^{2+})=c(EDTA)V(EDTA)$$

$$c(Al^{3+})\times 50.00+0.02000\times 24.50=50.00\times 0.02045$$

$$c(Al^{3+})=\frac{50.00\times 0.02045-0.02000\times 24.50}{50.00}=0.01065(mol\cdot L^{-1})$$

7-48 解：(1) 第一份溶液滴定的是 Ca^{2+}。Mg^{2+} 形成 $Mg(OH)_2$ 沉淀，Fe^{3+}、Al^{3+} 被三乙醇胺掩蔽。设水泥中氧化钙的含量为 x_1：

$$m_{样}x_1/M(CaO)\times 25/250=c(EDTA)V(EDTA)$$

$$x_1=c(EDTA)V(EDTA)_1M(CaO)\times 10/m_{样}$$

$$=0.01576\times 27.77\times 10^{-3}\times 56.08\times 10/0.5134=47.81\%$$

(2) 第二份溶液滴定的是 Ca^{2+} 和 Mg^{2+} 的总量，Fe^{3+}、Al^{3+} 被三乙醇胺掩蔽。设水泥中氧化镁的含量为 x_2：

$$m_{样}x_2/M(MgO)\times 25/250=c(EDTA)[V(EDTA)_2-V(EDTA)_1]$$

$$x_2=0.01576\times(30.36-27.77)\times 10^{-3}\times 40.30\times 10/0.5134=3.20\%$$

(3) 第三份溶液第一个滴定终点测定的是 Fe^{3+}，Ca^{2+}、Mg^{2+} 不干扰滴定，因为在 pH=2.0 时，它们的 K' 都非常小。设水泥中 Fe_2O_3 的含量为 x_3。每个 Fe_2O_3 中有 2 个 Fe，其计量单元为 $\frac{1}{2}M(Fe_2O_3)$，$\frac{1}{2}M(Fe_2O_3)=\frac{159.69}{2}=79.84(g\cdot mol^{-1})$。

$$\frac{m_{样}x_3}{\frac{1}{2}M(Fe_2O_3)}\times\frac{50.00}{250.00}=c(EDTA)V(EDTA)_3$$

$$x_3=0.01576\times4.45\times10^{-3}\times250/50\times79.84/0.5134=5.45\%$$

（4）第三份溶液第二个滴定终点测定的是 Al^{3+}，Ca^{2+}、Mg^{2+} 不干扰滴定。设水泥中 Al_2O_3 的含量为 x_4。每个 Al_2O_3 中有 2 个 Al，其计量单元为 $\frac{1}{2}M(Al_2O_3)=\frac{101.96}{2}=50.98g\cdot mol^{-1}$。与 EDTA 配合的金属离子是 Al^{3+} 和 Cu^{2+}：

$$\frac{m_{样}x_4}{\frac{1}{2}M(Fe_2O_3)}\times\frac{50}{250}+c(Cu^{2+})V(Cu^{2+})=c(EDTA)V(EDTA)_4$$

$$x_4=(0.01576\times10.00-0.01528\times2.69)\times10^{-3}\times250/50\times50.98/0.5134=5.78\%$$

第 8 章　氧化还原平衡与氧化还原滴定法

8-1　反应物失去电子的过程叫“氧化”，该反应物是还原剂。（A）是错误的，选（A）。

8-2　反应物和产物的浓度、溶液的酸度只影响化学平衡的移动，催化剂只影响化学反应的速率，都不反应平衡常数数值的大小。反应平衡常数是温度的函数。选（B）。

8-3　HNO_3 中的 N 和 KIO_4 中的 I 已是最高氧化数 +5 和 +7，只能作氧化剂；KI 中的 I 已是最低氧化数 −1，只能作还原剂；H_2O_2 中 O 的氧化数为 −1，可被还原为 −2 的 H_2O，也可被氧化为 O_2，甚至为 F_2O。选（C）。

8-4　KIO_3 作氧化剂，还原产物无论是 I_2 还是 I^-，都是氧原子减少的反应，增加酸度会增加其电极电位。其他三个物质作氧化剂时，均和 O、H 无关。选（B）。

8-5　$I^-\rightarrow\frac{1}{2}I_2$，氧化数 $-1\rightarrow0$，基本计量单元等于其摩尔质量除以 1；$Cr_2O_7^{2-}\rightarrow Cr^{3+}$，Cr 的氧化数 $+6\rightarrow+3$，2 个 Cr 为 $+12\rightarrow+6$，基本计量单元等于其摩尔质量除以 6。选（B）。

8-6　电极电位具有热力学性质，对平衡及其移动有判断能力，但不具有动力学性质，对反应速率无判断能力。选（B）。

8-7　$KMnO_4$ 氧化性太强，杂质多；$KCrO_2$、$Na_2S_2O_3$ 化学性质不稳定，也没有高纯度的试剂。I_2 满足基准物质的要求。选（C）。

8-8　$KMnO_4$ 是强氧化剂，应用还原剂洗涤。铬酸洗液是强氧化剂，适合洗涤还原性污染和有机物；Na_2CO_3、洗衣粉有强碱性，适于洗涤油脂类。选（D）。

8-9　$Al^{3+}+3e=\!=\!=Al$，$\varphi^{\ominus}=-1.66V$，电极电位最低，Al 的还原性最强。选（D）。

8-10　刚开始滴定时，自催化剂 Mn^{2+} 还未生成，反应速率很慢，所以滴定也要慢一点；一旦自催化剂 Mn^{2+} 生成后，反应速率很快，滴定也可快一点；临近终点，滴定也要慢一点，以防止滴定终点不能准确判断；如果始终缓慢，$KMnO_4$ 也会与环境中的还原性物质反应。选（B）。

8-11　原电池电动势 $E=\varphi_+-\varphi_-$，为使原电池电动势减小，可降低 φ_+，即 $\varphi(Cu^{2+}/Cu)$，或提高 φ_-，即 $\varphi(Zn^{2+}/Zn)$。根据能斯特方程，$\varphi(Cu^{2+}/Cu)=\varphi^{\ominus}(Cu^{2+}/Cu)+\lg[Cu^{2+}]$，$\varphi(Zn^{2+}/Zn)=\varphi^{\ominus}(Zn^{2+}/Zn)+\lg[Zn^{2+}]$，即降价 $[Cu^{2+}]$ 或增加 $[Zn^{2+}]$ 均可使原电池电动势减小。在 $CuSO_4$ 溶液中加入浓 NH_3 水，Cu^{2+} 形成难离解的配离子 $[Cu(NH_3)_4]^{2+}$，$[Cu^{2+}]$ 降低。（B）、（D）使 $[Zn^{2+}]$ 降低，（C）使 $[Cu^{2+}]$ 增

加，都导致原电池电动势增加。选（A）。

8-12 $H_2C_2O_4$ 是有机物，酸度和温度过高时，它容易分解，$H_2C_2O_4 = CO_2\uparrow + CO\uparrow + H_2O$。$H_2C_2O_4$ 是酸，不易挥发；$H_2C_2O_4$ 浓度很小，不会析出。选（A）。

8-13 微生物（包括硫细菌）在碱性介质中不易生长，在弱碱性介质中 $Na_2S_2O_3$ 比 $H_2S_2O_3$ 稳定得多。选（D）。

8-14 在强酸性介质中 $Na_2S_2O_3$ 易分解；在碱性介质中 I_2 氧化 $Na_2S_2O_3$ 的产物是 SO_4^{2-} 而不是 $S_4O_6^{2-}$，反应为 $S_2O_3^{2-} + 4I_2 + 10OH^- = 2SO_4^{2-} + 8I^- + 5H_2O$。而且 I_2 也会发生歧化反应，给测定带来误差，$3I_2 + 6OH^- = IO_3^- + 5I^- + 3H_2O$。选（B）。

8-15 H_2O_2 加热会分解，$2H_2O_2 = 2H_2O + O_2$，而碘和溴加热均会挥发。选（B）。

8-16 $Cr_2O_7^{2-}$、CrO_4^{2-}、Cr^{3+} 颜色的变化都不明显，不能作自身指示剂。而二苯胺磺酸钠的变色电位范围正与 $K_2Cr_2O_7$ 法中的突跃范围相匹配。选（D）。

8-17 电池的总反应为 $2Ag^+ + Zn = Zn^{2+} + 2Ag$。反应平衡时电动势 $E = \varphi^\ominus(Ag^+/Ag) - \varphi^\ominus(Zn^{2+}/Zn) - \frac{0.0592}{2}\lg K^\ominus = 0$，即 $0.80 - (-0.76) - \frac{0.0592}{2}\lg K^\ominus = 0$，解得 $\lg K^\ominus = 52.9$。选（B）。

8-18 因为 $\varphi^\ominus(Cl_2/Cl^-) > \varphi^\ominus(Br_2/Br^-) > \varphi^\ominus(Fe^{3+}/Fe^{2+}) > \varphi^\ominus(I_2/I^-)$，所以 $Fe_2(SO_4)_3$ 只能将 I^- 氧化成 I_2。选（D）。

8-19 $MnO_4^- \rightarrow Mn^{2+}$，得到 5 个电子。$Fe^{2+} \rightarrow Fe^{3+}$，失去 1 个电子。化学计量点的电位：$E_{sp} = \frac{5\times\varphi^\ominus(MnO_4^-/Mn^{2+}) + 1\times\varphi^\ominus(Fe^{3+}/Fe^{2+})}{5+1} = \frac{5\times1.45+0.68}{6} = 1.32(V)$。选（C）。

8-20 O 在酸性和碱性介质中的电位图中，还原态的电位差大于氧化态的电位差，都会发生歧化反应。选（C）。

8-21 φ 应与 $\varphi^\ominus$ 相一致，$\varphi^\ominus$ 是标准态下的电位，应为 298K 时的电位；Cr^{3+} 浓度增大，能斯特方程中真数的分母增大，对数减小，则 φ 减小；$Cr_2O_7^{2-}$ 浓度增大，能斯特方程中真数的分子增大，对数增大，则 φ 增大；因为 $Cr_2O_7^{2-} + 14H^+ + 6e = 2Cr^{3+} + 7H_2O$，能斯特方程中真数的分子应为 $[Cr_2O_7^{2-}][H^+]^{14}$，H^+ 浓度的变化对 φ 有很大影响。选（C）。

8-22 由所给两反应可知：$\varphi^\ominus(Ag^+/Ag) > \varphi^\ominus(Fe^{2+}/Fe) > \varphi^\ominus(Zn^{2+}/Zn)$。在标准状态下，$Zn^{2+}$ 不可能自发地将 Ag 氧化成 Ag^+，若使其反应，应外加条件（外加电场等）。选（A）。

8-23 HAc、HCl 的电极电位较低，$KMnO_4$ 可氧化它们。HNO_3 是较强的氧化剂，有可能氧化被滴定物质，都会使测定结果不准确。H_2SO_4 中的 S 已是最高氧化数，不会被 $KMnO_4$ 氧化，其浓度达不到浓硫酸的浓度，没有氧化性，也不会氧化被滴定物质。选（D）。

8-24 指示剂变色的电位与化学计量点的电位越接近，滴定终点误差越小。选（C）。

8-25 淀粉指示剂加入过早，碘与淀粉反应形成蓝色吸附配合物，当溶液中 I_2 已消耗完时，由于吸附牢固，淀粉表面蓝色不会脱附而变为无色，使滴定终点延后；在滴定近终点时加入淀粉指示剂，吸附时间短，脱附容易，指示滴定终点准确。选（B）。

8-26 理论上定义标准氢电极的电位为 0，应将被测电极与标准氢电极组成原电池测定；但标准氢电极制造困难，测定条件要求也比较高，一般常用电位稳定、测定条件较为简单的甘汞电极为基准。

8-27 因为 $\varphi^\ominus(Fe^{3+}/Fe^{2+}) < \varphi^\ominus(Br_2/Br^-) < \varphi^\ominus(Cl_2/Cl^-)$，所以 Cl_2 是最强的氧化剂，Fe^{2+} 是最强的还原剂，化学反应方程式是 $Cl_2 + 2Br^- = 2Cl^- + Br_2$，$Cl_2 + 2Fe^{2+} = 2Cl^- + 2Fe^{3+}$，$Br_2 + 2Fe^{2+} = 2Br^- + 2Fe^{3+}$。

8-28 还原端电位差大于氧化端电位差，会发生歧化反应：$3Au^+ = 2Au + Au^{3+}$。

8-29 电对的电位大小只和条件有关，和方程式的写法没有关系，A、B 两个电池的结构、条件是完全一样的，正、负极的电位也完全一样，电动势也应相等，$E_A/E_B=1$。从化学平衡常数看，$K_A^{\ominus}=(K_B^{\ominus})^2$，所以 $\lg K_A^{\ominus}/\lg K_B^{\ominus}=2$。

8-30 $BaCl_2 \rightarrow Ba(IO_3)_2 \rightarrow$（得到 12 个电子）$I^-$；$Na_2S_2O_3 \rightarrow$（失去 1 个电子）$Na_2S_4O_6$。1mol $BaCl_2$ 与 12mol $Na_2S_2O_3$ 得、失电子数相等。$BaCl_2$ 与 $Na_2S_2O_3$ 物质的量之比为1∶12。

8-31 正极反应为$MnO_4^- + 8H^+ + 5e = Mn^{2+} + 4H_2O$；负极反应为$2Cl^- - 2e = Cl_2$；电动势＝1.51－1.36＝0.15(V)；电池符号为(－)Pt，$Cl_2(p)|Cl^-(c_1) \| MnO_4^-(c_2)$，$H^+(c_3)$，$Mn^{2+}(c_4)|Pt(+)$。

8-32 (1) $(2)Mn^{2+} + (5)PbO_2 + (4)H^+ = (2)MnO_4^- + (5)Pb^{2+} + (2)H_2O$

(2) $(5)ClO^- + (1)I_2 + (2)OH^- = (2)IO_3^- + (5)Cl^- + (1)H_2O$

8-33 因为 $\varphi^{\ominus}(PbO_2/PbSO_4)$ 最大，氧化性最强的是PbO_2；$\varphi^{\ominus}(Sn^{4+}/Sn^{2+})$ 最小，还原性最强的是Sn^{2+}。

8-34 $NaNO_2$ 中 N 的氧化数由+3 变为－3(NH_3)，得到 6 个电子，是氧化剂。氧化剂被还原的半反应是$NO_2^- + 5H_2O + 6e = NH_3 + 7OH^-$。

8-35 $\varphi^{\ominus}(Cr^{2+}/Cr) \times 2 + (-0.41) \times 1 = 3 \times (-0.74)$，$\varphi^{\ominus}(Cr^{2+}/Cr) = (-2.22 + 0.41)/2 = -0.91(V)$。

8-36 增加反应物浓度（主要增加非定量物质，如介质的浓度）；提高反应体系的温度；加入催化剂催化；利用诱导反应的作用。

8-37 (1) 电池符号：(－)Pt | SO_4^{2-}(1.0mol·L^{-1})，H_2SO_3(1.0mol·L^{-1})，H^+(1.0mol·L^{-1}) ‖ MnO_4^-(1.0mol·L^{-1})，Mn^{2+}(1.0mol·L^{-1})，H^+(1.0mol·L^{-1}) | Pt(＋)

(2) $E^{\ominus}=1.49-0.20=1.29(V)$；$1.29=0.0592/(5\times2)\lg K^{\ominus}$，$K^{\ominus}=4.41\times10^{218}$

8-38 $2Cu^{2+} + 4I^- = 2CuI\downarrow + I_2$；$I_2 + 2S_2O_3^{2-} = 2I^- + S_4O_6^{2-}$。

8-39 MnO_4^{2-} 的还原端电位差大于氧化端电位差，会发生歧化反应：$3MnO_4^{2-} + 4H^+ = 2MnO_4^- + MnO_2 + 2H_2O$；$Mn^{3+}$ 的还原端电位差大于氧化端电位差，会发生歧化反应：$2Mn^{3+} + 2H_2O = MnO_2 + Mn^{2+} + 4H^+$。

8-40 $K_2S_2O_8$（过硫酸盐）。因为过硫酸盐的电极电位很大，可将 Mn^{2+}、Cr^{3+} 分别氧化为 MnO_4^- 和 $Cr_2O_7^{2-}$，并且过量的过硫酸盐可用加热的方法使其全部分解。

8-41 自身指示剂，如高锰酸钾；专用指示剂，如淀粉溶液；本身发生氧化还原的指示剂，如二苯胺磺酸钠。

8-42 高锰酸钾在强酸性介质中：$MnO_4^- + 8H^+ + 5e = Mn^{2+} + 4H_2O$

在中性或弱碱性介质中：$MnO_4^- + 2H_2O + 3e = MnO_2 + 4OH^-$

在强碱性介质中：$MnO_4^- + e = MnO_4^{2-}$

8-43 用 Fe^{2+} 标准溶液直接滴定 MnO_4^-，滴定一旦开始，MnO_4^-（剩余）与 Mn^{2+}（产物）都是大量的，它们会反应产生 MnO_2 沉淀。而沉淀与还原剂反应慢，且终点不易观察，因此不能用还原剂滴定 MnO_4^-。而是在 MnO_4^- 试液中加入过量 Fe^{2+} 标准溶液，再使用 $KMnO_4$ 标准溶液回滴。

8-44 溴酸钾法测定苯酚的有关反应式：

$$KBrO_3+5KBr+6HCl \xlongequal{} 3Br_2+6KCl+3H_2O$$
$$C_6H_5OH+3Br_2 \xlongequal{} C_6H_2Br_3OH+3HBr$$
$$Br_2+2KI \xlongequal{} 2KBr+I_2$$
$$I_2+2Na_2S_2O_3 \xlongequal{} 2NaI+Na_2S_4O_6$$

因为 C_6H_5OH（苯酚）→$C_6H_2Br_3OH$，C 的氧化数由 $-4/6 \rightarrow +2/6$，每个苯酚 C_6H_5OH 将得到 6 个电子，而 $Na_2S_2O_3 \rightarrow Na_2S_4O_6$，S 的氧化数由 $+2 \rightarrow +2.5$，每个 $Na_2S_2O_3$ 将得到 1 个电子，它们都是还原剂，都与氧化剂反应。$Na_2S_2O_3$ 与苯酚的化学计量关系为 6∶1。

8-45 配制 NaOH 标准溶液时要用煮沸过的纯水的目的是除去 CO_2；配制 $KMnO_4$ 标准溶液时要用新煮沸的水的目的是促进反应，使溶液更加稳定；配制 $Na_2S_2O_3$ 标准溶液时，要将水煮沸并冷却的目的是除去溶解氧、CO_2 和杀菌。

8-46 解：电池符号：$(-)Cu|Cu^{2+}(0.5mol \cdot L^{-1}) \| Ag^+(0.5mol \cdot L^{-1})|Ag(+)$。

电动势：

$$E=\varphi(Ag^+/Ag)-\varphi(Cu^{2+}/Cu)=(0.799+0.0592lg0.5)-\left(0.340+\frac{0.0592}{2}lg0.5\right)=0.450(V)$$

8-47 解：(1) 假定反应按正向进行，则

$$E=\varphi^{\ominus}(In^{3+}/In)-\varphi^{\ominus}(Zn^{2+}/Zn)=(-0.346)-(-0.760)=0.414(V)>0$$

因此能按假定方向进行

(2) $$\lg K^{\ominus}=\frac{6}{0.0592}[\varphi^{\ominus}(In^{3+}/In)-\varphi^{\ominus}(Zn^{2+}/Zn)]=\frac{6\times[-0.346-(-0.760)]}{0.0592}=41.96$$

$$K^{\ominus}=9.1\times10^{41}$$

8-48 解：$KMnO_4$ 溶液被还原至一半时：

$$\varphi(MnO_4^-/Mn^{2+})=\varphi^{\ominus}(MnO_4^-/Mn^{2+})+\frac{0.0592}{5}\lg\frac{[MnO_4^-][H^+]^8}{[Mn^{2+}]}$$
$$=\varphi^{\ominus}(MnO_4^-/Mn^{2+})+lg1=1.45(V)$$

$K_2Cr_2O_7$ 溶液被还原至一半时：$Cr_2O_7^{2-}+6e+14H^+ \xlongequal{} 2Cr^{3+}+7H_2O$

$$\varphi(Cr_2O_7^{2-}/Cr^{3+})=1.02+\frac{0.0592}{6}\lg\frac{[Cr_2O_7^{2-}][H^+]^{14}}{[Cr^{3+}]^2}=1.02+\frac{0.0592}{6}\lg\left[\frac{\frac{1}{2}\times0.10}{\left(\frac{1}{2}\times0.10\times2\right)^2}\right]$$
$$=1.03(V)$$

8-49 解：由 $E=\left(-0.230+\frac{0.0592}{2}lg2.00\right)-\left(-0.402+\frac{0.0592}{2}lg[Cd^{2+}]\right)=0.200(V)$

得 $$[Cd^{2+}]=0.228mol \cdot L^{-1}$$

8-50 解：电池 A：由 $\varphi_{+,A}=\varphi^{\ominus}(Cu^{2+}/Cu)+\frac{0.0592}{2}\lg c_1$，$\varphi_{-,A}=\varphi^{\ominus}(Cu^{2+}/Cu)+\frac{0.0592}{2}\lg c_2$ 得 $E_A=\varphi_{+,A}-\varphi_{-,A}=\frac{0.0592}{2}\lg\frac{c_1}{c_2}$；

电池 B：由 $\varphi_{+,B}=\varphi^{\ominus}(Cu^{2+}/Cu^+)+0.0592\lg\frac{c_1}{c_3}$，$\varphi_{-,B}=\varphi^{\ominus}(Cu^{2+}/Cu^+)+0.0592\lg\frac{c_2}{c_3}$ 得 $E_B=\varphi_{+,B}-\varphi_{-,B}=0.0592\lg\frac{c_1}{c_2}$；因此

$$E_B=2E_A$$

8-51 解：由铜元素电位图：$Cu^{2+} \overset{xV}{\text{——}} Cu^{+} \overset{0.522V}{\text{——}} Cu$（$Cu^{2+}$ 至 Cu：0.340V），可求得 $\varphi^{\ominus}(Cu^{2+}/Cu^{+})=0.158V$。

由
$$Cu^{2+}+2Cl^{-}+e = [CuCl_2]^{-} \qquad \varphi(Cu^{2+}/CuCl_2^{-})=x$$
$$Cu^{+}-e \longrightarrow Cu^{2+} \qquad -\varphi(Cu^{2+}/Cu^{+})$$
两式相加得 $2Cl^{-}+Cu^{+} = [CuCl_2]^{-}$，电极电位 $x-\varphi(Cu^{2+}/Cu)=0$，即

$$\varphi^{\ominus}(Cu^{2+}/CuCl_2^{-})+0.0592\lg\frac{[Cu^{2+}][Cl^{-}]^2}{[CuCl_2{}^{-}]}-\varphi^{\ominus}(Cu^{2+}/Cu^{+})-0.0592\lg\frac{[Cu^{2+}]}{[Cu^{+}]}$$
$$=\varphi^{\ominus}(Cu^{2+}/CuCl_2^{-})-0.158+0.0592\lg\frac{[Cu^{+}][Cl^{-}]^2}{[CuCl_2^{-}]}$$
$$=\varphi^{\ominus}(Cu^{2+}/CuCl_2^{-})-0.158-0.0592\lg K_{稳}=0$$

$K_{稳}=3.16\times10^{5}$ 解得 $\varphi^{\ominus}(Cu^{2+}/CuCl_2^{-})=0.484V$

由 $Cu+2Cl^{-}-e = [CuCl_2]^{-}$，$Cu^{+}+e = Cu$，得
$$\lg K_{稳}=\frac{0.522-y}{0.0592}$$
得
$$y=\varphi^{\ominus}(CuCl_2^{-}/Cu)=0.196V$$
因此
$$\lg K^{\ominus}=\frac{0.484-0.196}{0.0592}=4.86,\quad K^{\ominus}=7.24\times10^{4}$$

8-52 解：因为 $\varphi^{\ominus}(Fe^{3+}/Fe^{2+})=0.77V>\varphi^{\ominus}(Sn^{4+}/Sn^{2+})=0.15V$，所以 Fe^{3+} 是氧化剂，Sn^{2+} 是还原剂，将发生反应：$2Fe^{3+}+Sn^{2+} = 2Fe^{2+}+Sn^{4+}$。
$$\lg K^{\ominus}=2\times1\times\frac{0.77-0.15}{0.0592}=20.95 \qquad K^{\ominus}=8.9\times10^{20}$$
反应达平衡时，刚好是滴定的化学计量点：$\varphi_s=\dfrac{2\times0.15+0.77}{1+2}=0.36(V)$
$$0.36=0.77+0.0592\lg\frac{[Fe^{3+}]}{[Fe^{2+}]} \qquad \frac{[Fe^{3+}]}{[Fe^{2+}]}=1.2\times10^{-7} \quad [Fe^{3+}]=2.4\times10^{-8}(mol\cdot L^{-1})$$
$$[Sn^{2+}]=0.5\times[Fe^{3+}]=1.2\times10^{-8}(mol\cdot L^{-1})$$

8-53 解：由于滴定 50% 时，$[Sn^{4+}]=[Sn^{2+}]$，电位 $\varphi(Sn^{4+}/Sn^{2+},50\%)=\varphi^{\ominus}(Sn^{4+}/Sn^{2+})=0.15V$

滴定 100%是化学计量点：$\varphi_s=\dfrac{0.77+2\times0.15}{3}=0.36(V)$

滴定 150%时，Fe^{3+} 过量 50%：$\varphi(Fe^{3+}/Fe^{2+},150\%)=0.77+0.0592\lg\dfrac{50}{100}=0.75(V)$

8-54 解：混合物中有两种氧化数不同的砷化合物：氧化数为+3 的 Na_2HAsO_3 与氧化数为+5 的 As_2O_5。第一个滴定是直接碘量法，发生反应 $Na_2HAsO_3+I_2 = AsO_4^{3-}$（As 氧化数为+5）$+I^{-}$。$Na_2HAsO_3$ 失去 2 个电子，计量单元 $\frac{1}{2}M(Na_2HAsO_3)=169.9/2=84.95(g\cdot mol^{-1})$；而 I_2 得到 2 个电子：$c\left(\frac{1}{2}I_2\right)=2\times0.05000mol\cdot L^{-1}$。设试样中 Na_2HAsO_3 的含量为 x，则
$$\frac{0.2000x}{\frac{1}{2}M(Na_2HAsO_3)}=c\left(\frac{1}{2}I_2\right)\times13.55\times10^{-3}$$
解得
$$x=57.55\%$$

第二个滴定是间接碘量法，As_2O_5 和 Na_2HAsO_3 在碱性介质中和上述 I_2 氧化后均以 AsO_4^{3-} 存在。$Na_2HAsO_3 \rightarrow AsO_4^{3-} \rightarrow AsO_3{}^{3-}$，得到 2 个电子；$As_2O_5 \rightarrow 2AsO_4^{3-} \rightarrow 2AsO_3^{3-}$，得到 4 个电子，被还原为 AsO_3^{3-}，并将 KI 氧化成 I_2，$Na_2S_2O_3$ 再将 I_2 滴成 KI，因此 KI 起始态与终态一样，不涉及计算。滴定中，AsO_4^{3-} 是氧化剂，$Na_2S_2O_3$ 是还原剂。设试样中 As_2O_5 的含量为 y，则

$$\frac{0.2000x}{\frac{1}{2}M(Na_2HAsO_3)}+\frac{0.2000y}{\frac{1}{4}M(As_2O_5)}=0.1007\times 20.05\times 10^{-3}$$

解得 $y=19.08\%$

8-55 解：$KMnO_4 \rightarrow Mn^{2+}$，得 5 个电子，计量单元 $\frac{1}{5}M(KMnO_4)=\frac{158.0}{5}g\cdot mol^{-1}$；$K_2Cr_2O_7 \rightarrow 2Cr^{3+}$，得 6 个电子，计量单元 $\frac{1}{6}M(K_2Cr_2O_7)=\frac{294.2}{6}g\cdot mol^{-1}$。设混合物中 $KMnO_4$ 的质量百分数为 x，则 $K_2Cr_2O_7$ 的质量百分数为 $1-x$，则：

$$0.2400\times\left(\frac{x}{\frac{158.0}{5}}+\frac{1-x}{\frac{294.2}{6}}\right)=0.2000\times 30.00\times 10^{-3}$$

解得 $x=40.92\%$　　$1-x=1-40.92\%=59.08\%$

8-56 解：$Cr \rightarrow Cr_2O_7^{2-} \rightarrow Cr^{3+}$，滴定中 1 个 Cr 得到 3 个电子，计量单元 $\frac{1}{3}M(Cr)=\frac{51.9961}{3}g\cdot mol^{-1}$；$KMnO_4$ 得到 5 个电子，$c\left(\frac{1}{5}KMnO_4\right)=5c(KMnO_4)=5\times 0.01800=0.09000(mol\cdot L^{-1})$；$FeSO_4 \rightarrow Fe^{3+}$，失去 1 个电子。氧化剂为 $KMnO_4$，$Cr \rightarrow Cr_2O_7^{2-}$，还原剂为 $FeSO_4$。

设钢样中铬的百分含量为 x，则

$$\frac{1.000x}{\frac{51.9961}{3}}+5\times 0.01800\times 7.00\times 10^{-3}=0.1000\times 25.00\times 10^{-3}$$

解得 $x=3.24\%$

8-57 解：第一步标定，有如下反应：

$$KBrO_3+5KBr+6HCl = 3Br_2+6KCl+3H_2O$$

$$Br_2+2KI = 2KBr+I_2$$

$$I_2+2Na_2S_2O_3 = 2NaI+Na_2S_4O_6$$

其中 KBr 和 KI 的起始状态与终点状态完全一样，不参与计算。氧化剂为 $KBrO_3$，$KBrO_3 \rightarrow Br^-$，得到 6 个电子，计量单元 $\frac{1}{6}M(KBrO_3)=\frac{167.01}{6}g\cdot mol^{-1}$，则

$$\frac{0.5903\times 25.00}{\frac{167.01}{6}\times 250}=c(Na_2S_2O_3)V(Na_2S_2O_3)=c(Na_2S_2O_3)\times 21.45\times 10^{-3}$$

解得 $c(Na_2S_2O_3)=0.09887mol\cdot L^{-1}$

测定铜的百分含量有如下反应：Cu 预处理为 Cu^{2+}，滴定时 $Cu^{2+}+2I^- = CuI+I_2$，得到 1 个电子。KI 的起始状态与终点状态完全一样，不参与计算。设试样中铜的百分含量为 x，则

$$\frac{0.2000x}{63.55}=c(Na_2S_2O_3)V(Na_2S_2O_3)=0.09887\times 25.13\times 10^{-3}$$

解得 $x = 78.95\%$

8-58 解：(1) I^- 预处理为 IO_3^-，$IO_3^- \to I_2 \to I^-$。反应式如下：

$$IO_3^- + 5I^- + 6H^+ = 3I_2 + 3H_2O \qquad I_2 + 2S_2O_3^{2-} = 2I^- + S_4O_6^{2-}$$

1个 I^- 相当于得到6个电子，KI 的计量单元 $= \dfrac{1}{6}M(KI) = \dfrac{166.0}{6} g \cdot mol^{-1}$。

设混合试样中 KI 的质量百分数为 x，则

$$\frac{1.000x \times 50.00}{\dfrac{M(KI)}{6} \times 200.00} = c(Na_2S_2O_3)V(Na_2S_2O_3)$$

$$\frac{0.25 \times 1.000x}{\dfrac{166.0}{6}} = 0.1000 \times 30.00 \times 10^{-3}$$

解得 $x = 33.20\%$

(2) $K_2Cr_2O_7$ 将 KI、KBr 分别氧化为 $\dfrac{1}{2}I_2$、$\dfrac{1}{2}Br_2$，KI、KBr 各失去1个电子，KI、KBr 的计量单元分别为 $M(KI)$、$M(KBr)$。Br_2 将 KI 氧化成 I_2，再与 $Na_2S_2O_3$ 反应。

设混合试样中 KBr 的质量百分数为 y，则

$$\frac{1.000 \times \left[\dfrac{x}{M(KI)} + \dfrac{y}{M(KBr)}\right] \times 50.00}{200.00} = c(Na_2S_2O_3)V(Na_2S_2O_3)$$

$$\frac{1.000 \times \left(\dfrac{0.3320}{166.0} + \dfrac{y}{119.0}\right) \times 50.00}{200.00} = 0.1000 \times 15.00 \times 10^{-3}$$

解得 $y = 47.60\%$

8-59 解：HCOOH（C 的氧化数为 +2）$\to CO_2$（C 的氧化数为 +4），失去2个电子，HCOOH 的基本计量单元为 $\dfrac{1}{2}M(HCOOH)$。此过程的相关反应为

$$2MnO_4^- + 4OH^- + HCOOH = 2MnO_4^{2-} + CO_3^{2-} + 3H_2O$$

酸化 $\qquad 3MnO_4^{2-} + 4H^+ = 2MnO_4^- + MnO_2 + 2H_2O$

$$2MnO_4^- + 10I^- + 16H^+ = 2Mn^{2+} + 5I_2 + 8H_2O$$

$$MnO_2 + 2I^- + 4H^+ = Mn^{2+} + I_2 + 2H_2O$$

$KMnO_4$ 的起始态是 $KMnO_4$，不管经过多么复杂的过程，其终态都是 Mn^{2+}，每个 $KMnO_4$ 得到5个电子，$KMnO_4$ 的计量单元为 $\dfrac{1}{5}M(KMnO_4)$。

氧化剂是 $KMnO_4$，还原剂是 HCOOH 和 $Na_2S_2O_3$。设试样中甲酸的含量为 x，则

$$\frac{0.2040x}{\dfrac{1}{2}M(HCOOH)} + c(Na_2S_2O_3)V(Na_2S_2O_3) = c\left(\dfrac{1}{5}KMnO_4\right)V(KMnO_4)$$

$$\frac{0.2040x \times 2}{46.03} + 0.1002 \times 3.02 \times 10^{-3} = 0.02610 \times 5 \times 25.00 \times 10^{-3}$$

解得 $x = 33.40\%$

8-60 解：第一步反应为 $\qquad IO_3^- + 5I^- + 6H^+ = 3I_2 \uparrow + 3H_2O$

被测的 $KI \to \dfrac{1}{2}I_2$，失去1个电子，KI 的计量单元为 $M(KI)$，$M(KI) = 166.0 g \cdot mol^{-1}$。

$KIO_3 \rightarrow \frac{1}{2}I_2$，1 个 KIO_3 得到 5 个电子，KIO_3 的计量单元为$\frac{1}{5}M(KIO_3)$，$c\left(\frac{1}{5}KIO_3\right)=5c(KIO_3)$。

设试样中 KI 的含量为 x，则

$$\frac{0.5000x}{M(KI)}=c\left(\frac{1}{5}KIO_3\right)V_1 \qquad \frac{0.5000x}{166.0}=5\times0.05000V_1$$

第二步反应为　　IO_3^-（剩余）$+5I^-$（另加入的 KI，与试样无关）$+6H^+ = 3I_2+3H_2O$

$$I_2+2S_2O_3^{2-} = 2I^-+S_4O_6^{2-}$$

另加入的 KI 的始态、终态完全一样，不参与计算。IO_3^-（剩余）$\rightarrow I^-$，剩余的 KIO_3 得到 6 个电子，剩余的 KIO_3 的计量单元为$\frac{1}{5}M(KIO_3)$，$c\left(\frac{1}{6}KIO_3\right)=6c(KIO_3)$，则

$$(10.00-V_1)\times6c(KIO_3)=0.1008\times21.14$$

解得　　$$V_1=2.90\text{mL}$$

将 $V_1=2.90$mL 代入第 1 个计算式，得　　$x=24.04\%$

第 9 章　沉淀平衡及其在分析中的应用

9-1　陈化的目的是将晶型沉淀的颗粒变大，表面积减小，减少吸附作用带来的杂质。选（B）。

9-2　溶解度和溶度积常数在外界条件不改变的情况下为常数。选（D）。

9-3　酸效应使溶液中［CO_3^{2-}］降低，使平衡向溶解方向移动，溶解度增大。选（D）。

9-4　$Q_c(Ag_2SO_4)=\left(\frac{2\times0.0010}{2}\right)^2\times\frac{0.0010}{2}=5.0\times10^{-10}<K_{sp}(Ag_2SO_4)$，$Ag_2SO_4$ 不沉淀。

同理得$Q_c(AgCl)=\frac{2\times0.0010}{2}\times\left(\frac{2\times2.0\times10^{-6}}{2}\right)^2=4.0\times10^{-15}<K_{sp}(AgCl)$，AgCl 沉淀。

$Q_c(BaSO_4)=\frac{2.0\times10^{-6}}{2}\times\frac{0.0010}{2}=5.0\times10^{-10}>K_{sp}(BaSO_4)$，$BaSO_4$ 可沉淀。选（D）。

9-5　$K_{sp}(CaF_2)=S\times(2S)^2=4S^3=1.1\times10^{-10}$。选（C）。

9-6　在平衡体系中 $[Ca^{2+}]=\frac{K_{sp}(CaF_2)}{[F^-]^2}=4.3\times10^{-3}\text{ mol}\cdot\text{L}^{-1}$，$[SO_4^{2-}]=\frac{K_{sp}(CaSO_4)}{[Ca^{2+}]}=1.6\times10^{-2}$。选（C）。

9-7　$[OH^-]=\sqrt[3]{\frac{K_{sp}[Ca(OH)_2]}{4}}=4.8\times10^{-3}$，pH=11.68。选（D）。

9-8　要使 Ag_2CO_3 全部转化为 Ag_2CrO_4，则必须使

$$[c(Ag^+)]^2c(CO_3^{2-})<K_{sp}(Ag_2CO_3) \quad K_{sp}(Ag_2CrO_4)<[c(Ag^+)]^2c(CrO_4^{2-})$$

将不等式相乘，约去 $[c(Ag^+)]^2$，$\frac{c(CrO_4^{2-})}{c(CO_3^{2-})}>0.14$。选（D）。

9-9　欲使 FeS 不沉淀，则应满足 $[Fe^{2+}][S^{2-}]<K_{sp}(FeS)$。而 $[S^{2-}]=c(H_2S)\delta(S^{2-})$，

代入前式得 $[H^+] \geqslant 3.92 \times 10^{-4}$，即 $pH \leqslant 3.41$。选（C）。

9-10 $CaCO_3$、CaF_2、$Ca_3(PO_4)_2$的溶解度分别记为 S_1、S_2、S_3，则

$$S_1^2 = K_{sp}(CaCO_3) \qquad S_1 = 7.0 \times 10^{-5} \qquad [Ca^{2+}] = 7.0 \times 10^{-5}$$

$$S_2(2S_2)^2 = K_{sp}(CaF_2) \qquad S_2 = 3.3 \times 10^{-4} \qquad [Ca^{2+}] = 3.3 \times 10^{-4}$$

$$(3S_3)^3(2S_3)^2 = K_{sp}[Ca_3(PO_4)_2] \qquad S_3 = 3.3 \times 10^{-7} \qquad [Ca^{2+}] = 9.9 \times 10^{-7}$$

$S_2 > S_1 > S_3$。选（A）。

9-11 胶溶的无定型沉淀用冷溶液洗涤，容易形成胶体，难于洗净和过滤；应用热电解质溶液洗涤。选（B）。

9-12 重量分析法是无标分析法，无需基准物；但缺点是步骤多，速度慢。沉淀形式无需很稳定，只要称量形式组成确定、稳定即可。称量形式摩尔质量越大，称量误差越小。选（D）。

9-13 莫尔法只能在中性或弱碱性条件下进行。酸度过高，CrO_4^{2-} 与 H^+ 生成 H_2CrO_4，使 $[CrO_4^{2-}]$ 下降，Ag_2CrO_4 不沉淀，可能看不到终点或终点延后。酸度过低，会有 Ag_2O 生成。选（A）。

9-14 福尔哈德法是以铁铵钒为指示剂，需保证 Fe^{3+} 不沉淀，滴定酸度应在 $[H^+] = 0.1 \sim 1.0 mol \cdot L^{-1}$ 的条件下进行。荧光黄为法扬司法指示剂；K_2CrO_4 为莫尔法指示剂。选（C）。

9-15 $c(K_4[Fe(CN)_6]) = \dfrac{25.00 \times 0.1000}{2 \times 28.50} = 0.04386(mol \cdot L^{-1})$。选（B）。

9-16 结晶过程首先要有晶种，即晶核的形成；然后构晶离子在晶核上堆积，即晶核的长大。

9-17 这种现象叫共沉淀。发生共沉淀的原因有 3 个：(1) 沉淀表面吸附溶液中与构晶离子性质相近的非沉淀组分；(2) 结晶过程中来不及离开的固体或液体被包围在沉淀中，前者叫吸留，后者叫包藏；(3) 若溶液中某离子与构晶离子参数很相近，此离子也会占据沉淀晶体的晶格，形成有缺陷的晶体，生成混晶。

9-18 $AB(s) \rightleftharpoons A^+ + B^-$，同离子效应是另外加入构晶离子 A^+ 或 B^-，这都会导致平衡左移，溶解度减小；盐效应主要是使离子强度增加，活度系数 $\gamma(<1)$ 变小，$K_{sp} = \gamma[A^+]\gamma[B^-]$，$K_{sp}$是一个常数，$\gamma$ 变小，$[A^+]$ 或 $[B^-]$ 即溶解度增大；前者的效应比后者大。

9-19 $K_{sp}(MgNH_4PO_4) = [Mg^{2+}][NH_4^+][PO_4^{3-}]$；$K_{sp}[Ca_3(PO_4)_2] = [Ca^{2+}]^3[PO_4^{3-}]^2$。

9-20 pH 减小即 $[H^+]$ 增加，$BaCO_3 + 2H^+ \rightleftharpoons Ba^{2+} + H_2O + CO_2\uparrow$，平衡右移，溶解度增大；而 $BaSO_4$，由于 H_2SO_4 是非常强的酸，不存在上述平衡，当然 pH 变小，离子强度也会发生上、下波动，活度系数 γ 也有微小变化，溶解度也有微小变化，只要 pH 变化不是太大，可忽略。一般认为 $BaSO_4$ 的溶解度不变。

9-21 $CaF_2 \rightleftharpoons Ca^{2+} + 2F^-$，则 $x(2x)^2 = 1.1 \times 10^{-10}$，$2x = [F^-] = 6.0 \times 10^{-4}$；$x = [Ca^{2+}] = 3.0 \times 10^{-4}$。

9-22 莫尔法利用红色的 Ag_2CrO_4 沉淀指示终点，指示剂是K_2CrO_4；若溶液呈酸性，由于酸效应的影响，Ag_2CrO_4 不沉淀，无法指示终点，而在强碱性溶液中 $2Ag^+ + 2OH^- \longrightarrow 2AgOH\downarrow \longrightarrow Ag_2O + H_2O$，滴定无法进行，所以滴定 pH 条件是中性或弱碱性；终点由白色变为 Ag_2CrO_4 沉淀的砖红色。

9-23 福尔哈德法是 NH_4SCN 返滴过量 Ag^+，当 NH_4SCN 过量时，立即与 Fe^{3+} 生成血红色配合物而指示终点，指示剂是 Fe^{3+}，但不能用 $FeCl_3$，而用铁铵矾；返滴定剂是

NH_4SCN；包裹剂可用硝基苯，也有用邻苯二甲酸二丁酯的。

9-24 法扬司法又称吸附指示剂法，常用吸附指示剂荧光黄（或二氯荧光黄）。

9-25 由于 AgSCN 沉淀吸附 Ag^+，被吸附的 Ag^+ 未被 SCN^- 滴定，少用了返滴定剂 SCN^-。滴定终点提前到达。由于是返滴定，对 Cl^- 等的测定结果则是偏高的。

9-26 $Ag_2CrO_4 + 2Cl^- \rightleftharpoons 2AgCl + CrO_4^{2-}$，平衡常数 $K = \frac{[CrO_4^{2-}]}{[Cl^-]^2} = \frac{[CrO_4^{2-}][Ag^+]^2}{[Ag^+]^2[Cl^-]^2} = K_{sp}(Ag_2CrO_4)/[K_{sp}(AgCl)]^2$。

9-27 $[Mn^{2+}] = 0.73 mol \cdot L^{-1}$，$[S^{2-}] = \frac{2.5\times10^{-10}}{0.73}$，$[Zn^{2+}] = \frac{2.5\times10^{-22}\times0.73}{2.5\times10^{-10}} = 7.3\times10^{-13} mol \cdot L^{-1}$；$[Fe^{2+}] = \frac{6.3\times10^{-18}\times0.73}{2.5\times10^{-10}} = 1.84\times10^{-8} mol \cdot L^{-1}$。

9-28 $HSO_4^- \rightleftharpoons SO_4^{2-} + H^+$，$\delta(SO_4^{2-}) = \frac{1.02\times10^{-2}}{10^{-7}+1.02\times10^{-2}} = 1.00$，$BaSO_4$ 在纯水中的溶解度 $= \sqrt{K_{sp}(BaSO_4)} = 1.05\times10^{-5}$；溶解度 $= K_{sp}(BaSO_4)/0.10 = 1.1\times10^{-9} mol \cdot L^{-1}$。

9-29 ①$BaSO_4$ 沉淀为晶型沉淀，陈化可获得完整、粗大而纯净的晶型沉淀。而 $Fe_2O_3 \cdot nH_2O$ 沉淀为非晶型沉淀，对于此类沉淀，陈化不仅不能改善沉淀的形状，反而会使沉淀更趋黏结，杂质难以洗净。②K^+ 的共沉淀较严重，这是由于 K^+ 的半径与 Ba^{2+} 的半径更接近，易于引起共沉淀。

9-30 $BaSO_4$ 沉淀用水洗涤的目的是洗去吸附在沉淀表面的杂质离子。AgCl 沉淀为无定形沉淀，不能用纯水洗涤，这是因为无定形沉淀易发生胶溶，所以洗涤液不能用纯水，而应加入适量的电解质。用稀 HNO_3 还可防止 Ag^+ 水解，且 HNO_3 加热易于除去。

9-31 （1）莫尔法：$Cl^- + Ag^+ \rightleftharpoons AgCl\downarrow$。指示剂为铬酸钾。酸度条件：pH=6.0～10.5。

（2）福尔哈德法：$Cl^- + Ag^+$（过量）$\rightleftharpoons AgCl\downarrow$；$Ag^+$（剩余）$+ SCN^- \rightleftharpoons AgSCN\downarrow$。指示剂为铁铵矾。酸度条件：酸性。

（3）法扬司法：$Cl^- + Ag^+ \rightleftharpoons AgCl\downarrow$。指示剂：荧光黄。酸度条件：视测定体系而变。

9-32 离心机在使用中应注意以下几点。

（1）为了防止旋转中碰破离心管，离心机的套管底部应垫以棉花。

（2）尽量使对称位置上有质量相近的离心管。如果只准备处理一支离心管，则在对称位置上应放一盛有等量水的离心管，以保持平衡。

（3）开动时应由慢速开始，运转平稳后再逐渐过渡到快速。

（4）转速和旋转时间视沉淀性状而定，晶型沉淀以每分钟 1000 转的转速，离心 1～2min 即可；无定形沉淀以每分钟 2000 转的转速分离，需经 3～4min。

（5）在运转过程中严禁打开盖子，以防发生意外。

（6）如果离心管打碎在管套中，应取出碎玻璃，立即清洗管套，以免被腐蚀。

9-33 （1）偏高。因部分 CrO_4^{2-} 转变成 $Cr_2O_7^{2-}$，指示剂浓度降低，则终点推迟出现。

（2）偏低。因有部分 AgCl 转化成 AgSCN 沉淀，反滴定时，多消耗硫氰酸盐标准溶液。

（3）无影响。因 AgBr 的溶解度小于 AgSCN，则不会发生沉淀的转化作用。

9-34 沉淀转化的基本原则是：溶解度大的物质向溶解度小的物质转化。因此判断沉淀是否发生转化应比较各沉淀物质在溶剂中的溶解度。

AgCl 的溶解度为 $S=\sqrt{K_{sp}(AgCl)}=\sqrt{1.56\times10^{-10}}=1.25\times10^{-5}(mol\cdot L^{-1})$

Ag_2CrO_4 的溶解度为 $S=\sqrt[3]{9.0\times10^{-12}/4}=1.3\times10^{-4}(mol\cdot L^{-1})$

Ag_2CrO_4 的溶解度＞AgCl 的溶解度。因此，Ag_2CrO_4 可向 AgCl 转化。

9-35 （1）SCN^- 用福尔哈德法测定最简便。

（2）K_2CO_3+NaCl 用福尔哈德法测定。如用莫尔法，则会生成 Ag_2CO_3 沉淀而造成误差。

（3）KBr 用福尔哈德法最好。用莫尔法在终点时必须剧烈摇动，以减少 AgBr 吸附 Br^- 而使终点过早出现。用法扬司法必须采用曙红作指示剂。

9-36 解：（1）$FeCO_3$ 在水中的溶解度为 $\frac{6.5\times10^{-4}}{116}=5.6\times10^{-6}(mol\cdot L^{-1})$

$FeCO_3 \rightleftharpoons Fe^{2+}+CO_3^{2-}$ $\quad K_{sp}(FeCO_3)=[Fe^{2+}][CO_3^{2-}]=(5.6\times10^{-6})^2=3.1\times10^{-11}$

（2）$AgI \rightleftharpoons Ag^++I^-$ $\quad K_{sp}(AgI)=(0.010+S)S=(0.010+1.5\times10^{-14})\times1.5\times10^{-14}=1.5\times10^{-16}$

9-37 解：（1）当 AgA 开始沉淀时，$[Ag^+]=\frac{K_{sp}(AgA)}{[A^-]}=\frac{1.56\times10^{-10}}{0.100}=1.56\times10^{-9}$ $(mol\cdot L^{-1})$。

当 Ag_2B 开始沉淀时， $[Ag^+]=\sqrt{\frac{K_{sp}(Ag_2B)}{[B^{2-}]}}=\sqrt{\frac{8.1\times10^{-12}}{0.1}}=9.0\times10^{-6}(mol\cdot L^{-1})$。

因此，首先满足溶度积小的 AgA 先沉淀。

（2）当 Ag_2B 开始沉淀时，$[Ag^+]=9.0\times10^{-6}mol\cdot L^{-1}$，此时

$$[A^-]=\frac{K_{sp}(AgA)}{[Ag^+]}=\frac{1.56\times10^{-10}}{9.0\times10^{-6}}=1.73\times10^{-5}(mol\cdot L^{-1})$$

9-38 解：（1）$[M^{2+}]=0.10\times(1-1\%)=0.099(mol\cdot L^{-1})$

$$[OH^-]=\sqrt{\frac{K_{sp}}{[M^{2+}]}}=\sqrt{\frac{5\times10^{-16}}{0.099}}=7.1\times10^{-8}(mol\cdot L^{-1}) \qquad pH=6.85$$

（2）$[M^{2+}]=0.10\times(1-50\%)=0.050(mol\cdot L^{-1})$

$$[OH^-]=\sqrt{\frac{K_{sp}}{[M^{2+}]}}=\sqrt{\frac{5\times10^{-16}}{0.050}}=1.0\times10^{-7}(mol\cdot L^{-1}) \qquad pH=7.00$$

（3）$[M^{2+}]=0.10\times(1-99\%)=0.001(mol\cdot L^{-1})$

$$[OH^-]=\sqrt{\frac{K_{sp}}{[M^{2+}]}}=\sqrt{\frac{5\times10^{-16}}{0.001}}=7.1\times10^{-7}(mol\cdot L^{-1}) \qquad pH=7.85$$

9-39 解：$CaCO_3$ 开始沉淀时

$$[CO_3^{2-}]=\frac{2.8\times10^{-9}}{0.10}mol\cdot L^{-1}=2.8\times10^{-8}mol\cdot L^{-1}$$

此时 $$[Sr^{2+}]=\frac{1.1\times10^{-10}}{2.8\times10^{-8}}mol\cdot L^{-1}=3.9\times10^{-3}mol\cdot L^{-1}$$

$$\text{Sr 的沉淀百分数}=\frac{0.05-3.9\times10^{-3}}{0.05}=0.922=92.2\%$$

9-40 解：$[Ca(NO_3)_2]=0.0050mol\cdot L^{-1}$，$[NH_4HF_2]=0.0050mol\cdot L^{-1}$

NH_4HF_2 是 $0.0050mol\cdot L^{-1}$ 的 HF 与 $0.0050mol\cdot L^{-1}$ 的 F^- 构成的缓冲溶液。

$$[H^+]=K_a\times\frac{c_a-[H^+]}{c_b+[H^+]}=10^{-3.18}\times\frac{0.0050-[H^+]}{0.0050+[H^+]} \qquad [H^+]=10^{-3.18}\text{mol}\cdot L^{-1}$$

$$[F^-]=0.0050+[HF]\delta(F^-)=0.0050+0.0050\times\frac{K_a}{K_a+[H^+]}=0.0075\text{mol}\cdot L^{-1}$$

$[Ca^{2+}][F^-]^2=0.0050\times0.0075^2=2.9\times10^{-7}>K_{sp}(CaF_2)$，因此有沉淀生成。

9-41 解：当 Pb^{2+} 开始沉淀时

$$[CrO_4^{2-}]=\frac{K_{sp}(PbCrO_4)}{[Pb^{2+}]}=\frac{2.8\times10^{-13}}{0.010}=2.8\times10^{-11}(\text{mol}\cdot L^{-1})$$

$[Ba^{2+}][CrO_4^{2-}]=0.10\times2.8\times10^{-11}=2.8\times10^{-12}<K_{sp}(BaCrO_4)$，$BaCrO_4$ 不沉淀。

Pb^{2+} 沉淀完全时，$[Pb^{2+}]=0.010\times0.1\%=1.0\times10^{-5}(\text{mol}\cdot L^{-1})$

$$[CrO_4^{2-}]=\frac{2.8\times10^{-13}}{1.0\times10^{-5}}=2.8\times10^{-8}(\text{mol}\cdot L^{-1})$$

$[Ba^{2+}][CrO_4^{2-}]=0.10\times2.8\times10^{-8}=2.8\times10^{-9}>K_{sp}(BaCrO_4)$，$BaCrO_4$ 沉淀。因此不能用 K_2CrO_4 将 Pb^{2+} 和 Ba^{2+} 分开。

9-42 解：

$$BaSO_4+CO_3^{2-}\rightleftharpoons BaCO_3+SO_4^{2-}$$

平衡浓度 $\qquad x-0.020 \qquad\qquad 0.020$

则 $$K=\frac{[SO_4^{2-}]}{[CO_3^{2-}]}=\frac{K_{sp}(BaSO_4)}{K_{sp}(BaCO_3)}=\frac{1.1\times10^{-10}}{8.1\times10^{-9}}=1.4\times10^{-2}$$

即 $$\frac{0.020}{x-0.020}=1.4\times10^{-2} \qquad x=1.4\text{mol}$$

9-43 解：设 $BaSO_4$ 沉淀中 BaS 的质量为 x(g)，则

$$0.5121-\frac{M(BaSO_4)}{M(BaS)}\times x=0.5013-x \qquad x=2.852\times10^{-2}$$

$$w(BaS)=\frac{2.852\times10^{-2}}{0.5013}=5.689\%$$

9-44 解：(1) 设试样中 CaC_2O_4 的质量为 x(g)，则 MgC_2O_4 的质量为 $0.6240-x$(g)。

$$\frac{M(CaCO_3)}{M(CaC_2O_4)}x+(0.6240-x)\frac{M(MgCO_3)}{M(MgC_2O_4)}=0.4830$$

$$\frac{100.09}{128.1}x+(0.6240-x)\times\frac{84.314}{112.33}=0.4830$$

解得

$$x=0.4757\text{g}$$

$$w(CaC_2O_4)=\frac{0.4757}{0.6240}=76.23\%$$

$$w(MgC_2O_4)=1-76.23\%=23.77\%$$

(2) 换算为 CaO 和 MgO 的质量为

$$m=\frac{M(CaO)}{M(CaC_2O_4)}\times0.4757+\frac{M(MgO)}{M(MgC_2O_4)}\times(0.6240-0.4757)$$

$$=\frac{56.08}{128.1}\times0.4757+\frac{40.304}{112.33}\times0.1483=0.2615(\text{g})$$

9-45 解：设长石中 K_2O 的质量为 x(g)，Na_2O 的质量为 y(g)，则

$$x\,\frac{2M(KCl)}{M(K_2O)}+y\,\frac{2M(NaCl)}{M(Na_2O)}=0.1208$$

$$x\frac{2M(AgCl)}{M(K_2O)}+y\frac{2M(AgCl)}{M(Na_2O)}=0.2513$$

解方程组，得 $x=0.05370g \quad y=0.01900g$

故 $$w(K_2O)=\frac{0.05370}{0.4588}\times100\%=11.70\%$$

$$w(Na_2O)=\frac{0.01900}{0.4588}\times100\%=4.14\%$$

9-46 解：$M(BaSO_4)=233.4g\cdot mol^{-1}$，$M(Ba^{2+})=137.33g\cdot mol^{-1}$。

混合后： $$[Ba^{2+}]=\frac{0.100}{137.33}\times\frac{1000}{150}=4.9\times10^{-3}(mol\cdot L^{-1})$$

$$[SO_4^{2-}]=0.010\times\frac{50}{150}=3.3\times10^{-3}(mol\cdot L^{-1})$$

设沉淀后 Ba^{2+} 的浓度为 $x$mol・L^{-1}，则

$$x(3.3\times10^{-3}-4.9\times10^{-3}+x)=1.1\times10^{-11}$$

$$x=1.6\times10^{-3} \qquad 1.6\times10^{-3}\times150\times137.33=33(mg)$$

用 100mL 纯水洗涤时，将损失 $BaSO_4$ 为

$$\sqrt{K_{sp}}\times100\times233.4=\sqrt{1.1\times10^{-10}}\times100\times233.4=0.245(mg)$$

用 100mL 0.010mol・L^{-1}的 H_2SO_4 溶液洗涤，将损失 $BaSO_4$ 的计算如下：

$$H_2SO_4 = H^+ + HSO_4^-$$

$$0.010 \qquad 0.010 \quad 0.010$$

$$HSO_4^- \rightleftharpoons SO_4^{2-} + H^+$$

$$0.010-[H^+] \quad [H^+] \quad [H^+]+0.010$$

$$K_{a_2}=1.0\times10^{-2}=\frac{[H^+][SO_4^{2-}]}{[HSO_4^-]}=\frac{([H^+]+0.01)[H^+]}{0.01-[H^+]}$$

解得 $[H^+]=4.1\times10^{-3}mol\cdot L^{-1}$

故溶液中总 $[H^+]$ 为 $0.01+4.1\times10^{-3}=1.41\times10^{-2}(mol\cdot L^{-1})$

注：也可用 $[H^+]=c(H_2SO_4)+c\delta(SO_4^{2-})$ 关系求出总 $[H^+]$。

设洗涤时溶解度为 S，则由 K_{sp}关系得

$$K_{sp}=1.1\times10^{-10}=[Ba^{2+}][SO_4^{2-}]=S(S+0.010)\delta(SO_4^{2-})$$

$$\approx S\times0.010\times\frac{K_{a_2}}{[H^+]+K_{a_2}}=0.010S\times\frac{1.0\times10^{-2}}{1.41\times10^{-2}+1.0\times10^{-2}}$$

得 $$S=2.65\times10^{-8}mol\cdot L^{-1}$$

即用 100mL 0.010mol・L^{-1}的 H_2SO_4 溶液洗涤时损失的 $BaSO_4$ 为

$$2.65\times10^{-8}\times100\times233.4=6.2\times10^{-4}(mg)$$

9-47 解：题意可知

$$c(NaCl)V(NaCl)=c(AgNO_3)V(AgNO_3)$$

$$c(NaCl)=0.1023\times\frac{27.00}{20.00}=0.1381(mol\cdot L^{-1})$$

则每升溶液中含 NaCl 的质量$=0.1381\times58.44=8.070(g)$

9-48 解：设试样中氯的质量分数为 x，则

$$\frac{0.2266x}{M(Cl)}=(0.1121\times30.00-0.1185\times6.50)\times10^{-3}$$

$$\frac{0.2266x}{35.45}=2.593\times10^{-3} \qquad x=40.56\%$$

9-49 解：1 个 $As \rightarrow AsO_4^{3-} \rightarrow Ag_3AsO_4 \rightarrow 3NH_4SCN$，所以 As 的计量单元为 $\frac{1}{3}M(As)$。

设砷试样中砷的质量分数为 x，则

$$\frac{0.5000x}{\frac{1}{3}M(As)}=0.1000\times45.45\times10^{-3} \qquad x=22.70\%$$

9-50 解：设 NaCl 的质量分数为 x，NaBr 的质量分数为 y。已知 $M(NaCl)=58.44g\cdot mol^{-1}$，$M(NaBr)=102.9g\cdot mol^{-1}$，$M(AgCl)=143.3g\cdot mol^{-1}$，$M(AgBr)=187.8g\cdot mol^{-1}$，则

$$\frac{0.6360x}{58.44}+\frac{0.6360y}{102.9}=0.1050\times28.34\times10^{-3}$$

$$\frac{0.6360x}{58.44}\times143.3+\frac{0.6360y}{102.9}\times187.8=0.5064$$

联立这两个方程，解得 $x=10.96\%$ $y=29.09\%$

第10章 s区元素

10-1 根据对角线原理，第二周期第ⅡA 的元素 Be 与右下角第三周期第ⅢA 的元素 Al 成对线，性质最相似。Li 比 H、Na 比 Mg、Al 比 Si 金属性强得多。选（C）。

10-2 第ⅠA 族金属的金属性非常强，不仅可从酸中置换出 H，而且可从酸性很弱的水中置换出 H，生成氢气，自身生成可溶性强碱。（A）中 MOH 似乎不离解，（C）中的 H_2O 是不可能的产物，（D）中碱金属氧化物 M_2O 不可能以分子形式存在于水中。选（B）。

10-3 （A）和（B） $M_2O_2+2H_2O=\!=\!=2MOH+H_2O_2$，（C）$2KO_2+4H_2O=\!=\!=2KOH+3H_2O_2$，（D）$4KO_3+2H_2O=\!=\!=4KOH+5O_2\uparrow$。选（D）。

10-4 Be、Mg、Ca 都是第ⅡA 族的元素，且周期数依次增大，离子半径也依次增大，其氢氧化物碱性也依次增强。根据对角线规则，Li 和 Mg 成左上→右下对角线，金属性相近，其氢氧化物碱性也相近，$Ca(OH)_2$ 碱性最强。选（D）。

10-5 金属碳酸盐的热稳定性随着金属性的增强而增加，碱金属碳酸盐的热稳定性大于同周期的碱土金属碳酸盐的热稳定性。Mg、Ca、Sr、Ba 的金属性依次增加，碳酸盐的热稳定性也依次增加，$MgCO_3$ 加热时最易分解为氧化物。选（A）。

10-6 CaC_2 只在电炉中由 CaO 与 C 生成，此处无 C 源；CaO_2 是过氧化物，碱土金属在空气中燃烧时不生成过氧化物，虽然大量地生成 CaO，但由于 Ca 很活泼，还可生成少量 Ca_3N_2。选（D）。

10-7 从阳离子看，Be^{2+} 的离子半径最小，虽然 Li 也在第二周期，但质子比 Be 少一个，离子半径稍大，K^+、Na^+ 半径都大得多，Be^{2+} 的极化作用最大。从阴离子看，I^- 的离子半径最大，变形性最大，所以碘化铍共价性最强。选（D）。

10-8 $Ba(OH)_2$ 是强碱，$CaCl_2$、$MgCl_2$ 易溶于水。铬酸钡难溶于水，氟化物中除了 NaF、KF 等金属性很强的化合物易溶于水外，大部分氟化物也难溶于水。选（A）。

10-9 碱金属的金属性越强，其硝酸盐在加热时越难分解，碱金属硝酸盐的分解产物是亚硝酸盐和氧气。灯火焰加热时，温度不足以使 KNO_3 分解。$Mg(NO_3)_2$、$Pb(NO_3)_2$ 会分解为氧化物和二氧化氮气体。Li 的金属性不强，其硝酸盐在加热时也会分解为氧化物和二氧化氮气体。选（A）。

10-10 Ca、K 是第四周期主族元素，比第三周期元素 Na、Al 多一层轨道，原子的半径更大；Ca 是第ⅡA 族元素，核内质子比 K 多一个，引力更大一点，原子半径更小一点。选（D）。

10-11 根据 f 正比于 q_+q_-/r^2，四个化合物电荷数均相等，Mg 的半径最小，引力最大，MgO 晶格能最大。选（A）。

10-12 强碱金属 Na、K 的碳酸盐易溶于水；强碱金属的碳酸氢盐比碳酸盐溶解小，但也较易溶于水。由对角线规则，Li 的性质与 Mg 相近，难溶于水。选（C）。

10-13 $BaSO_4$。选（C）。

10-14 只有 Na 和 Ba 在空气（无 CO_2）中燃烧可生成过氧化物。选（C）。

10-15 $CaCO_3$ 叫石灰石或方解石；$MgCO_3$ 叫菱镁石；$CaSO_4 \cdot 2H_2O$ 叫生石膏；$CaCO_3 \cdot MgCO_3$ 叫白云石。选（D）。

10-16 碱金属 Li 和碱土金属 Be 由于原子半径很小，很容易使阴离子变形，因而共价键性质有所加强，不能形成典型的离子型化合物。选（A）。

10-17 只有金属性很强的 Ba、Sr、Ca 单质与 Na、K 一样都可与水、水蒸气反应得到氢气。Mg 的金属性不够强，不能与水、水蒸气反应得到氢气。选（B）。

10-18 Li、Na、K、Cs 的离子半径依次增大，Li 的离子半径最小，极化作用最强，使 F 的变形性最大，共价性也最大，溶解度最小。选（A）。

10-19 因为氢与碱金属元素生成的氢化物的性质与盐相近，所以叫盐型氢化物。选（A）。

10-20 $\frac{130}{10}+50\times\frac{M(CaO)}{M(MgO)\times 10}=20°$。

10-21 碱金属 Li、Na、K、Rb、Cs 中 Li 的离子半径最小，极化作用最强，使 OH^- 发生最大变形，共价性增加，水是极性溶剂，溶解度最小的是LiOH。

10-22 Li(左上)—Mg(右下)；Be(左上)—Al(右下)；B(左上)—Si(右下)。

10-23 $BaSO_4$ 的溶解度非常小而不溶于胃酸，不易被 X 射线透过。

10-24 相似点是都可以和水反应生成气态产物；都可以和水反应生成碱性溶液。

10-25 Li 的金属性不够强，硝酸盐热分解产物不是亚硝酸盐，而是 Li_2O、NO_2、O_2。

10-26 普通氧化物 M_2O、过氧化物 M_2O_2、超氧化物 MO_2、臭氧化物 MO_3。

10-27 过氧化钠。

10-28 因碱金属氢氧化物碱性很强，高温下会腐蚀瓷坩埚、氧化铝坩埚等，最好用银或铁等坩埚。

10-29 $Ba(OH)_2$ 是碱性的，会吸收空气中的 CO_2：$Ba(OH)_2+CO_2 \longrightarrow BaCO_3\downarrow+H_2O$。

10-30 $Be(OH)_2$ 具有两性，$Mg(OH)_2$ 为碱性。

10-31 塑料，塑料（或橡皮）。因为氢氧化钠会腐蚀玻璃，而对塑料或橡皮腐蚀小。

10-32 -1，$-\frac{1}{2}$

10-33 混合物溶于水，得到透明澄清溶液，肯定没有不溶于水的 $CaCO_3$，也肯定没有 $MgSO_4$、$BaCl_2$ 中的 1 个，或两者均无；火焰呈紫色肯定有钾盐，即有 KCl；向溶液中加碱，产生白色胶状沉淀是因为 $Mg^{2-}+2OH^{-}=Mg(OH)_2\downarrow$。所以混合物中含有 $MgSO_4$ 和 KCl。

10-34 （1）$4KO_2+2H_2O=4KOH+3O_2\uparrow$

（2）$Sr(NO_3)_2\xlongequal{加热}Sr(NO_2)_2+O_2\uparrow$

（3）$CaH_2+2H_2O=Ca(OH)_2+2H_2\uparrow$

（4）$2Na_2O_2+2CO_2=2Na_2CO_3+O_2\uparrow$

（5）$2NaCl+2H_2O\xlongequal{电解}2NaOH+H_2\uparrow+Cl_2\uparrow$

10-35 调节 pH >3 时，Fe^{3+} 可沉淀完全；若 pH 过高，Mg^{2+} 形成 $Mg(OH)_2$ 沉淀。

10-36 （1）$6Li+N_2=2Li_3N$

（2）$4Li+O_2=2Li_2O$

（3）$2Na+O_2=Na_2O_2$

10-37 （1）$2NaCl+2H_2O\xlongequal{电解}2NaOH+H_2\uparrow+Cl_2\uparrow$

（2）$2NaCl(熔融)\xlongequal{电解}2Na+Cl_2\uparrow$

10-38 主要是以下三方面的性质：

（1）水溶性　LiF、Li_2CO_3、Li_3PO_4 微溶于水，而其他碱金属的这些盐易溶于水。

（2）水解性　$LiCl\cdot H_2O$ 晶体在受热时发生水解生成 LiOH，其他碱金属盐基本不水解。

（3）热稳定性　含氧酸盐如 Li_2CO_3 在 1000 ℃时明显分解为 Li_2O 和 CO_2，其他碱金属的含氧酸盐则有很高的热稳定性。

10-39 A 是 KOH，B 是 $KHCO_3$，C 是 K_2CO_3，D 是 CO_2。

$$KOH+KHCO_3=K_2CO_3+H_2O$$

$$2KHCO_3\xlongequal{\triangle}K_2CO_3+CO_2\uparrow+H_2O$$

$$K_2CO_3+CO_2+H_2O=2KHCO_3$$

$$KOH+CO_2=K_2CO_3+H_2O$$

10-40 解：$M(OH)_n+nNH_4^+\rightleftharpoons M^{n+}+nNH_3\cdot H_2O\qquad K=\dfrac{K_{sp}[M(OH)_n]}{K_b^n}$

将 $Fe(OH)_3$ 的 K_{sp}、$Mg(OH)_2$ 的 K_{sp} 和 $NH_3\cdot H_2O$ 的 K_b 代入计算，可得到下列结果。对于 $Fe(OH)_3$：K 为 7.0×10^{-24}，$Fe(OH)_3$ 不溶于 NH_4Cl 中。对于 $Mg(OH)_2$：K 为 5.5×10^{-2}，$Mg(OH)_2$ 可溶于 NH_4Cl 中。

10-41 锂离子的半径小，水合趋势大。

10-42 因为反应产物 LiOH 溶解较慢，覆盖于金属表面。

10-43 电离能是基态气体原子失去最外层电子成为气态离子所需的能量，而电极反应是金属单质失去电子成为水合离子的过程。由于锂离子水合过程放出的能量较高，补偿了离解所需能量，所以其标准电极电位最小，表明离解成水合离子的趋势最大。

10-44 NaOH 吸收空气中的气体 CO_2 产生一些 Na_2CO_3 杂质。欲配制不含杂质的 NaOH 溶液，可先配制浓的 NaOH 溶液。由于 Na_2CO_3 在浓 NaOH 溶液中溶解度极小，静置后析出 Na_2CO_3 沉淀，再取上层清液用煮沸并冷却后的水稀释后可以得到不含杂质的 NaOH 稀溶液。

10-45 （1）根据 $MgCO_3$ 的浓度积常数计算 Mg^{2+} 的平衡浓度：

$$K_{sp}=[Mg^{2+}][CO_3^{2-}]=[Mg^{2+}]\times0.077=3.5\times10^{-8}$$

$$[Mg^{2+}]=\frac{3.5\times10^{-8}}{0.077}=4.5\times10^{-7}(mol\cdot L^{-1})$$

(2) 由浓缩后的 Mg^{2+} 浓度和 $Mg(OH)_2$ 的浓度积，计算沉淀 $Mg(OH)_2$ 所需的 OH^- 浓度。体积为原来的 1/5 时，浓度为原来的 5 倍。则

$$[Mg^{2+}]=5\times4.5\times10^{-7}=2.2\times10^{-6}(mol\cdot L^{-1})$$

$$K_{sp}=[Mg^{2+}][OH^-]^2=2.2\times10^{-6}\times[OH^-]^2=2\times10^{-11}$$

解得 $$[OH^-]=3.0\times10^{-3}mol\cdot L^{-1}$$

10-46 解：$SrSO_4(s)+CO_3^{2-}$ ══ $SrCO_3(s)+SO_4^{2-}$

$$K=\frac{[SO_4^{2-}]}{[CO_3^{2-}]}=\frac{[Sr^{2+}][SO_4^{2-}]}{[Sr^{2+}][CO_3^{2-}]}=\frac{3.2\times10^{-7}}{1.1\times10^{-10}}=2.9\times10^{3}$$

由 K 值可知，该反应是自发进行的。

第 11 章 p 区 元 素

11-1 因为 B 是缺电子的原子，不可能形成 BH_3、BH_4^-、BH_4，只能通过氢桥形成三中心二电子的非定域键，将两个 BH_3 连接在一起，形成 B_2H_6。选 (B)。

11-2 硼酸在水中呈酸性，并非离解出 H^+，而是因为 B 是缺电子的原子，1 个 B 原子可以接受水中 1 个具有孤对电子的 OH^- 而形成 $[B(OH)_4]^-$，所以它表现为只是一元酸。选 (B)。

11-3 理由同习题 11-2：$H_3BO_3+H_2O \rightleftharpoons [B(OH)_4]^-+H^+$。选 (C)。

11-4 理由同习题 11-2。选 (B)。

11-5 sp^3 杂化时，2 个三中心二电子的非定域键在一个平面，另外 4 个 B—H 键同在与其相垂直的平面上。若不采取 sp^3 杂化，就不可能有此现象。B 是缺电子的原子，不可能形成 4 个键，因此 B—B 间不可能形成 σ 键。选 (B)。

11-6 B 的金属性较差，不可能是离子型化合物、高熔点化合物；因为只有 1 个 B，不可能形成缺电子的三中心二电子的非定域键；但 BCl_3 中的 Cl 上有多个孤对电子，根据路易斯酸碱理论，能提供空轨道的物质是酸，能提供孤对电子的物质是碱。选 (D)。

11-7 铝盐在碱性溶液中，发生反应 $Al^{3+}+3OH^-$ ══ $Al(OH)_3\downarrow$，但 $Al(OH)_3$ 是两性物质，在强碱溶液中还可与 OH^- 反应溶解，即发生反应 $Al(OH)_3+OH^-$ ══ $AlO_2^-+2H_2O$。Na_2CO_3 溶液、过量的氨水、Na_2S 溶液的碱性都不够强。选 (C)。

11-8 (A)、(B)、(C) 的反应都是在水溶液中进行的，不可能生成无水氯化铝。选 (D)。

11-9 CO_2 和 CS_2 是直线型，键角是 180°，CCl_4 的 C 采取等性 sp^3 杂化，4 个键角为 109°28′，都是对称型结构，虽然键是极性的，但分子无极性。CO 中只有 1 个极性键，分子也是极性的。选 (D)。

11-10 石墨是混合型晶体，层与层之间虽然各有 1 个 p 电子相互平行并垂直于层面，但这些电子活动力太强，层与层之间距离又大 (335pm)，未形成实际意义上的大 π 键，作用力较弱，属于范德华力。选 (C)。

11-11 活性炭有很大的比表面积，是良好的气体吸附剂；二氧化碳中 C 已是最高氧化数，不可能继续氧化，可用来灭火；一氧化碳中 C 的氧化数较低，是良好的还原剂；石墨是混合型晶体，层与层之间各有 1 个 p 电子相互平行并垂直于层面，而且活动力很强，相当于自由电子，沿层面方向可由这些电子导电，石墨是电的良导体。选 (D)。

11-12 HF、NaOH、Na_2CO_3 与玻璃中的 SiO_2 将会发生如下反应：$SiO_2+4HF = SiF_4+2H_2O$；$SiO_2+2OH^- = SiO_3^{2-}+H_2O$。$HClO_4$ 是酸性物质，不与 SiO_2 反应。选（B）。

11-13 HCN 中的 C—N、C_2H_2 中的 C—C 间都是三键，一个 σ 键，两个 π 键；CO_2 中的 C—O 共四个键，两个 σ 键，两个 π 键；H_2CCl_2 中的 C 采取 sp^3 杂化，C—H、C—Cl 间都是 σ 键。选（A）。

11-14 碳酸盐加热时正离子的电负性越小越不易分解，其中铵盐最容易分解。而碳酸氢盐在较低温度下就会分解，热稳定性更差。选（C）。

11-15 硅酸盐通过氧作“桥原子”形成链状、环状、网状甚至立体交联结构的无机大分子的缩聚物，热稳定性大大提高。选（A）。

11-16 Ge、Sn 的四价化合物都较稳定，二价化合物是很强的还原剂。PbO_2 的电极电位很高，是很强的氧化剂，$4HCl+PbO_2 = PbCl_2+2H_2O+Cl_2\uparrow$；$2I^-+PbO_2+4H^+ = Pb^{2+}+2H_2O+I_2$（使碘化钾淀粉试纸变蓝）。选（C）。

11-17 紫色溶液应是 $KMnO_4$ 溶液。Sn 的四价化合物稳定，二价化合物是很强的还原剂；SiO_2 不溶于水，不与稀 HNO_3 反应；MnO_2 也不可能被稀 HNO_3 氧化，也不可能将 Mn^{2+} 氧化成 $KMnO_4$；PbO_2 的电极电位很高，是很强的氧化剂，$2Mn^{2+}+4H^++5PbO_2 = 5Pb^{2+}+2MnO_4^-+2H_2O$；选（B）。

11-18 Na 的金属性很强，其硝酸盐加热不会分解为氧化物而是分解为亚硝酸盐。只有分解为氧化物时才有氧化氮气体产生。选（B）。

11-19 各种氧化物在熔融硼砂中显出各种特征颜色，氧化铁显棕红色、氧化钴显蓝色、氧化镍显绿色、氧化锰也显棕红色。选（B）。

11-20 叠氮化合物有 3 个以上的氮，而且 N—N 之间有双键和三中心四电子的大 π 键。(B)、(D) 中只有一个氮，H_3N 是氨，NH_2OH 称作羟胺；N_2H_4 中虽有 2 个氮，但它们之间以 σ 单键相连的，称作肼或联胺；HN_3 中的 N 符合叠氮化合物的要求。选（C）。

11-21 N_2O_3 中有 1 个五中心六电子的大 π 键；NO_2 中有 1 个三中心三电子的大 π 键；NO_3^- 中有 1 个四中心六电子的大 π 键；只有 HNO_2 中有 1 个三中心四电子的大 π 键。选（C）。

11-22 五氧化二磷、浓硫酸是酸性物质，会与氨反应生成盐；氨的 N 上有孤对电子，配位或加合能力很强，可以和钙盐形成配合物 $CaCl_2 \cdot 8NH_3$；碱石灰中 Ca 以氧化物形式存在。选（B）。

11-23 氧既有负氧化值化合物，如 Na_2O 等，也有正氧化值的化合物，如 OF_2；由 ^2H 和 O 组成的水叫重水，或叫氘代水；O_2 和 O_3 是同素异形体；自然界有单质硫，如硫黄。选（A）。

11-24 从 O→Te，原子半径依次增大，对 H 控制力依次减小，在水溶液中很容易被 H_2O 夺去，形成 H_3^+O 质子，酸性依次增强。选（D）。

11-25 $Na_2S_2O_3$ 此时是将未感光的不溶性感光剂 AgBr 形成可溶性的配离子后，清洗除去。$AgBr+2S_2O_3^{2-} = [Ag(S_2O_3)_2]^{3-}+Br^-$。选（D）。

11-26 设 M_mS_n 型硫化物的溶解度为 x，则 $(mx)^m(nx)^n = K_{sp}$，则 $\lg x = \dfrac{\lg K_{sp}-m\lg m-n\lg n}{m+n}$。比较四组数据，$\lg x$ 值都是最小的组别便是答案。选（A）。

11-27 理由同习题 11-24。选（D）。

11-28 含氧酸 HXO_n 中 XO_n 的电负性越强，吸引电子的能力越强，H 越易以 H^+ 离解而去，酸性越强。所给四酸，XO_n 电负性依 O 的增加，电负性依次增强，酸性也如此。选（D）。

11-29 $KMnO_4$、PbO_2、Co_2O_3 的标准电极电位都非常高，即使［H^+］不是很高，也足以将 HCl 氧化成 Cl_2（g）。MnO_2 的标准电极电位不是太高，提高［H^+］可提高 $\varphi(MnO_2/Mn^{2+})$ 并降低 $\varphi(Cl_2/Cl^-)$，才能将 HCl 氧化成 $Cl_2(g)$。选（C）。

11-30 氯可以将 KI 氧化成 I_2，I_2 的水溶液浓度从小到大，颜色变化为黄→橙→棕→红；而碘被萃取溶于四氯化碳而显紫红色。选（A）。

11-31 乙硼烷和乙烷的分子式相似，但分子结构不同。B 原子只有 4 个价电子，为缺电子原子，故 B_2H_6 是缺电子化合物，B 原子采取 sp^3 杂化方式形成杂化轨道参与成键，每个 B 原子与两个 H 原子以正常的 σ 共价键相连接，并且两个 BH_2 处于同一个平面上，另两个 H 原子则分别位于与平面垂直的上、下方，每个 H 原子连接两个 B 原子，形成两个“氢桥”键，又称“三中心二电子”键。

乙烷中每个 C 原子有 4 个价电子，以 sp^3 杂化轨道分别与 3 个 H 原子及另一个 C 原子形成 σ 键，达到 8 电子结构。

11-32 (1) 形成氢键是氢和电负性大、半径小的元素形成氢化物时的特征；氢桥键只有当氢和缺电子原子形成氢化物时才能形成。(2) 对称性。氢键常为不对称的，氢桥键是对称的。

11-33 熔融的硼砂能与金属氧化物形成有特征颜色的偏硼酸复盐，这类反应在分析化学上称为硼砂珠试验，用于鉴定某些金属离子。如钴呈蓝色，锰呈绿色。

11-34 硼酸之所以在水中呈酸性，并不是因为离解出 H^+ 的缘故，而是因为硼原子缺电子的性质，能够接受水中具有孤对电子的 OH^-，从而促使水离解出 H^+，导致溶液呈酸性。1 个 H_3BO_3 中只有 1 个缺电子的 B，只能接受 1 个 OH^-，所以表现为一元酸。

11-35

$$H_3BO_3 + H_2O = [B(OH)_4]^- + H^+$$

$$4H_3BO_3 + 2NaOH = Na_2B_4O_7 + 7H_2O$$

$$Na_2B_4O_7 + 2NaOH = 4NaBO_2 + H_2O$$

11-36 Al 的价电子构型为 $3s^23p^1$，为缺电子原子；Cl 的价电子构型为 $3s^23p^5$，有 1 个成单电子。Al 以 sp^2 杂化后与 3 个 Cl 原子结合成共价型分子 $AlCl_3$。这是一个缺电子化合物，不稳定。为解决缺电子的矛盾而采取形成二聚体方式，通过已成键的 Cl 原子进一步提供孤对电子同铝配位来弥补铝缺少的电子，如 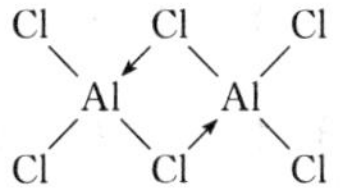 。

11-37 第一步：熔融 $Al_2O_3 + 2NaOH = 2NaAlO_2 + H_2O\uparrow$

$Fe_2O_3 + 2NaOH = 2NaFeO_2 + H_2O\uparrow$

第二步：溶解过滤 $NaFeO_2 + 2H_2O = Fe(OH)_3\downarrow + NaOH$

第三步：通 CO_2 气体 $2NaAlO_2 + CO_2 + 3H_2O = 2Al(OH)_3\downarrow + Na_2CO_3$

第四步：灼烧 $2Al(OH)_3 = Al_2O_3 + 3H_2O\uparrow$

11-38 工业上采用铝土矿（Al_2O_3）作为原料，用电解法来制备铝：

$$2Al_2O_3 \xlongequal{\text{电解}} 4Al + 3O_2\uparrow$$

为了降低能耗，在 Al_2O_3 中加入冰晶石（$Na_3[AlF_6]$），使熔化温度下降 1000K 左右，而冰晶石在电解过程中基本不消耗。

11-39 $$2Al_2O_3 \xlongequal{\text{电解}} 4Al + 3O_2\uparrow$$

$$2Al+2NaOH \xlongequal{\triangle} 2NaAlO_2+H_2\uparrow$$

$$2NaAlO_2+CO_2+3H_2O = 2Al(OH)_3\downarrow+Na_2CO_3$$

$$Al(OH)_3+NaOH = NaAl(OH)_4$$

$$NaAl(OH)_4+NH_4Cl = NaCl+Al(OH)_3\downarrow+NH_3+H_2O$$

$$2Al(OH)_3+3H_2SO_4 = Al_2(SO_4)_3+6H_2O$$

11-40 碳和硅虽然都是第ⅣA元素，但是因为碳在第二周期而硅在第三周期，因而原子半径和电负性等性质相差很大。碳原子半径较小而电负性较大易形成稳定的σ键和π键；硅原子半径较大而电负性较小，难形成稳定的π键。而且碳与氢及其他非金属原子成键键能也较大，形成稳定的键，所以硅的化合物种类远远没有碳的化合物那么丰富。

11-41 石墨>金刚石>无定形碳。

11-42 SiO_2 晶体中，硅原子采取 sp^3 杂化轨道以共价单键和四个氧形成硅氧四面体，Si—O键在空间不断重复，构成巨型分子，键能很大，具有原子晶体的特性。在 CO_2 分子中，碳原子采取 sp 杂化轨道以共价键同氧结合，属于分子晶体，分子间依靠范德华力相结合，常温下为气体，熔沸点低。

11-43 配制 $SnCl_2$ 溶液时要加入盐酸和锡粒。$SnCl_2$ 易水解，$SnCl_2+H_2O = Sn(OH)Cl\downarrow+HCl$，加酸可以抑制其水解作用；而在空气中 Sn^{2+} 易被氧化成 Sn^{4+}，加 Sn 粒可以除去溶液中的 Sn^{4+}，反应为 $Sn^{4+}+Sn = 2Sn^{2+}$。

11-44 因为 $\varphi^{\ominus}(Sn^{2+}/Sn)=-0.14V<\varphi^{\ominus}(H^+/H_2)=0V$，$\varphi^{\ominus}(Sn^{4+}/Sn^{2+})=0.14V>\varphi^{\ominus}(H^+/H_2)=0V$，所以 Sn 和 HCl(aq) 作用只能生成 $SnCl_2$。而 $\varphi^{\ominus}(Cl_2/Cl^-)=1.36V>\varphi^{\ominus}(Sn^{4+}/Sn^{2+})=0.14V$，所以 Sn 和 Cl_2 作用可生成 $SnCl_4$。

11-45 硅酸的多聚体可以形成硅酸溶胶，用电解质或者酸使溶胶沉淀，得到硅酸的凝胶。将其中大部分水脱去后，得到白色固态的干胶，即硅胶。硅胶内有许多细小的孔隙，比表面积很大，具有很强的吸附能力，常用作吸附剂、干燥剂和催化剂的载体。实验室中用作干燥药品的变色硅胶，就是加入了无水 $CoCl_2$，呈蓝色，一旦吸水后形成了 $CoCl_2\cdot 6H_2O$，就变为粉红色。所以可以根据颜色判断硅胶是否失效，失效后的硅胶经烘烤脱水，颜色又变蓝色，可以继续使用。

11-46 解：(1) $CaCO_3+CO_2+H_2O = Ca(HCO_3)_2$

(2) $(NH_4)_2CO_3 \xlongequal{\triangle} 2NH_3\uparrow+H_2O+CO_2\uparrow$

(3) $SiO_2+Na_2CO_3 \xlongequal{\triangle} Na_2SiO_3+CO_2\uparrow$

(4) $SiO_2+4HF = SiF_4\uparrow+2H_2O\uparrow$

(5) $Na_2SiO_3+2NH_4Cl+2H_2O = H_2SiO_3+2NH_3\cdot H_2O+2NaCl$

(6) $SiCl_4+3H_2O = H_2SiO_3+4HCl$

11-47 解：(1) $Cu+4HNO_3(浓) = Cu(NO_3)_2+2NO_2\uparrow+2H_2O$

(2) $3Cu+8HNO_3(稀) = 3Cu(NO_3)_2+2NO\uparrow+4H_2O$

(3) $4Zn+10HNO_3(稀) = 4Zn(NO_3)_2+N_2O\uparrow+5H_2O$

(4) $2KNO_3 \xlongequal{\triangle} 2KNO_2+O_2\uparrow$

(5) $2Zn(NO_3)_2 \xlongequal{\triangle} 2ZnO+4NO_2\uparrow+O_2\uparrow$

(6) $2AgNO_3 \xlongequal{\triangle} 2Ag+2NO_2\uparrow+O_2\uparrow$

(7) $2NH_4NO_3 \xlongequal{\triangle} 2N_2\uparrow + O_2\uparrow + 4H_2O$

11-48 王水是浓硝酸和浓盐酸（体积比为 1∶3）的混合液。Au 的标准电极电位很高，浓硝酸不能将 Au 氧化成高氧化数的金化合物。王水具有很强的酸性、很强的氧化性和很强的配位性，王水中的浓盐酸提供高浓度的 Cl^-，与 Au 形成稳定的配合物，降低了金的条件电极电位，使金能被硝酸氧化。铂与金类似。反应式为：

$$Au + HNO_3 + 4HCl = H[AuCl_4] + NO\uparrow + 2H_2O$$

$$3Pt + 4HNO_3 + 18HCl = 3H_2[PtCl_6] + 4NO\uparrow + 8H_2O$$

11-49 解：(1) $2NH_3 + 3Cl_2 = N_2\uparrow + 6HCl\uparrow$　　$NH_3 + HCl = NH_4Cl$(白烟)

(2) $NH_4HCO_3 = NH_3\uparrow + H_2O + CO_2\uparrow$

(3) $2Pb(NO_3)_2 \xlongequal{\triangle} 2PbO + 4NO_2\uparrow + O_2\uparrow$　　$2NaNO_3 \xlongequal{\triangle} 2NaNO_2 + O_2\uparrow$

11-50 用碱石灰可除去 NH_3 中的 $H_2O(g)$：$CaO + H_2O(g) = Ca(OH)_2$。

用金属钠能除去 $NH_3(l)$ 中微量 $H_2O(l)$：$2Na + 2H_2O = 2NaOH + H_2\uparrow$。

11-51 分别为一元酸、二元酸、三元酸和四元酸。

11-52 胆矾：$CuSO_4 \cdot 5H_2O$。绿矾：$FeSO_4 \cdot 7H_2O$。皓矾：$ZnSO_4 \cdot 7H_2O$。摩尔盐：$(NH_4)_2SO_4 \cdot FeSO_4 \cdot 6H_2O$。明矾：$K_2SO_4 \cdot Al_2(SO_4)_3 \cdot 24H_2O$。芒硝：$Na_2SO_4 \cdot 10H_2O$。焦硫酸钠：$Na_2S_2O_7$。连二硫酸钠（保险粉）：$Na_2S_2O_4$。海波：$Na_2S_2O_3 \cdot 5H_2O$。

11-53 SO_2 的漂白作用主要是 SO_2 能和有机色素结合成无色加合物；而 Cl_2 的漂白作用则是因为 Cl_2 和水反应生成 HClO，HClO 是一种强氧化剂，能氧化有机色素为无色物质，属于氧化还原作用。

11-54 在常温下，铁、铝表面被浓硫酸氧化形成钝化膜，钝化膜是一层致密的不溶于浓硫酸的物质，因而铁、铝容器可以盛放浓硫酸。而在稀硫酸中，铁、铝会和稀硫酸反应生成相应的盐并放出氢气，不能生成钝化膜。

11-55 解：(1) $2MnO_4^- + 5H_2O_2 + 6H^+ = 2Mn^{2+} + 5O_2\uparrow + 8H_2O$

(2) $H_2O_2 + 2NaOH = Na_2O_2 + 2H_2O$

(3) $Cu + 2H_2SO_4$(浓)$= CuSO_4 + SO_2\uparrow + 2H_2O$

(4) $C + 2H_2SO_4$(浓)$= CO_2\uparrow + 2SO_2\uparrow + 2H_2O$

(5) $2S_2O_3^{2-} + I_2 = S_4O_6^{2-} + 2I^-$

(6) $AgBr + 2S_2O_3^{2-} = [Ag(S_2O_3)_2]^{3-} + Br^-$

11-56 硫代乙酰胺加热水解就可生成硫化氢参与反应，可减少污染。

$$CH_3CSNH_2 + 2H_2O \longrightarrow CH_3COO^- + NH_4^+ + H_2S\uparrow$$

11-57 ＞；＜；＞；＜

11-58 解：(1) $2F_2 + 2H_2O = 4HF + O_2\uparrow$

(2) $Cl_2 + H_2O = HCl + HClO$

(3) $2Ca(OH)_2 + 2Cl_2 = CaCl_2 + Ca(ClO)_2 + 2H_2O$

(4) $SiO_2 + 4HF = SiF_4\uparrow + 2H_2O$

(5) $IF_5 + 3H_2O = 5HF + HIO_3$

(6) $2KClO_3 \xlongequal{\triangle} 2KCl + 3O_2\uparrow$

(7) $5Br^- + BrO_3^- + 6H^+ = 3Br_2 + 3H_2O$

11-59 可以将 I_2 溶解在 KI 的溶液中以增大其溶解度，反应式为 $I_2 + I^- = I_3^-$。

11-60

分　子	中心原子杂化轨道类型	分子的价电子构型	分子几何构型
ClF_3 BrF_5 IF_7	sp^3d sp^3d^2 sp^3d^3	三角双锥型 八面体型 五角双锥型	T 字形型 四方锥型 五角双锥型

第 12 章　d 区 元 素

12-1　许多第ⅢB 族元素如 Sc、La 只有氧化数为+3 的化合物，第ⅡB 族元素如 Zn、Cd 只有氧化数为+2 的化合物。同一族过渡元素周期数越大，高氧化数化合物越易获得，如 Fe(Ⅵ) 较难获得，即使获得，其氧化性很强，也不稳定；而 Pt(Ⅵ) 很容易获得、Os(Ⅷ) 也可获得。过渡元素高氧化态氧化物的水合物大多数是含氧酸，如 H_2CrO_4、$HMnO_4$、$H_2Cr_2O_7$、H_2FeO_4 等，呈酸性；而低氧化态氧化物的水合物大多数是氢氧化物，如 $Cr(OH)_3$、$Mn(OH)_2$、$Fe(OH)_3$ 等，呈碱性或以碱性为主的两性。Au、Ag 都是第ⅠB 族元素，但存在 Au(Ⅲ)、Ag(Ⅲ) 的化合物。选 (A)。

12-2　表面活性剂是有机物质；吸附剂必须具有多孔性和很大的表面积，V_2O_5 本身不具备这些性质；V_2O_5 虽有很强的氧化性，但工业上不用它作氧化剂，因为成本太高。V_2O_5 是一种广为采用的催化剂，尤其可作接触法制 SO_3、H_2SO_4 的催化剂，也可作芳香族磺化反应等的催化剂。选 (C)。

12-3　TiO_2 可以和硫酸反应，生成硫酸氧钛，也可以和 NaOH 在熔融状态下反应，生成钛酸钠，是两性氧化物；Ti 的四价化合物是最稳定的，如 TiO_2；氨水碱性太弱。选 (D)。

12-4　六价铬的毒性强于三价铬，环境监测中非常关注 Cr(Ⅵ) 的监测，Cr(Ⅵ) 的使用也受到很多限制；Cr^{3+} 是一种稳定的化合状态；COD_{Cr} 是世界通用的化学耗氧量指数；六价铬氧化物 CrO_3 是橙红色（与 $Cr_2O_7^{2-}$ 相近），Cr_2O_3 才是绿色的。选 (C)。

12-5　$Cr(OH)_3$ 和酸反应生成三价铬盐，与碱反应生成亚铬酸盐 ($MCrO_2$)；$Fe(OH)_3$、$Co(OH)_3$ 与 KOH 熔融时，可生成盐 $KFeO_2$、$K_2[Co(OH)_4]$。三者属于两性物质。选 (C)。

12-6　$Ni(OH)_3$、$Co(OH)_3$、MnO_2 的氧化性都很强，$\varphi(Cl_2/Cl^-)$ 电极电位都高于 $\varphi(Cl_2/Cl^-)$，可氧化浓盐酸得到氯气；$Fe(OH)_3$ 则不能，否则 $FeCl_3$ 就不能稳定存在；可推断，$NiCl_3$、$CoCl_3$、$MnCl_4$ 不会稳定存在。选 (B)。

12-7　浓盐酸和硝酸组成王水；硝酸不可能非常浓，同时自身是易变化的物质，不稳定，反应产物有 NO_2 挥发，腐蚀实验室其他仪器；浓硫酸和重铬酸钾在一起，可利用浓硫酸的高浓度、高酸度、稳定性和重铬酸钾的强氧化性对玻璃仪器进行洗涤。选 (B)。

12-8　锰的各种高氧化态化合物都有很强的氧化性，很容易与环境中的还原性物质进行反应；某些介质条件下，本身也会分解。酸性介质中的 Mn(Ⅶ)、中性介质中的 Mn(Ⅳ)、中性介质中的 Mn(Ⅵ) 都有很强的氧化性，不稳定。酸性介质中的 Mn(Ⅱ)，由于 $\varphi(MnO_4^-/Mn^{2+})$ 很高，很少有物质能将其氧化。选 (A)。

12-9　$Mn(OH)_2$ 在碱性介质中很容易被 O_2 氧化，这是测定水中溶解氧的依据之一；Fe、Co、Ni 的二价化合物的稳定性依次增加，即被空气氧化的可能性依次减小，氧气氧化 Ni(Ⅱ) 已不可能，必须用强氧化剂，才能将 Ni(Ⅱ) 氧化为 Ni(Ⅲ)。选 (D)。

12-10 $2Fe^{3+}+I^{-}=2Fe^{2+}+I_2$；$3MnO_4^{2-}+4H^{+}=2MnO_4^{-}+MnO_2+2H_2O$；

$2Fe^{3+}+3CO_3^{2-}=Fe_2(CO_3)_3$，$Fe_2(CO_3)_3+3H_2O=2Fe(OH)_3+3CO_2\uparrow$。选（B）。

12-11 $CrO_4^{2-}+2H_2O_2+2H^{+}=CrO_5$（蓝色）$+3H_2O$。选（D）。

12-12 Cr^{3+}、Cu^{2+}、Zn^{2+}都可以和 NH_3 形成氨配离子而溶解，(B)、(D) 不能用氨水分离；由于氨水碱性太弱，Mg^{2+}不会形成 $Mg(OH)_2$ 沉淀，也无法与 Cr^{3+} 分离；Fe^{3+} 形成 $Fe(OH)_3$ 后，其虽为两性化合物，但酸性微弱，只和强碱在熔融状态下反应，能用氨水分离 Fe^{3+} 和 Cr^{3+}。选（C）。

12-13 $2CrO_4^{2-}+2H^{+}=Cr_2O_7^{2-}+H_2O$；$3MnO_4^{2-}+4H^{+}=2MnO_4^{-}+MnO_2+2H_2O$；

$WO_4^{2-}+2H^{+}+xH_2O=H_2WO_4\cdot xH_2O\downarrow$；能稳定存在的是 $[Co(CN)_6]^{3-}$。选（D）。

12-14 $FeCl_2$ 溶于水、铁屑溶于稀酸后，Fe^{2+} 很容易被空气中的氧气氧化为 Fe^{3+}；$FeCl_3$ 溶液加铁屑还原，虽可保证 Fe^{2+} 不被氧化，但溶液的酸度变化，也会溶解不同量的 Fe，需经常标定；亚铁铵矾很稳定，不会被氧气氧化为铁铵矾，且有基准物质，可直接配制。选（B）。

12-15 (1) $Cr_2O_7{}^{2-}$ 橙色；(2) CrO_4^{2-} 黄色；(3) MnO_4^{-} 紫红色；(4) MnO_4^{2-} 墨绿色；(5) Mn^{2+} 淡粉红色，近似无色。

12-16 (1) $[Fe(H_2O)_6]^{2+}$ 淡绿色；(2) $[Ni(H_2O)_6]^{2+}$ 绿色；(3) $[Ni(NH_3)_6]^{2+}$ 紫色；(4) $[Co(NH_3)_6]^{2+}$ 土黄色；(5) $[Co(H_2O)_6]^{2+}$ 粉红色。

12-17 (1) $TiCl_4$ 无色；(2) V_2O_5 橙红色；(3) Cr_2O_3 绿色；(4) $Cr(OH)_3$ 灰蓝色；(5) CrO_3 橙红色；(6) MnO_2 棕色；(7) FeO 黑色；(8) CoO 蓝绿色；(9) NiO 绿色；(10) $Co(OH)_2$ 粉红色；(11) $Ni(OH)_2$ 绿色；(12) $Co(OH)_3$ 棕色；(13) $Fe(OH)_3$ 红棕色。

12-18 硬度最大的是Cr，熔点最高的是W 和 Re；导电性最好的是Ag。

12-19 (1) $2Na_2SO_3+MnO_4^{2-}+4H^{+}=Mn^{2+}$（近似无色）$+2Na_2SO_4+2H_2O$，变为无色的是$MnO_4^{2-}$；(2) $Cr^{3+}+3OH^{-}=Cr(OH)_3\downarrow$，$Cr(OH)_3+OH^{-}=CrO_2^{-}+2H_2O$，因此答案是 Cr(Ⅲ)；(3) $Ni^{2+}+2OH^{-}=Ni(OH)_2\downarrow$（绿色），$Ni(OH)_2+6NH_3=[Ni(NH_3)_6]^{2+}$（蓝色）$+2OH^{-}$，因此答案是 Ni(Ⅱ)。

12-20 PO_4^{3-} 与 Mo_4^{2-} 形成磷钼杂多酸 $H_3[PMo_{12}O_{40}]$；W 存在多钨酸，和 P、Si、B 都可以形成杂多酸如 $H_4SiO_4\cdot 12WO_3$；能形成多酸的有P、W、Mo。

12-21 $HPO_4^{2-}+24H^{+}+12(NH_4)_2MoO_4=(NH_4)_2[HPO_4\cdot 12MoO_3]\downarrow$（黄色）$+12H_2O+22NH_4^{+}$，得到黄色晶状沉淀，其化学式为$(NH_4)_2[HPO_4\cdot 12MoO_3]$。

12-22 $CoCl_2\cdot H_2O$（蓝色）$+H_2O=CoCl_2\cdot 2H_2O$（紫红色）$\longrightarrow CoCl_2\cdot 6H_2O$（粉红色）。

12-23 $Fe^{3+}+Fe=2Fe^{2+}$，其目的是加酸为防止亚铁离子水解、加铁钉防止 Fe^{2+} 被氧化。

12-24 $2BaCl_2+2OH^{-}+K_2Cr_2O_7=2BaCrO_4\downarrow$（柠檬黄）$+2KCl+H_2O+2Cl^{-}$，生成柠檬黄色的 $BaCrO_4$ 沉淀；$2BaCrO_4+4HCl=2BaCl_2+Cr_2O_7^{2-}$（橙色）$+H_2O+2H^{+}$，溶液呈橙色；$Cr_2O_7^{2-}+2OH^{-}=2CrO_4^{2-}$（黄色）$+H_2O$，生成黄色的$CrO_4^{2-}$。

12-25 (1) $2TiO^{2+}+Zn+4H^{+}=2Ti^{3+}+Zn^{2+}+2H_2O$

(2) $2Cr^{3+}+3S_2O_8^{2-}+7H_2O=Cr_2O_7^{2-}+6SO_4^{2-}+14H^{+}$

(3) $Cr_2O_7^{2-}+8H^{+}+3H_2S=2Cr^{3+}+3S\downarrow+7H_2O$

(4) $2Cr^{3+}+3H_2O_2+10OH^-$ ══ $2CrO_4^{2-}+8H_2O$

(5) $2Mn^{2+}+5NaBiO_3+14H^+$ ══ $2MnO_4^-+5Bi^{3+}+5Na^++7H_2O$

(6) $2MnO_4^-+3Mn^{2+}+2H_2O$ ══ $5MnO_2+4H^+$

(7) $5C_2O_4^{2-}+2MnO_4^-+16H^+$ ══ $2Mn^{2+}+10CO_2\uparrow+8H_2O$

(8) $4Fe^{3+}+3[Fe(CN)_6]^{4-}$ ══ $Fe_4[Fe(CN)_6]_3\downarrow$

(9) $2Ni(OH)_2+2OH^-+Br_2$ ══ $2Ni(OH)_3+2Br^-$

(10) $4[Co(NH_3)_6]^{2+}+O_2+2H_2O$ ══ $4[Co(NH_3)_6]^{3+}+4OH^-$

12-26 (1) $TiCl_4$ 与空气中的水发生水解反应：$TiCl_4+2H_2O$ ══ TiO_2+4HCl（烟雾）

(2) $3Zn+Cr_2O_7^{2-}+14H^+$ ══ $3Zn^{2+}+2Cr^{3+}$（绿色）$+7H_2O$；$Zn+2Cr^{3+}$ ══ $Zn^{2+}+2Cr^{2+}$（蓝色）；$4Cr^{2+}+O_2+4H^+$ ══ $4Cr^{3+}$（绿色）$+2H_2O$。

(3) 首先 Mn^{2+} 被 $NaBiO_3$ 氧化成 MnO_4^-，呈紫红色，而 MnO_4^- 又可与未反应的 Mn^{2+} 作用，生成 MnO_2 使紫红色消失：$2Mn^{2+}+5NaBiO_3+14H^+$ ══ $2MnO_4^-+5Bi^{3+}+5Na^++7H_2O$；$2MnO_4^-+3Mn^{2+}+2H_2O$ ══ $5MnO_2+4H^+$。

(4) $Co(OH)_2$ 被空气中的 O_2 氧化成 $CoO(OH)$，$CoO(OH)$ 具有很强的氧化性，可把 HCl 氧化为 Cl_2：$4Co(OH)_2+O_2$ ══ $4CoO(OH)+2H_2O$；$2CoO(OH)+6HCl$ ══ $2CoCl_2+Cl_2\uparrow+4H_2O$。

(5) $Fe^{3+}+nSCN^-$ ══ $[Fe(SCN)_n]^{(n-3)-}$（血红色）

$[Fe(SCN)_n]^{(n-3)-}+6F^-$ ══ $[FeF_6]^{3-}$（无色）$+nSCN^-$

12-27 Na^+ 易形成水合盐，$NaMnO_4$ 和 $Na_2Cr_2O_7$ 易吸潮，而 $KMnO_4$ 和 $K_2Cr_2O_7$ 却不易吸潮，便于保存。

12-28 $Cr_2O_7^{2-}$（A，橙红色）$+6Fe^{2+}+14H^+$ ══ $6Fe^{3+}+2Cr^{3+}$（绿色）$+7H_2O$

$Fe^{3+}+3OH^-$ ══ $Fe(OH)_3\downarrow$（B，红棕色）　$Cr^{3+}+4OH^-$ ══ CrO_2^-（C，绿色）$+2H_2O$

$2CrO_2^-+3H_2O_2+2OH^-$ ══ $2CrO_4^{2-}$（D，黄色）$+4H_2O$

$CrO_4^{2-}+Pb^{2+}$ ══ $PbCrO_4\downarrow$（E，黄色）　$2PbCrO_4+2H^+$ ══ $Cr_2O_7^{2-}$（A）$+2Pb^{2+}+H_2O$

A 为 $Cr_2O_7^{2-}$；B 为 $Fe(OH)_3$；C 为 CrO_2^-；D 为 CrO_4^{2-}；E 为 $PbCrO_4$。

12-29 $Mn^{2+}+2OH^-$ ══ $Mn(OH)_2\downarrow$（白色）　$2Mn(OH)_2+O_2$ ══ $2MnO(OH)_2\downarrow$（棕色）

$MnO(OH)_2+2I^-+4H^+$ ══ $I_2+Mn^{2+}+3H_2O$　　$I_2+2S_2O_3^{2-}$ ══ $S_4O_6^{2-}+2I^-$

12-30 $2MnO_4^-+5SO_3^{2-}+6H^+$ ══ $2Mn^{2+}$（浅粉色）$+5SO_4^{2-}+3H_2O$

$2MnO_4^-+3SO_3^{2-}+H_2O$ ══ $2MnO_2\downarrow+3SO_4^{2-}+2OH^-$

$2MnO_4^-+SO_3^{2-}+2OH^-$ ══ $2MnO_4^{2-}$（绿色）$+SO_4^{2-}+H_2O$

高锰酸钾溶液在酸性条件下氧化性最强。

12-31 (1) $Ti+6HF$ ══ $H_2[TiF_6]+2H_2\uparrow$

(2) $2NH_4VO_3 \xlongequal{\triangle} V_2O_5+2NH_3\uparrow+H_2O$

(3) $K_2Cr_2O_7+4AgNO_3+H_2O \longrightarrow 2Ag_2CrO_4\downarrow+2KNO_3+2HNO_3$

(4) $2FeCl_3+H_2S$ ══ $2FeCl_2+S\downarrow$（乳白色）$+2HCl$

(5) $3MnO_4^{2-}$（绿色）$+4H^+$ ══ $2MnO_4^-$（紫红色）$+MnO_2\downarrow+2H_2O$

12-32 Ni_2O_3（A，黑色）$+6HCl$（浓）══ $2NiCl_2$（B）$+Cl_2\uparrow$（C）$+3H_2O$

Cl_2（C）$+2KI$ ══ $2KCl+I_2$（在 CCl_4 中呈紫红色）

$$Ni^{2+}(B)+2OH^- = Ni(OH)_2\downarrow(D,绿色)$$

$NiCl_2$(B) 在氨性溶液中可与丁二酮肟生成鲜红色沉淀。A 为 Ni_2O_3。

12-33 $CoCl_2\cdot H_2O$ (A，蓝色)$+5H_2O = CoCl_2\cdot 6H_2O$ (粉红色)

$$CoCl_2(A)+2OH^- = 2Cl^- + Co(OH)_2\downarrow(桃红色)$$

$$CoCl_2+6NH_3 = [Co(NH_3)_6]Cl_2(土黄色)$$

$$4[Co(NH_3)_6]^{2+}+O_2+2H_2O = 4[Co(NH_3)_6]^{3+}(红褐色)+4OH^-$$

$$Co^{2+}+4SCN^- \xlongequal{丙酮} [Co(SCN)_4]^{2-}(蓝色)$$

12-34 铁、钴、镍都能生成不溶于水而易溶于稀酸的硫化物，所以在稀盐酸酸化的溶液中没有沉淀生成，当滴加氨水中和酸后，三种离子以硫化物 FeS、α-CoS、α-NiS 沉淀析出。CoS、NiS 沉淀会转变为溶度积更小的 β-CoS、β-NiS，而 FeS 不存在不同的晶型；再重新滴加盐酸至一定酸度，FeS 溶解，但是 CoS、NiS 不再溶于稀酸。

12-35 $2NH_4Fe(SO_4)_2(A)+6OH^- = 2Fe(OH)_3\downarrow$(B,红棕色)$+(NH_4)_2SO_4(C)+3SO_4^{2-}$

$$(NH_4)_2SO_4(C)+2OH^- \xlongequal{\triangle} 2NH_3\uparrow(D,使石蕊试纸变蓝)+SO_4^{2-}+2H_2O$$

$$Fe(OH)_3(B,红棕色)+3H^+ = Fe^{3+}(E,黄色)+3H_2O$$

$$Fe^{3+}(E,黄色)+nSCN^- = [Fe(SCN)_n]^{(n-3)-}(F,红色)$$

$$2[Fe(SCN)_n]^{(n-3)-}(F,红色)+Sn^{2+} = 2Fe^{2+}(近似无色)+2nSCN^-+Sn^{4+}$$

$$3Fe^{2+}+2[Fe(CN)_6]^{3-} = Fe_3[Fe(CN)_6]_2\downarrow(G,蓝色)$$

$$Ba^{2+}+SO_4^{2-}(A) = BaSO_4\downarrow(H,白色)$$

A 为 $NH_4Fe(SO_4)_2$；B 为 $Fe(OH)_3$；C 为 $(NH_4)_2SO_4$；D 为 NH_3；E 为 Fe^{3+}；F 为 $[Fe(SCN)_n]^{(n-3)-}$；G 为 $Fe_3[Fe(CN)_6]_2$；H 为 $BaSO_4$。

12-36 因为随着 NH_3 配体的加入，逐个取代了配位能力更弱的 H_2O 后，引起分裂能的变化，d-d 跃迁所需能量蓝移，观察到的颜色也产生蓝移。$[Cr(H_2O)_6]^{3+}$ 为紫色；$[Cr(NH_3)_2(H_2O)_4]^{3+}$ 为紫红色；$[Cr(NH_3)_3(H_2O)_3]^{3+}$ 为浅红色；$[Cr(NH_3)_4(H_2O)_2]^{3+}$ 为橙红色；$[Cr(NH_3)_5(H_2O)]^{3+}$ 为橙黄色；$[Cr(NH_3)_6]^{3+}$ 为黄色。

12-37

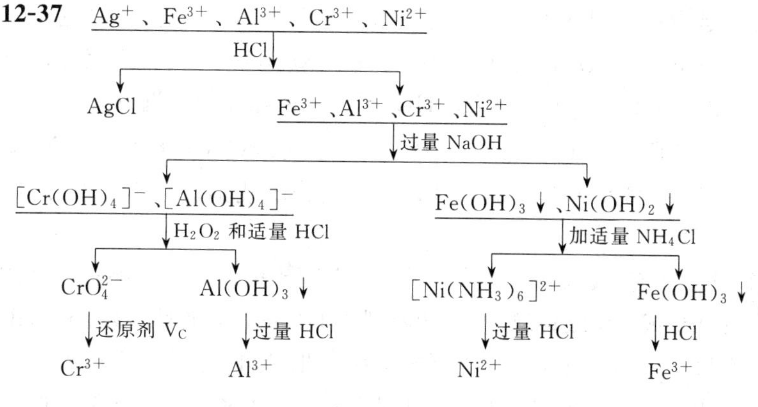

第 13 章 ds 区元素

13-1 由于 $K_{sp}(AgI)$ 非常之小，除 AgI 不溶于 $Na_2S_2O_3$ 溶液外，其他沉淀都因为

Ag^+与$S_2O_3^{2-}$形成配离子$[Ag(S_2O_3)_2]^{3-}$而使沉淀平衡向溶解方向移动，最终导致溶解。选（A）。

13-2 PbS沉淀因浓度不同，沉淀呈黄棕色→棕色→棕黑色→黑色，Ag_2S、As_2S_3均为黑色沉淀，只有ZnS呈白色。选（B）。

13-3 Cu^{2+}的水合物、氨合物都是蓝色的，而它的氯配合物却是黄色的。选（C）。

13-4 Pb^{2+}已是Pb的最低氧化数离子，不可能作氧化剂；Hg^{2+}与I^-易形成$[HgI_4]^{2-}$配离子而使汞的$\varphi[HgI_4]^{2-}/Hg^+)$大大下降，不可能氧化$I^-$；$Sn^{4+}$虽然是最高氧化态，但电位太低（$Sn^{2+}$是非常强的还原剂），也不可能氧化$I^-$；$Cu^{2+}$与$I^-$反应的产物CuI是固体沉淀，还原型$Cu^+$浓度极低，使$\varphi(Cu^{2+}/CuI)$大大提高，可以氧化$I^-$为$I_2$。选（C）。

13-5 $HgCl+2NH_3 = Hg(NH_2)Cl\downarrow+NH_4Cl$；$[Hg(OH)_4]^{2-}$、$[Hg(NH_3)_4]^{2+}$都不存在；$Hg+HgNH_2Cl$则是亚汞与氨反应的产物，$Hg_2Cl_2+2NH_3 = Hg+HgNH_2Cl\downarrow+NH_4Cl$。选（B）。

13-6 因为$2Cu^{2+}+4I^- = 2CuI\downarrow+I_2$，其他卤化亚铜的溶度积比$CuI_2$大，因此电极电位提高得不多，小于$\varphi(I_2/I^-)$，不可能将$I^-$氧化成$I_2$，可稳定存在。选（D）。

13-7 $Cu+2HCl+H_2O_2 = CuCl_2+2H_2O$；$2Cu+8HCl(浓) \xlongequal{\triangle} 2H_3[CuCl_4]+H_2\uparrow$；$2Cu+8NaCN+2H_2O = 2Na_3[Cu(CN)_4]+2NaOH+H_2\uparrow$；$6Cu+2NH_3 \xlongequal{\triangle} 2Cu_3N+3H_2\uparrow$。选(A)。

13-8 $Zn(OH)_2+2OH^- = ZnO_2^{2-}+2H_2O$；$Cd(OH)_2+2OH^-(浓强碱) \xlongequal{\triangle} CdO_2^{2-}+2H_2O$；$Cu(OH)_2+2OH^-(很浓强碱) \xlongequal{\triangle} CuO_2^{2-}+2H_2O$。选（D）。

13-9 AgBr是微黄色。选（C）。

13-10 $CuCl+CO+H_2O = Cu(CO)Cl\cdot H_2O$。选（A）。

13-11 由于PO_4^{3-}、CO_3^{2-}、S^{2-}是弱酸根，受酸效应的影响，酸度越大，溶解性越大直至溶解；SO_4^{2-}虽也有酸效应，$SO_4^{2-}+H^+ \rightleftharpoons HSO_4^-$，但平衡常数很小，酸度较大$Ag_2SO_4$也不溶解。选（A）。

13-12 铅和铜的合金是青铜；镍和铜的合金是白铜；铜和锌的合金是黄铜。选（B）。

13-13 $Zn+Cu^{2+} = Zn^{2+}+Cu$；虽然加入Na_2CO_3、NaOH可使Cu^{2+}沉淀，但还需分离，$ZnSO_4$也可能形成$Zn(OH)_2$沉淀而损失；HCl不能起清除作用。选（D）。

13-14 $2Fe^{3+}+2I^- = 2Fe^{2+}+I_2$；$3Ag^++PO_4^{3-} = Ag_3PO_4\downarrow$；$Fe^{3+}+nSCN^- = [Fe(SCN)_n]^{(n-3)-}$；$Pb^{2+}$和$Sn^{2+}$都处于最低氧化数，都不能作氧化剂，又不能沉淀和配合。选（B）。

13-15 $Hg_2{}^{2+}$是两个Hg^+相连，键是非极性的，不可能是离子键；只有一个键，不可能有π键；Hg^+都只有空轨道，无法形成配位键；键是一个非极性的共价键，只能是σ键。选（B）。

13-16 AgCl、$Cd(OH)_2$、$Cu_2(OH)_2SO_4$分别因为生成配离子$[Ag(NH_3)_2]^+$、$[Cd(NH_3)_4]^{2+}$和$[Cu(NH_3)_4]^{2+}$而溶解；Hg_2Cl_2不能与氨生成配离子，不溶解。选（B）。

13-17 Hg^+一般形成二聚体，HgOH是不存在的；$Hg(OH)_2$很快变为稳定的HgO；$Hg_2(NO_3)_2$在强碱中会发生歧化反应$Hg_2(NO_3)_2+2NaOH = HgO+Hg+2NaNO_3+H_2O$。选（A）。

13-18 $Hg(NO_3)_2+2KI$ ══ $HgI_2\downarrow$(橘红色)$+2KNO_3$，生成橘红色的HgI_2沉淀，加入过 KI 时，$HgI_2\downarrow+2I^-$ ══ $[HgI_4]^{2-}$（纳氏试剂），生成$[HgI_4]^{2-}$。

13-19 Hg 的价电子为 $[Xe]5d^{10}6s^2$，只能sp杂化，与氯原子成键，分子构型为直线型。

13-20 由标准电极电位表可知：$\varphi^{\ominus}(Cu^{2+}/Cu)=0.3402V$，$\varphi^{\ominus}(Ag^+/Ag)=0.7996V$，$\varphi^{\ominus}(Au^{3+}/Au)=1.498V$，$\varphi^{\ominus}(Pt^{2+}/Pt)=1.2V$，$\varphi^{\ominus}(Ni^{2+}/Ni)=-0.257V$，$\varphi^{\ominus}(Fe^{2+}/Fe)=-0.4402V$，$\varphi^{\ominus}(Zn^{2+}/Zn)=-0.7618V$。阳极上的粗铜含有 Ag、Au、Pt、Ni、Fe、Zn 等，电解时，电极电位越小的金属越容易失去电子而溶解，$M-ne$ ══ M^{n+}，所以 Zn、Fe、Ni、Cu 依次溶解下来（人为控制阳极电位稍大于 0.34V），而 Ag、Au、Pt 的电极电位大于 0.34V，不会失去电子变为离子，以金属单质的形式落入溶液，变成阳极泥。在阴极，电极电位越大的离子越容易得到电子，以单质形式沉积，Cu^{2+}首先得到电子沉积在阴极，只要 Cu^{2+}存在，Ni^{2+}、Fe^{2+}、Zn^{2+}就不会在阴极以单质形式沉积出来。

13-21 照相时，底片上 AgBr 感光：$2AgBr \xlongequal{光} 2Ag+Br_2$。

显影：(用对苯二酚）使含有被感光的“银核”完成还原为金属，底片被感光处变黑（Ag 粒）。

定影：用 $Na_2S_2O_3$ 使未感光的 AgBr 溶解，$AgBr+2Na_2S_2O_3$ ══ $Na_3[Ag(S_2O_3)_2]+NaBr$，剩下的金属银不再变化。

13-22 (1) $ZnCl_2$ 的浓溶液有很强的酸性，$ZnCl_2+H_2O$ ══ $H[ZnCl_2(OH)]$，它能溶解铁皮表面的氧化物，$FeO+2H[ZnCl_2(OH)]$ ══ $H_2O+Fe[ZnCl_2(OH)]_2$，使焊接更牢。

(2) 冷 HNO_3 的氧化性较弱；过量的 Hg 会使生成的高汞盐还原为亚汞盐：

$3Hg+8HNO_3$ ══ $3Hg(NO_3)_2+2NO\uparrow+4H_2O$　$Hg(NO_3)_2+Hg$(过量) ══ $Hg_2(NO_3)_2$

13-23 (1) 因为空气中有 O_2、H_2O 和 CO_2，可以将其氧化为 CuO，再与酸性的 CO_2 溶液生成碱式碳酸盐：$2Cu+O_2$ ══ $2CuO$，$2CuO+H_2O+CO_2$ ══ $Cu_2(OH)_2CO_3$（绿色）。

(2) Au 可以和浓 HCl 中的 Cl^-形成配离子，氧化型 Au^{3+}浓度大大下降，根据能斯特方程，$\varphi(Au^{3+}/Au)$ 大大下降，Au 可被 HNO_3 氧化、溶解：$Au+3HNO_3+4HCl$ ══ $H[AuCl_4]+3NO\uparrow+3H_2\uparrow$。

13-24 (1) $Cu^{2+}+Cl^-+e$ ══ $CuCl\downarrow$

$$\varphi^{\ominus}(Cu^{2+}/CuCl)=\varphi^{\ominus}(Cu^{2+}/Cu^+)+0.0592\lg\frac{1}{K_{sp}(CuCl)}$$

$$=0.17-0.0592\lg(1.2\times10^{-6})=0.52(V)$$

$$SO_4^{2-}+H_2O+2e = SO_3^{2-}+2OH^-,\quad \varphi^{\ominus}(SO_4^{2-}/SO_3^{2-})=-0.93V$$

在此条件下，Cu^{2+}可以将 SO_2 氧化成 SO_4^{2-}：$SO_2+2Cu^{2+}+2H_2O+2Cl^-$ ══ $2CuCl\downarrow$(白色)$+SO_4^{2-}+4H^+$

(2) KCN 是碱性物质，加入 KCN 使溶液 pH 升高，Ag^++OH^- ══ $AgOH\downarrow$(白色)；再加 KCN，可形成 $[Ag(CN)_2]^-$配离子，$AgOH+2CN^-$ ══ $[Ag(CN)_2]^-+OH^-$；加入 Na_2S，由于 Ag_2S 溶度积非常小，生成 Ag_2S 沉淀，$2[Ag(CN)_2]^-+S^{2-}$ ══ $Ag_2S\downarrow$(黑色)$+4CN^-$

13-25 (1) 甘汞 Hg_2Cl_2 是低毒的，也比较稳定。但在光照条件下也会发生歧化分解反

应 $Hg_2Cl_2 \xrightarrow{光} HgCl_2 + Hg$，而 $HgCl_2$ 和 Hg 都是毒性很大的物质。

（2）因为 $2AgNO_3 \xrightarrow{光} 2Ag + 2NO_2\uparrow + O_2\uparrow$。

13-26 （1）$4Au + 8NaCN + 2H_2O + O_2 = 4Na[Au(CN)_2] + 4NaOH$

（2）$4Zn + 9HNO_3$（极稀）$= 4Zn(NO_3)_2 + 3H_2O + NH_3\uparrow$

（3）$3CdS + 8HNO_3 \xrightarrow{\triangle} 3Cd(NO_3)_2 + 2NO\uparrow + 4H_2O + 3S\downarrow$

（4）$Hg^{2+} + 4KI = [HgI_4]^{2-} + 4K^+$

第14章　f 区 元 素

14-1 由于最后一个电子填入 f 层，屏蔽效应增加，金属活泼性从 La 到 Lu 顺序减弱；氢氧化物的碱性从 $La(OH)_3$ 到 $Lu(OH)_3$ 顺序减弱。

14-2 稀土元素是典型的金属元素，它们的金属活泼性仅次于碱金属和碱土金属，易被空气中的氧气氧化，易和水反应，但不与煤油作用，故可以在煤油中保存。

14-3 稀土的草酸盐既不溶于水也难溶于酸，可以使稀土元素在酸性溶液中以草酸盐的形式析出，而同其他许多金属离子分离。

14-4 在铀的化合物中，UF_6 是唯一的挥发性化合物；同时，天然氟只有一种质量数为 19 的同位素。因此，利用 ^{238}UF 和 ^{235}UF 蒸气扩散速度的差别，可使 ^{238}U 和 ^{235}U 分离，从而达到浓缩核燃料 ^{235}U 的目的。

14-5 Zr 和 Hf、Mo 和 W、Tc 和 Re 中的 Hf、W、Re 都在镧系元素之后，其性质会受到镧系收缩的影响；Co 和 Ni 都在镧系元素之前，其性质不会受到镧系收缩的影响，它们性质相似是因为同属第Ⅷ B 元素。选（B）。

14-6 选（C）。

14-7 镧系元素原子的价电子构型的通式为 $4f^{0\sim14}5d^{0\sim1}6s^2$，镧的价层电子构型为 $5d^16s^2$；在 5d 轨道上有一个电子的三种镧系元素是铈（Ce）、钆（Gd）、镥（Lu）。

14-8 镧系元素属于第六周期，锕系元素属于第七周期，它们统称为内过渡元素。

14-9 在酸性溶液中，Ce^{4+} 具有强氧化性。在容量分析中作氧化剂时，Ce^{4+} 直接还原为 Ce^{3+}，没有中间产物，这一点优于其他许多重要氧化剂，如 $KMnO_4$、$K_2Cr_2O_7$ 等。

第15章　化学中的分离方法

15-1 对于两性物质，当 pH 高到一定程度后，某些氢氧化物又会溶解。选（C）。

15-2 Ni^{2+} 会与氨形成配位离子而溶解，而 Fe^{3+} 则以氢氧化物沉淀的形式存在。选（B）。

15-3 $[OH^-] = 2\times\sqrt[3]{\frac{K_{sp}[Ca(OH)_2]}{4}} = 2.4\times10^{-3}$，pH＝11.38。选（C）。

15-4 根据 $E = \frac{D}{D + \frac{V_{水}}{V_{有}}}$，体积比等于 1，则当 $E > 95\%$ 时，$D > 19$。选（B）。

15-5 减小相比，并不能很大程度地提高萃取效率，反而会降低物质在有机相中的浓度，不利于后续的分离测定。选（C）。

15-6 加入萃取剂就是使亲水性物质转变为疏水性物质。选（D）。

15-7 根据 $C_n=C_0\left(\frac{1}{1+D}\right)^n$，则 $C_1=0.01\times\frac{1}{1+99}=0.1\text{mg}$。选（B）。

15-8 $R_f=\frac{23.2-14.6}{23.2}=0.37$。选（A）。

15-9 $24.5\times0.41=10.0(\text{cm})$。选（B）。

15-10 羟基离解出的 H^+ 可以和外界进行交换反应。选（C）。

15-11 离子半径越大，离子所带电荷越大，则该离子所产生的亲和力就越大。选（B）。

15-12 平衡体系中

$$[Ca^{2+}]=\frac{K_{sp}(CaF_2)}{[F^-]^2}=8.9\times10^{-3}\text{mol}\cdot\text{L}^{-1}\qquad[SO_4^{2-}]=\frac{K_{sp}(CaSO_4)}{[Ca^{2+}]}=8.0\times10^{-3}\text{mol}\cdot\text{L}^{-1}$$

选(C)。

15-13 $pK_a=14-pK_b=5.15$,缓冲溶液的 pH 主要控制在 pK_a 附近,所以<u>pH≈5</u>。

15-14 $[OH^-]\approx10\times\sqrt{K_{sp}[Zn(OH)_2]}=10\times\sqrt{1.2\times10^{-17}}=3.5\times10^{-8}(\text{mol}\cdot\text{L}^{-1})$，pOH≈8，所以<u>pH≈6</u>。

15-15 <u>不相溶的两个液相间的溶解度不同</u>

15-16 <u>展开槽</u>

15-17 <u>阳离子交换树脂</u>；<u>阴离子交换树脂</u>

15-18 <u>离子交换树脂中含有的交联剂的质量分数</u>

15-19 $\underline{Li^+<H^+<K^+<Ca^{2+}<Ba^{2+}<Al^{3+}}$

15-20 <u>树脂的预处理</u>；<u>装柱</u>；<u>分离</u>；<u>树脂的再生</u>

15-21 选择性和灵敏度均好，且沉淀较纯净，操作较简便。

15-22 分配系数是某种物质状态在有机相和水相中的浓度比；而分配比是物质在有机相中各种状态的总浓度与在水相中各种状态的总浓度之比。

15-23 一般来说，极性较强的物质选用吸附能力较弱的吸附剂和极性较大的展开剂，如乙醇、正丙醇等；而极性较弱的物质则选用吸附能力较强的吸附剂和极性较弱的展开剂，如石油醚、四氯化碳等。

15-24 结果是比移值不变。因为比移值 R_f 是平面色谱的基本定性参数，它的大小仅与组分的性质、固定相的性质（如吸附剂的活性等）、展开剂的性质（极性、组成等）、温度有关。当实验条件确定时，它的值是个定值，与展开时间、展开距离无关。

15-25 解：设原点到溶剂前沿的距离为 y（即为色谱纸条的最短长度），A 物质斑点中心到原点的距离为 x，则

$$R_f(A)=\frac{x}{y}=0.32\qquad R_f(B)=\frac{x+0.4}{y}=0.70$$

由以上两式解得 $y=10.5\text{cm}$，即最短应大于 10.5cm。

15-26 解：计算公式为

$$m_n=m_0\left(\frac{V_{水}}{V_{水}+DV_{有}}\right)^n$$

故萃取一次后水相中 Fe^{3+} 的量为 $\quad 10\times\frac{1}{1+99}=0.1(\text{mg})$

萃取两次后水相中 Fe^{3+} 的量为 $\quad 10\times\left(\frac{1}{1+99}\right)^2=0.001(\text{mg})$

萃取两次后有机相中 Fe^{3+} 的量为 $10-0.001=9.999(mg)$

反萃取时仍用上面的公式计算，即等体积水洗一次后 Fe^{3+} 的损失为

$$9.999\times\frac{1}{1+99}=0.09999\approx0.1(mg)$$

15-27 解：$D=\frac{[HA]_{有}}{[HA]_{有}+[A]_{水}}$

根据弱酸的离解平衡，$[A]_{水}=\frac{K_a[HA]_{水}}{[H^+]}$，则

$$D=\frac{[HA]_{有}}{[HA]_{水}+\frac{K_a[HA]_{水}}{[H^+]}}=K_D\times\frac{[H^+]}{[H^+]+K_a}$$

当 $pH=pK_a$ 时，有 $D=30\times\frac{2\times10^{-3}}{2\times10^{-3}+2\times10^{-3}}=15$

$$E=(1-m_n)\times100\%=\left[1-\left(\frac{50}{15\times10+50}\right)^3\right]\times100\%=98.44\%$$

15-28 解：因为 $m_n=m_0\left(\frac{V_{水}}{V_{水}+DV_{有}}\right)^n$，$E=\frac{m_0-m_n}{m_0}\times100\%$

所以 $1-E=\frac{m_n}{m_0}=\left(\frac{V_{水}}{V_{水}+DV_{有}}\right)^n$

等体积萃取一次时，$1-0.99=\frac{1}{1+D}$，故 $D=99$

用 25.0mL 萃取两次时，$1-0.99=\left(\frac{50}{50+D\times25.0}\right)^2$，故 $D=18$

15-29 解：$\frac{4.7\times2.5\times40.08}{2}=235.4(mg)$ $4.7\times2.5\times22.996=270.2(mg)$

15-30 解：设 NaCl 的质量分数为 x，KBr 的质量分数为 y，则

$$x+y=1$$

$$\frac{0.2000x}{55.85}+\frac{0.2000y}{119.0}=0.1000\times22.04\times10^{-3}$$

故由以上两式解得 $x=27.54\%$，$y=72.46\%$